AF885523

Physiologie du sport

CHEZ LE MÊME ÉDITEUR

Du même auteur:

MÉDECINE DU SPORT POUR LE PRATICIEN, coordonné par H. MONOD, R. AMORETTI, J. RODINEAU. Préface de M. RIEU. *Collection pour le Praticien*. 1994, 432 pages, 253 figures, 30 tableaux.

Autres ouvrages:

PRÉCIS DE PHYSIOLOGIE DE L'EXERCICE MUSCULAIRE, par P.-O. ASTRAND, K. RODAHL. Traduit de l'anglais par J.-R. LACOUR et D. DUIZABO. 1994, 3e édition mise à jour, 544 pages, 281 figures et tableaux.

LES BESOINS NUTRITIONNELS DES ATHLÈTES, par F. BROUNS. 1994, 144 pages, 55 figures, 7 tableaux.

MÉDECINE DU SPORT, par E. BRUNET-GUEDJ, B. MOYEN, J. GENETY et coll. Préface de J.J. COMTET. *Collection Abrégés de Médecine*. 1995, 5e édition revue et corrigée, 424 pages, 3 figures.

LA PLONGÉE EN APNÉE : PHYSIOLOGIE ET MÉDECINE, par J.-H. CORRIOL. 1995, 2e tirage, 160 pages, 58 figures.

TRAUMATOLOGIE DU SPORT, par R.G. DANOWSKI, J.-C. CHANUSSOT. *Collection Abrégés de Médecine*. 1995, 368 pages, 299 figures, 43 tableaux.

BIOLOGIE PRATIQUE ET SPORTIVE, par H. LAMENDIN. *Collection Abrégés de Médecine*. 1995, 144 pages.

BIOCHIMIE ET NUTRITION DES ACTIVITÉS PHYSIQUES ET SPORTIVES.

1. LE MÉTABOLISME ÉNERGÉTIQUE, par P. PILARDEAU. *Collection Abrégés de Médecine*. 1995, 424 pages.

2. EAU ET ÉLECTROLYTES, VITAMINES ET OLIGOÉLÉMENTS. EFFETS DE L'EXERCICE SUR LE MÉTABOLISME, par P. PILARDEAU. *Collection Abrégés de Médecine*. 1995, 584 pages.

ABRÉGÉS

Physiologie du sport

Bases physiologiques des activités physiques et sportives

Hugues MONOD
Professeur à l'université
Pierre-et-Marie-Curie (Paris VI)

Roland FLANDROIS
Professeur à l'université
Claude-Bernard (Lyon I)

Préface du professeur **Jean SCHERRER**

3e édition
revue et augmentée

2e tirage

MASSON

Paris Milan Barcelone

DANGER
LE PHOTOCOPILLAGE TUE LE LIVRE

Ce logo a pour objet d'alerter le lecteur sur la menace que représente pour l'avenir de l'écrit, tout particulièrement dans le domaine universitaire, le développement massif du « photocopillage ».
Cette pratique qui s'est généralisée, notamment dans les établissements d'enseignement, provoque une baisse brutale des achats de livres, au point que la possibilité même pour les auteurs de créer des œuvres nouvelles et de les faire éditer correctement est aujourd'hui menacée.
Nous rappelons donc que la reproduction et la vente sans autorisation, ainsi que le recel, sont passibles de poursuites. Les demandes d'autorisation de photocopier doivent être adressées à l'éditeur ou au Centre français d'exploitation du droit de copie : 3, rue Hautefeuille, 75006 Paris. Tél. : 43 26 95 35.

Tous droits de traduction, d'adaptation et de reproduction par tous procédés réservés pour tous pays.

Toute reproduction ou représentation intégrale ou partielle par quelque procédé que ce soit des pages publiées dans le présent ouvrage, faite sans l'autorisation de l'éditeur est illicite et constitue une contrefaçon. Seules sont autorisées, d'une part, les reproductions strictement réservées à l'usage privé du copiste et non destinées à une utilisation collective, et d'autre part, les courtes citations justifiées par le caractère scientifique ou d'information de l'œuvre dans laquelle elles sont incorporées (art. L. 122-4, L. 122-5 et L. 335-2 du Code de la propriété intellectuelle).

© *Masson, Paris, 1984, 1994*

ISBN : 2-225-84362-7

MASSON S.A. – 120, bd Saint-Germain 75280 Paris Cedex 06

Table des matières

Ouvrage couronné par l'Académie nationale de Médecine.

Avant-propos

La physiologie du sport est née au siècle dernier avec les travaux qu'Étiennes-Jules Marey a consacré à l'étude du mouvement avec son collaborateur Georges Demenÿ. Au nom de l'initiateur de la méthode graphique se sont ajoutés ceux de Paul Bert, Jean-Baptiste Chauveau et Charles Richet. Plus près de nous est apparue la personnalité de Paul Chaillet-Bert (petit-fils de Paul Bert), élève de Langlois, qui fut chargé en 1924 d'un cours de physiologie appliquée à l'éducation physique et fonda en 1927 l'Institut physique de l'université de Paris.

Mais déjà, soutenant sa thèse le 1er avril (!) 1745, Florent-Charles Belot écrivait :

« *Personne ne peut disconvenir que l'exercice ne soit propre à conserver la santé. La nature elle-même nous apprend combien il est utile pour fortifier le corps, en inspirant aux jeunes enfants cette propension à se donner sans cesse du mouvement proportionnel aux forces de leur âge. C'est elle qui les porte à courir, à sauter, à lutter entre eux, à s'exercer de toutes les manières. Ne remarque-t-on pas la même chose dans les jeunes animaux ? C'est un indice certain que le mouvement est propre et nécessaire à entretenir et à fortifier les facultés physiques : autrement, la nature, cette mère si tendre, ne serait plus envers nous qu'une marâtre, de nous pousser continuellement vers la fatigue de l'exercice, à un âge où l'on est si docile à ses moindres impulsions.* Moins le corps est sujet à la pléthore, mieux il se porte. L'exercice la diminue : il est facile d'en déduire la conséquence. »

« *Le travail donne aux muscles des mouvements plus rapides et plus développés, qui agitent plus fortement et plus souvent les vaisseaux où le sang circule : il en résulte un battement plus grand dans les parties liquides : plus elles ont d'activité, plus elles deviennent propres aux sécrétions et à la nutrition elle-même. Ce ne sont pas là de vains propos et des paroles en l'air. J'ai dit que l'exercice, même violent, contribue à l'accroissement du corps. En doutez-vous ? Consultez l'expérience, et croyez-en du moins vos yeux. Vous verrez que la partie du corps qui travaille et qui s'exerce le plus prend des forces en raison de son travail. Quelles larges poitrines chez les rameurs! Quelles épaules, quels muscles de dos et de reins chez les porte-faix! Quels poumons, quelle voix de stentor chez les chanteurs! Quels nerfs dans les jambes et dans les cuisses chez les porteurs de chaises! Quelle fermeté de poignet, enfin, chez les hommes qui ont l'habitude de jouer à la paume ?»*

(Thèse doct. Méd. Paris.)

En matière d'activité physique et sportive, «conserver la santé», c'est respecter la physiologie; c'est donc connaître tous les mécanismes de régulation et d'adaptation des grandes fonctions de l'organisme : circulation, respiration, nutrition, métabolisme, excrétion,... Ces mécanismes ne changent pas au fil des années mais certains sont mieux connus dans les détails.

Par contre, chaque époque voit surgir des questions qui touchent à la pratique sportive. Ainsi :

– La recherche systématique des contre-indications à la pratique du sport n'est pas suffisamment établie, l'enseignement de la médecine du sport est encore insuffisamment suivi par les futurs généralistes. C'est la raison pour laquelle l'Académie nationale de médecine vient de recommander «l'institution d'un examen annuel de médecine préventive sportive pris en charge par la Sécurité sociale».

– L'entraînement sportif est parfois poussé à l'extrême par un entraîneur ou par des parents avides de voir triompher un enfant dans des compétitions. Les connaissances sur les aptitudes des jeunes, sur leur croissance jusqu'à l'âge adulte et sur les effets désastreux de restrictions alimentaires qui leur sont imposées devrait conduire à davantage de retenue.

– Il n'est pas raisonnable de vouloir considérer qu'un sportif fatigué doive être remis en forme par des compensations hormonales. Le sportif malade doit être traité comme tel et interdit de compétition; le sportif normal ne doit compter que sur lui-même et sur ses capacités de récupération après l'effort; son programme d'entraînement et son alimentation correcte seuls doivent le lui permettre.

Cette troisième édition n'est cependant pas une simple répétition de la précédente. Elle intègre dans de nombreux chapitres les connaissances récentes résultant de travaux menés en France et à l'étranger dans les laboratoires de physiologie de l'exercice, de physiologie de la motricité, de performance humaine, etc. Sont également envisagées, avec un éclairage un peu différent, les notions de dettes d'oxygène, de consommation d'oxygène après exercice, de métabolisme aérobie et anaérobie, de seuil lactique, domaines où l'exposition des faits bien établis doit primer sur celle des hypothèses non confirmées.

Un abrégé est forcément de dimension limitée, on ne peut y dire toute la physiologie, on ne peut y détailler les expériences réalisées avec leurs hypothèses de travail, leurs protocoles : nous avons mentionné uniquement les conclusions actuellement acceptées. Mais, dans cette 3e édition, nous avons tenu à citer les noms des auteurs les plus marquants. De même, la bibliographie ne peut référer qu'à des ouvrages de plus grandes dimensions où le lecteur trouvera les compléments indispensables. Nous incitons celui-ci à prendre connaissance des articles originaux ou des excellentes revues de questions que publient les périodiques spécialisés en biologie et en médecine du sport et dont nous donnons une liste en fin de bibliographie.

Nous souhaitons que cet ouvrage permette aux étudiants d'acquérir des connaissances de base lorsqu'ils sont engagés dans des études de médecine, de sciences, de kinésithérapie, d'éducation physique et sportive, d'ergonomie, et aux médecins praticiens, aux médecins du sport, aux médecins du travail et aux médecins scolaires de mettre à jour leurs connaissances. Peut-être même ce petit livre sera-t-il utile au sportif pratiquant, message conjoint d'Hippocrate et de Socrate, pour mieux se «connaître soi-même».

La *Physiologie du travail et du sport* publiée en 1947 par Charles Kayser nous a nourris l'un et l'autre en son temps. A nos maîtres — Jean-François Cier, Pierre Dejours, Jean Scherrer et Camille Soula —, nous devons beaucoup pour la patience avec laquelle ils nous ont enseigné le raisonnement physiologique, la rigueur nécessaire de l'expérimentation, la clarté et la concision dans l'exposé des faits. Par cette nouvelle mise à jour des connaissances nous souhaitons continuer leur rendre hommage.

H. MONOD, R. FLANDROIS

Préface à la première édition

L'importance du sport, nouveau fait social, s'est beaucoup accrue au cours du vingtième siècle. Une des raisons de cette augmentation est très probablement la transformation des tâches dans notre société appelée industrielle ou parfois post-industrielle. La composante physique de celles-ci a considérablement diminué, cependant qu'augmentait leur aspect psychosensoriel. Un besoin d'équilibre inciterait l'individu, confiné à la quasi-immobilité durant de longues heures, à se dépenser au point de vue physique en dehors de son travail professionnel. Cette explication qui vient spontanément à l'esprit postule un besoin élémentaire d'activité physique chez l'individu, ce qui implique qu'en plus des comportements primaires, appelés jadis instinctifs, qui permettent de satisfaire aux besoins alimentaires, hydriques, thermiques, sexuels, etc., existe un besoin d'activité physique, plus exactement psychomotrice. Il est particulièrement développé chez l'enfant et le jeu en serait une manifestation réglementée. Dans cette perspective, le sport représente une évolution privilégiée, sociale ou socio-économique du besoin d'activité physique. L'ancrage dans l'être humain du besoin d'exercice physique est donc profond. Citons, en tant qu'exemple frappant de ce fait, le comportement des mineurs d'étain de Bolivie. Leur passe-temps est volontiers le football, bien que l'exploitation du minerai, de même que leur habitat, se situe à 5 000 mètres d'altitude.

Au cours de ces dernières décennies, l'accroissement rapide et massif de la pratique du sport est allé de pair avec l'élévation du niveau des performances exigées, qu'il s'agisse de l'intensité de l'effort musculaire, de la durée de celui-ci ou des conditions difficiles dans lesquelles il est réalisé. Ces exigences accrues ont provoqué un grand nombre d'investigations physiologiques nouvelles. Elles ont complété, modifié ou transformé, les notions plus anciennes que nous avions dans ce domaine.

La contribution de la science française à nos connaissances en physiologie du sport est importante. Il n'est pas abusif de considérer que le travail fondamental de Paul Bert sur la respiration en milieu pauvre en oxygène constitue la toute première investigation valable portant sur le sport pratiqué en altitude. Cette étude date de plus d'un siècle et a partiellement été traduite en anglais, aux USA, entre 1940 et 1945. Les travaux de Étienne-Jules Marey sur le mouvement sont postérieurs de deux décennies à ceux de Paul Bert. Ils ont largement utilisé les modestes performances sportives de l'époque et sont universellement connus et cités encore à l'heure actuelle : E.-J. Marey a créé la biodynamique humaine et de façon incidente la cinématographie. Pour se convaincre du caractère concret et actuel des recherches de P. Bert et E.-J. Marey, on ne peut mieux faire que de visiter les musées qui leur sont consacrés en Bourgogne, respectivement à Auxerre et à Beaune. Un troisième grand nom doit être cité ici : c'est celui de Camille Soula qui créa et dirigea de 1946 à 1960 le Centre d'études scientifiques de l'Homme et contribua à la connaissance moderne des bases physiologiques du sport.

Ce sont ces bases physiologiques qui constituent la substance de la présente monographie, due à Hugues Monod et Roland Flandrois. Ils ont l'un comme l'autre apporté une contribution personnelle substantielle à nos connaissances dans le domaine de la physiologie. H. Monod, élève de C. Soula, dirige à l'heure actuelle le Laboratoire de physiologie du travail du CNRS. Il s'est particulièrement intéressé aux problèmes de physiologie musculaire humaine. R. Flandrois, élève de Pierre Dejours, appartient à la brillante école lyonnaise de physiologie circulatoire et respiratoire et a contribué à son renom.

La lecture du présent ouvrage est à la fois utile et aisée : utile puisque l'ouvrage est bien au fait des progrès récents dans le domaine de la physiologie du sport, qui sont remarquablement amalgamés avec les notions plus anciennes devenues classiques; aisée grâce à la clarté du style et à la qualité des illustrations. On se doit de le recommander non seulement aux physiologistes professionnels, aux médecins du sport, mais aussi à tous ceux que le sport intéresse, qu'ils en enseignent les modalités ou le pratiquent eux-mêmes.

Professeur Jean Scherrer
Juin 1987

1

L'énergétique des activités physiques

L'être vivant est le siège de réactions chimiques libératrices d'énergie à partir des aliments porteurs d'énergie potentielle et de l'oxygène. Cette énergie, indispensable à la vie cellulaire, est libérée en quantité très variable en fonction de facteurs soit internes, propres à l'individu, soit externes, liés à l'environnement. Parmi ces facteurs, l'activité musculaire est le plus important : elle peut, en effet, multiplier jusqu'à environ 20 fois l'énergie dépensée au repos chez l'Homme.

LA DÉPENSE ÉNERGÉTIQUE CHEZ L'HOMME

□ **Méthode de mesure.** — La méthode, la plus habituellement utilisée pour déterminer le métabolisme énergétique chez l'Homme, est la thermochimie respiratoire. Elle consiste à mesurer les échanges gazeux respiratoires soit en circuit fermé (spirographe de Benedict), soit en circuit ouvert, plus volontiers à l'occasion de l'exercice. Le sujet est muni d'un embout buccal ou d'un masque auquel est adapté un jeu de soupapes inspiratoire et expiratoire (fig. 1). Il inspire l'air ambiant et rejette le gaz expiré dans une enceinte hermétique (sac de caoutchouc, gazomètre de Tissot). La mesure du volume expiré dans l'unité de temps (à l'aide d'un gazomètre ou d'un pneumotachographe) et la détermination des fractions expirées d'oxygène et de dioxyde de carbone (par méthodes chimiques ou physiques) permettent de calculer la consommation d'oxygène ($\dot{V}_{O_2}$) et l'élimination de dioxyde de carbone ($\dot{V}_{CO_2}$) :

$$\dot{V}_{O_2} = (\dot{V}_I \cdot F_{I_{O_2}}) - (\dot{V}_E \cdot F_{E_{O_2}}) \qquad [1]$$

$$\dot{V}_I \cdot F_{I_{N_2}} = \dot{V}_E \cdot F_{E_{N_2}} \qquad [2]$$

$$\dot{V}_I = \dot{V}_E \frac{F_{E_{N_2}}}{F_{I_{N_2}}} = \dot{V}_E \frac{1 - F_{E_{O_2}} - F_{E_{CO_2}}}{F_{I_{N_2}}} \qquad [3]$$

UNITÉS DE MESURE ET ÉQUIVALENCE ÉNERGÉTIQUE

Le *joule* (J) est, depuis le 1er janvier 1978, l'unité de mesure obligatoire du Système International (S.I.) pour les quantités d'énergies, de travail, de chaleur, etc. L'équivalence est de 4,18 J pour 1 cal. Il n'est pas évident que l'emploi du joule en bioénergétique et en nutrition devienne rapidement courant.

La *calorie* ou petite calorie (cal), est la quantité de chaleur nécessaire pour élever de 1 °C un gramme d'eau, entre 14 et 15 °C. Pour les études chez l'homme, on a utilisé pendant longtemps la grande calorie, ou kilocalorie (kcal).

Chaleur de combustion des aliments :

	Coefficient de Berthelot	*Coefficient de Rübner*
glucides	17,7 kJ/g	17,1 kJ/g
protides*	18,4 kJ/g	17,1 kJ/g
lipides	39,8 kJ/g	37,6 kJ/g

(Combustion arrêtée, comme dans l'organisme, au stade de l'urée.)*

Équivalence énergétique des gaz :

	Oxygène	*Gaz carbonique*
glucides	21,3 kJ/l O_2	21,3 kJ/l CO_2
protides	18,8 kJ/l O_2	23,6 kJ/l CO_2
lipides	19,6 kJ/l O_2	27,6 kJ/l CO_2

Coefficient moyen pour l'oxygène : 20,15 kJ/l (4,825 kcal/l),
soit environ : 20 kJ/l (5 kcal/l).

Travail mécanique. — Avec un rendement de 100 % la transformation s'effectue à raison de 102 kilogrammètre (kgm) pour un kilojoule (kJ). On a donc les équivalences suivantes :

1 kcal	=	4,18 kJ	=	0,207 l O_2	=	426,4 kgm
1 l O_2	=	20,17 kJ	=	4,825 kcal	=	2057 kgm
1 kgm	=	9,82 J	=	2,35 cal	=	0,49 ml O_2
1 kJ	=	0,239 kcal	=	49,52 l O_2	=	102 kgm

Les valeurs approchées suivantes sont souvent utilisées pour les calcules rapides :

1 l O_2	=	20 kJ	=	5 kcal	soit 1 kcal	=	4 kJ	=	0,2 l O_2
1 ml O_2	=	20 J	=	2 kgm	soit 1 kgm	=	10 J	=	0,5 ml O_2

Puissance. — La puissance est l'énergie produite par unité de temps. Elle s'exprime normalement en watt (W) — c'est-à-dire J/s — et en cheval-vapeur (CV), ou encore en kcal/24 h, kcal/min, kgm/min :

1 W	=	0,239 kcal/s	=	60 J/min	=	6,11 kgm/min	=	10,5 kcal/min
1 CV	=	736 W	=	4 476 kgm/min	=	75 kgm/s	=	10,5 kcal/min
						1 ml O_2/min	=	0,34 W

1 kgm/min	=	0,164 W
1 kcal/m².h	=	1,16 W/m²
1 kcal/min	=	69,67 W

Dans les calcules rapides, on utilise les valeurs approchées suivantes :

1 W	=	6 kgm/min			
1 CV	=	10 kcal/min	soit 1 kcal/min	=	0,1 CV

Débit (O_2, CO_2) :
1 l/min = 44,6 mmol/min
1 mmol/min = 0,022 l/min

Concentration (O_2, CO_2) :
1 ml p. 100 = 0,446 mmol/l
1 mmol/l = 24 ml p. 100

Pression :
1 mmHg = 1 Torr = 0,133 kPa
1 kPa = 7,5 Torr = 7,5 mmHg

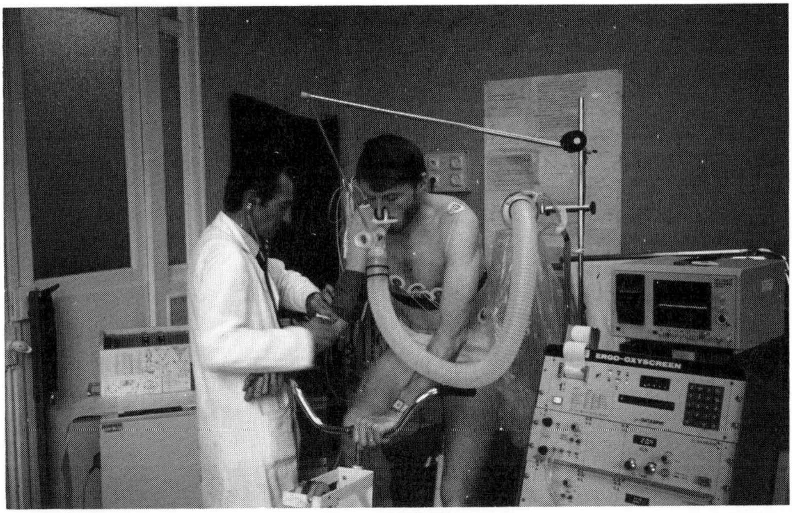

FIG. 1. — *Mesure des échanges gazeux respiratoires en circuit ouvert.* Le sujet effectue un exercice sur un bicycle et respire par l'intermédiaire d'un masque, le gaz expiré est recueilli dans un sac de caoutchouc.

En reportant, dans l'équation [1], la valeur de $\dot{V}_I$ de l'équation [3] on a :

$$\dot{V}_{O_2} = \dot{V}_E\left(\frac{1 - F_{E_{O_2}} - F_{E_{CO_2}}}{F_{I_{N_2}}} F_{I_{O_2}} - F_{E_{O_2}}\right)$$

D'autre part :

$$\dot{V}_{CO_2} = \dot{V}_E \times F_{E_{CO_2}}$$

L'équivalent énergétique de l'oxygène varie selon le type d'aliment utilisé. Le quotient respiratoire ($\dot{V}_{CO_2}/\dot{V}_{O_2}$) permet de connaître la part de chaque aliment et de choisir un coefficient énergétique moyen. Classiquement, la valeur utilisée pour celui-ci lors de l'exercice est de 5 kilocalories (kcal) par litre d'O_2 utilisé, soit 21 kJ par litre.

□ **La dépense énergétique au repos.** — Quand on mesure le métabolisme énergétique chez un individu, on constate qu'il peut varier notablement en dehors de toute activité motrice et selon un certain nombre de circonstances : il augmente en période digestive dans les heures qui suivent l'ingestion d'un repas. L'importance de cette variation est liée à la qualité des aliments et à la quantité ingérée. Elle s'explique, en partie, par le *travail digestif* (activité motrice et sécrétoire du tube digestif) mais aussi par le travail de transformation et d'assimilation des nutriments après leur absorption. La dépense énergétique supplémentaire correspondant à ce dernier poste (action dynamique spécifique des aliments : ADS) n'est pas masquée par l'activité cellulaire et représente une énergie généralement perdue ; l'ADS dépend de l'aliment ingéré : elle s'élève à 25 % pour les protides, 7 % pour les lipides, 4 à 5 % pour les glucides. L'influence d'un repas peut se manifester pendant plusieurs heures.

La dépense énergétique augmente également dès que se manifeste une *activité thermorégulatrice* pour lutter soit contre le froid, soit contre le chaud. Lors de l'exposition au froid, le métabolisme peut être multiplié par 4 au maximum (métabolisme de sommet). L'ADS peut contribuer à la thermogenèse de réchauffement. Lors de l'exposition en ambiance chaude, la dépense supplémentaire est nettement plus modeste.

La dépense énergétique varie également selon la *position du corps* par suite de la mise en jeu de groupes musculaires plus ou moins importants dans le but de régler le tonus postural. Ainsi, le métabolisme de repos augmente de 5 à 15 % en position assise, de 15 à 30 % en position debout par rapport à la position couchée. Il est intéressant de noter que si le niveau de la fréquence cardiaque augmente dans les mêmes proportions, le débit cardiaque est inférieur de 15 à 20 % en position debout par rapport à sa valeur en position couchée (voir p. 42).

Cette variabilité de la dépense énergétique de repos conduit à considérer une dépense irréductible, minimale, liée au fonctionnement de base des cellules et des principaux organes : c'est le *métabolisme basal,* quantité d'énergie dépensée par l'Homme au repos, couché, à jeun et placé dans un environnement calme et thermiquement confortable. Il s'élève à 39 $kcal.m^{-2}.h^{-1}$ soit 45 $W.m^{-2}$ chez l'homme et à 34 $kcal.m^{-2}.h^{-1}$ soit 40 $W.m^{-2}$ chez la femme.

☐ **Dépense énergétique et activité physique.** — L'activité musculaire constitue la cause la plus importante de variation de la dépense énergétique. Le surcroît d'énergie dépensée (ΔE) en sus du niveau de repos représente le coût énergétique du travail mécanique fourni ; celui-ci peut être faible, moins de 70 W pour l'activité posturale, ou au contraire très élevé, jusqu'à plusieurs kW comme c'est le cas chez les sportifs de haut niveau, réalisant une performance à vitesse maximale.

Au cours de l'exercice musculaire de type général, tel que la marche, la course, le pédalage sur bicyclette ou encore un travail à la manivelle, le coût énergétique augmente de façon linéaire avec la puissance, tout au moins jusqu'à des intensités d'exercice correspondant à 50 % environ de la puissance maximale.

a) La marche. — La marche, activité de base, est certainement l'exercice musculaire le plus pratiqué, parfaitement intégré à l'économie de l'organisme et à la portée de tout individu valide.

– *La marche sur terrain plat.*

Le coût énergétique de la marche à faible vitesse (inférieure à 0,5 $m.s^{-1}$ ou 1,8 $km.h^{-1}$) est relativement élevé. Il est minimal entre 1,0 et 1, 4 $m.s^{-1}$ (3,6 à 5 $km.h^{-1}$). Ainsi, à l'allure de 4,5 $km.h^{-1}$ il s'élève à 2,3 $J.kg^{-1}.m^{-1}$, il augmente progressivement au-delà de 5 $km.h^{-1}$ et à partir de 8 $km.h^{-1}$ dépasse le coût énergétique de la course. La marche de compétition est d'un coût énergétique plus faible que celui que l'on pourrait déduire par extrapolation de la courbe de marche naturelle (fig. 2) ; elle représente un compromis entre celle-ci et la course (Di Prampero).

□ Facteurs de variation du coût énergétique de la marche

– *La marche en montant*

La figure 2 représente l'évolution de la dépense d'énergie en fonction de la vitesse pour différentes pentes de 0 à 30 %. Elle permet de comprendre les

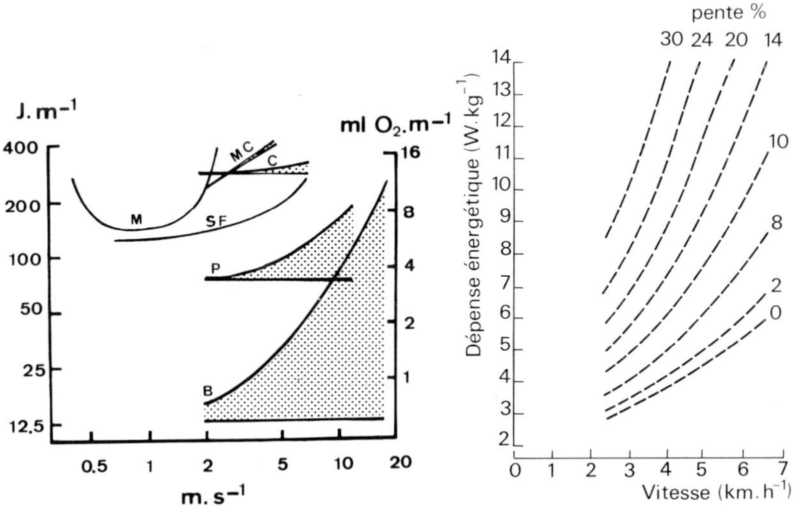

FIG. 2. — *Dépense énergétique et activité physique.*
A gauche : coût énergétique, Ė, ($J.m^{-1}$ et ml $O_2.m^{-1}$) en fonction de la vitesse ($m.s^{-1}$) pour un sujet de 70 kg, 1,75 m, au niveau de la mer.
Course à pied (C), cyclisme (B), marche (M), marche de compétition (MC), patinage de vitesse (P), ski de fond (SF).
Les courbes inférieures correspondent au coût énergétique non aérodynamique (v. p. 11), les courbes supérieures à l'énergie totale (d'après Di Prampero, *Int. J. Sports Med.*, 1986, *7*, 55-72).
A droite : Influence combinée de la vitesse et de la pente sur le coût énergétique de la marche (d'après Bobbert, *J. Appl. Physiol.*, 1960, *15*, 1015-1021).

variations importantes de la demande d'énergie pour une vitesse donnée, selon la configuration du terrain, de prévoir les contraintes énergétiques de l'entraînement ou encore de la marche chez un cardiaque. Ainsi, à la vitesse de 4 km.h^{-1}, la dépense énergétique est doublée pour une pente de 10 %, triplée pour une pente de 20 % et quadruplée pour une pente de 24 % ce qui, dans ce dernier cas, représenterait environ 12 W.kg^{-1}. Pour certains individus cela peut représenter une dépense proche du maximum possible. On comprend que la marche en terrain ascendant puisse déclencher, chez des malades atteints d'insuffisance coronaire, des douleurs angineuses qui témoignent du travail trop important auquel leur myocarde se trouve momentanément soumis.

A l'inverse, la marche en terrain descendant coûte moins que la marche en terrain plat (– 25 % pour une pente de 22 %). Cependant, quand la pente descendante est très accentuée, le coût de la marche dépasse à nouveau celui observé sur terrain plat, surtout si la vitesse de marche est faible.

La montée d'escalier est un exercice pénible qui correspond à une marche sur terrain à pente très élevée. L'incidence du dessin de l'escalier sur le coût physiologique de la montée est importante. La dépense la plus faible est constatée pour des escaliers dont les marches ont 16-17 cm de hauteur et 30-32 cm de profondeur. Monter un escalier d'une hauteur de 12 mètres (soit l'équivalent de 4 étages) pour un homme de 75 kg entraîne une dépense de 35 kJ. Si le temps mis pour effectuer cette montée est de 60 secondes, la puissance développée est de 0,6 kW. Lors de la descente d'un escalier, activité correspondant à un travail négatif (v. chapitre 5), l'énergie dépensée représente environ 1/3 de celle de la montée. Pour des contractions réalisées à vitesse spontanée, pour le travail aussi bien général que local, on peut admettre un rapport de 1 à 3 entre les coûts respectifs du travail négatif et du travail positif.

– Longueur des pas

La longueur optimale du pas (donc inversement sa fréquence) augmente avec la vitesse; elle est d'environ 60, 72 et 95 cm pour des vitesses de 3,0, 4,8 et 7,2 km.h^{-1}. D'une façon générale, la dépense énergétique diminue lorsque le rapport entre la durée du pas et la durée de la période d'oscillation propre du membre inférieur se rapproche de 1.

– Autres facteurs de pénibilité de la marche

Le coût énergétique de la marche augmente lorsque le *terrain* est défavorable, lorsque le sujet transporte une charge et chez les sujets atteints de lésion de l'appareil locomoteur (tableau I).

TABLEAU I — *Dépense énergétique en watts pour une marche à 4 km.h^{-1}*

Nature du terrain	*(W)*
Route	300
Champ labouré	420
Prairie enneigée	740

Charge portée (kg)	*(W)*
10	330
30	445
50	640
100	1 120

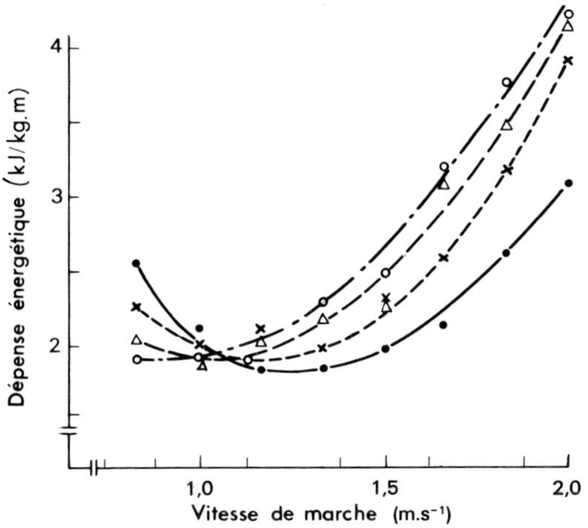

FIG. 3. — *Dépense énergétique et vitesse optimale de la marche.* Quatre conditions expérimentales sont étudiées : pieds nus (•) ou avec chaussures de poids différents, soit 800 g (x), soit 1 300 g (Δ), soit 1 800 g (°). La plus faible dépense s'observe entre 1 et 1,33 m.s^{-1}, soit 3,6 à 4,8 km.h^{-1}; la vitesse la plus favorable diminue lorsque le poids de la chaussure augmente (d'après Hettinger et Müller, *Arbeitsphysiol.*, 1953, *15*, 33-40)

Le *poids des chaussures* intervient également : par exemple, à la vitesse de 5,4 km.h^{-1}, la dépense énergétique est augmentée de près de 50 % quand les chaussures pèsent 1,8 kg. Par ailleurs, la vitesse la plus favorable diminue quand le poids de la chaussure augmente (fig. 3).

Le *vent* exerce un effet non négligeable : à 18,5 m.s^{-1} par exemple, il fait doubler la dépense énergétique lors d'une marche sur terrain plat à la vitesse de 4,5 km . h^{-1}.

b) La course. — Le coût énergétique d'une course est une fonction linéaire de la vitesse tant que celle-ci ne dépasse pas 20 km.h^{-1}. Autrement dit, le coût net du mètre parcouru par unité de poids corporel est une constante indépendante de la vitesse. Le coût énergétique de la course s'élève au-dessus de la dépense de repos à environ 4,8 J.kg^{-1}.m^{-1}. Pour une vitesse modérée donnée, la dépense énergétique est de 5 à 7 % plus élevée chez l'individu non entraîné que chez l'athlète; elle est plus grande chez l'enfant que chez l'adulte sans qu'il soit possible de préciser la part d'une mauvaise technique ou celle d'une différence de dimensions; elle augmente enfin avec la pente.

Un nomogramme permet d'estimer la dépense énergétique à partir de la pente et de la vitesse d'une course (fig. 4). Il est aussi possible d'estimer la dépense énergétique que représenterait, pour un athlète de 70 kg, le parcours des différentes distances classiques en terrain plat, à la vitesse

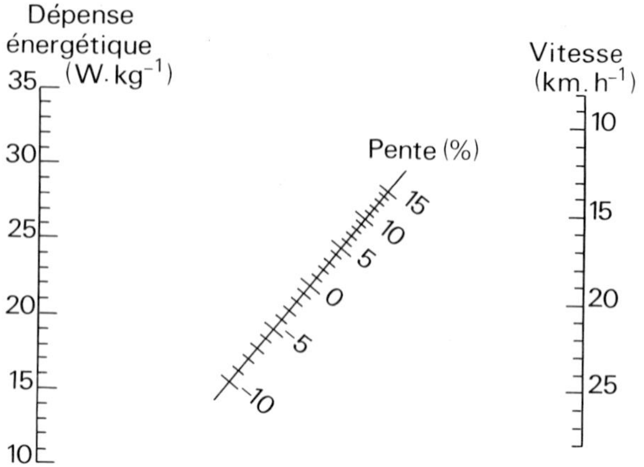

FIG. 4. — *Nomogramme pour déterminer la dépense énergétique.* Celle-ci dépend de la vitesse et de la pente. Par exemple, un sujet se déplaçant à 10 km.h^{-1} sur une surface dont la pente est de 5 % dépense environ 15 W.kg^{-1} (d'après Margaria et coll., *J. appl. Physiol.*, 1963, *18*, 367-370).

atteinte lors de performances remarquables effectuées par des athlètes (tableau II).

TABLEAU II

Distance	*Temps*	*Vitesse m.s⁻¹*	*Dépense énergétique kJ*	*Puissance kJ*
100 m	10 s	10,0	130	13,0
200 m	20 s	10,0	260	13,0
400 m	44 s	9,0	374	8,5
800 m	1 min 44 s	7,7	437	4,1
1 500 m	3 min 32 s	7,1	693	3,2
5 km	13 min 13 s	6,3	1 890	2,3
10 km	27 min 30 s	6,1	3 360	2,0
42 km	2 h 10 min	5,6	13 230	1,7

L'énergie dépensée lors d'une course est fortement influencée par la *résistance offerte par l'air* à l'avancement du coureur. Lorsqu'il doit lutter contre le vent, celui-ci peut entraîner une dépense supplémentaire de 28 % pour un vent de 10 m.s^{-1} et 64 % pour un vent de 14 m.s^{-1}. On voit, en conséquence, l'intérêt, pour un coureur, de courir à l'abri du vent derrière un autre coureur. A l'inverse, les records de vitesse ne sont pas homologués quand la vitesse du vent favorable dépasse 2 m.s^{-1}.

Pour une vitesse donnée, la dépense est fonction de la *grandeur de la foulée*. Pour des courses de longue durée, chaque coureur adopte spontanément une longueur de foulée la plus économique. En revanche, pour les courses de courte durée, le coureur choisit la foulée la plus efficace, celle qui lui permettra d'aller le plus vite bien que cela soit moins économique; il a alors tendance à allonger sa foulée.

Le coût énergétique de la course à pied joue un rôle important dans la performance des athlètes de haut niveau spécialisés dans les courses de longue durée, lesquels ont tous sensiblement la même consommation maximale d'oxygène (voir p. 18). En effet, il peut varier d'un athlète à l'autre de sorte qu'à aptitude égale l'athlète ayant le plus faible coût énergétique peut courir le plus vite. La vitesse maximale lors d'une épreuve de longue durée répond à la formule donnée par Di Prampero et coll. (1986) :

$$\text{Vmax} = F \cdot \dot{V}_{O_2}\,\text{max} \cdot \dot{E}^{-1}$$

(Di Prampero et coll., 1986)

où F = la fraction de $\dot{V}_{O_2}$ max utilisée pendant la course.

c) **Déplacement à ski.** — Lors du déplacement à ski, la dépense est influencée par des facteurs tels que l'état de la neige, les propriétés glissantes du ski, la technique du sujet, la vitesse du vent ou encore la pente du terrain.

Selon Saibene (1983), le coût énergétique de la course en ski de fond est $\dot{E} = 38 + 33\,F + 28\,v^2$ pour un athlète de 70 kg, où E est exprimé en $J.m^{-1}$, F est la friction du ski et v la vitesse en $m.s^{-1}$. La figure 2 montre qu'en ski de fond le coût énergétique est inférieur à celui de la course à pied jusqu'à environ 7,5 $m.s^{-1}$ (26 $km.h^{-1}$). Le coût du déplacement à ski dépend aussi du style adopté : ainsi le pas de patineur s'avère plus économique.

Il est intéressant de comparer la dépense énergétique lors de la marche à pied sur une route horizontale couverte de neige dure à celle de la progression à ski sur un sol identique pour des sujets portant une même charge de 22,5 kg et se déplaçant à 5 $km.h^{-1}$ environ. La consommation d'oxygène est pratiquement identique dans les deux exercices, mais les sujets ont une meilleure impression d'aisance en se déplaçant à ski, probablement à cause de l'utilisation des bras, ce qui permet une meilleure répartition du travail sur une masse musculaire plus grande. Aux vitesses plus élevées, le déplacement à ski est plus économique si la neige est ferme. A la vitesse d'environ 4 $km.h^{-1}$, l'énergie dépensée lors de la progression à ski sur neige molle représente 70 % de celle déterminée par la marche (Rönningen).

d) **La nage.** — La nage représente un exercice très spécial, dans la mesure, tout d'abord, où le poids du corps est pratiquement annulé; mais ce facteur favorable est contrebalancé par une résistance plus grande à l'avancement.

Ceci explique, qu'à vitesse égale, la dépense énergétique est plus grande lors de la nage que lors de la marche ou de la course.

La relation existant entre la dépense d'énergie et la vitesse de progression dans l'eau dépend également du *style* utilisé. L'entraînement, en améliorant la technique de nage, diminue considérablement la dépense pour une vitesse donnée.

Le coût énergétique $\dot{E}$ de la nage libre est indépendant de la vitesse jusqu'à 0,9 $m.s^{-1}$. Il s'élève à 0,57 $kJ.m^{-1}.m^{-2}$ de surface corporelle chez un nageur possédant déjà une bonne technique, mais à 0,88 $kJ.m^{-1}.m^{-2}$ chez des sujets sédentaires et mauvais nageurs. A des vitesses plus élevées E augmente de 10 % pour un accroissement de 0,1 $m.s^{-1}$ de la vitesse. Il dépend aussi de la taille, de la longueur des bras et de la résistance hydrostatique (Chatard).

C'est la nage libre (crawl) qui est la plus économique, suivie par la nage sur le dos ; la moins économique est la brasse papillon. La brasse classique a un coût comparable à celui de la nage libre quand la vitesse est faible, et proche de celui de la brasse papillon quand la vitesse devient élevée. La brasse est plus économique que la nage libre chez le mauvais nageur (– 30 % si v entre 0,3 et 0,5 $m.s^{-1}$) ce qui peut expliquer que spontanément celui-ci préfère la brasse (Di Prampero, 1986). Pour des raisons anthropométriques (masse maigre), la nage de la femme est plus économique que celle de l'Homme.

e) Cyclisme. — Il existe peu de données expérimentales concernant la dépense énergétique liée à l'exercice sur bicyclette. Cela s'explique, en grande

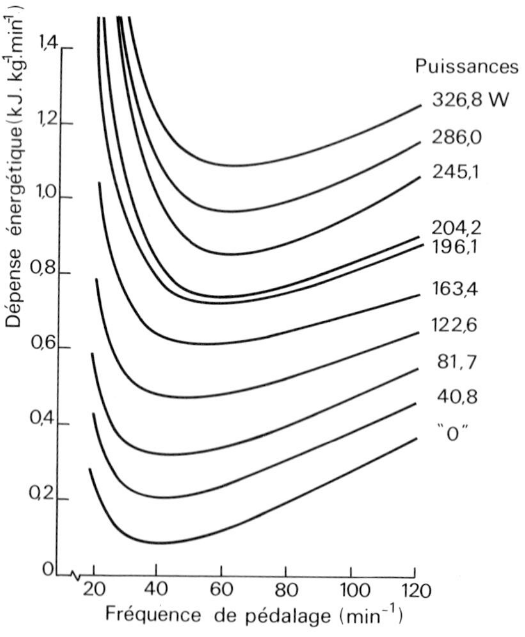

FIG. 5. — *Fréquence optimale de pédalage.* La dépense énergétique, pour chaque puissance d'exercice, varie avec la fréquence de pédalage et passe par une valeur minimale d'autant plus élevée que la puissance d'exercice est elle-même élevée (d'après Seabury et coll., *Ergonomics*, 1977, *20*, 491-498).

partie, par des aspects techniques. La dépense énergétique à une vitesse donnée dépend en effet de plusieurs facteurs variables. La force nécessaire pour faire avancer une bicyclette est égale à la somme des résistances par frottement au niveau de la machine, de la résistance de l'air et, en plus ou en moins, de la force exercée par le vent.

Si l'on soustrait du coût total celui lié à la résistance de l'air, on obtient le coût énergétique non aérodynamique (CNA). Celui-ci reste constant en ambiance thermique de 20 °C et sur terrain plat : il s'élève à 0,17 $J.kg^{-1}.m^{-1}$ entre 5 et 20 $m.s^{-1}$ (18-72 $km.h^{-1}$). La résistance de l'air est responsable de la nette augmentation du coût total avec la vitesse (fig. 2) et permet de comprendre la recherche d'une silhouette aérodynamique ou d'un abri dans le sillage d'un autre coureur.

La dépense d'énergie dépend également de la vitesse de rotation du pédalier dont l'optimum se situe entre 40 et 50 tours par minute. Les coureurs professionnels préfèrent des vitesses plus élevées proches de 90 tours par minute (fig. 5).

f) **Patinage de vitesse.** — Le coût énergétique non aérodynamique de la course de vitesse sur patins à glace est une fonction linéaire de la vitesse entre 2 et 15 $m.s^{-1}$ (fig. 2). Comme pour la course à pied, le coût net du mètre parcouru est donc constant et s'élève à 1 $J.kg^{-1}.m^{-1}$. Le coût total, du fait de la résistance de l'air, augmente d'abord faiblement puis rapidement à partir de $v = 8$ $m.s^{-1}$ (28,8 $km.h^{-1}$). Pour une vitesse de 10 $m.s^{-1}$, la dépense d'énergie s'élève à 2,1 $J.kg^{-1}.m^{-1}$.

□ **Influence de la résistance de l'air sur le coût des déplacements.** — Comme la résistance de l'air varie avec le carré de la vitesse, la dépense d'énergie supplémentaire qu'elle entraîne peut devenir très importante dès que la vitesse est élevée. Il en résulte qu'à la vitesse record de chaque type d'exercice cette dépense surajoutée peut varier considérablement. Elle est négligeable lors de la marche, mais est très importante en course sur bicyclette où elle peut atteindre 2 kW (tableau III) à la vitesse de 46,3 $km.h^{-1}$ et représente alors environ 90 % de l'énergie totale dépensée. En d'autres termes, une amélioration de l'aérodynamisme de la marche ou de la course à pied n'a pas une influence réelle sur la performance alors qu'elle améliore

TABLEAU III

	Vitesse (km/h)	*Coût énergétique lié à la résistance de l'air (kW)*	*Part du coût total (%)*
Marche de compétition	16,4	0,06	3
Course à pied	22,1	0,19	10
Patinage de vitesse	39,2	1,18	57
Cyclisme	46,3	2,08	91

Coût énergétique supplémentaire lié à la résistance de l'air aux vitesses record de 4 disciplines et pourcentage qu'il représente par rapport à l'énergie totale dépensée. Valeurs théoriques établies pour un athlète de 70 kg et 175 cm (d'après Di Prampero, *Int. J. Sports Méd.*, 1986, *7*, 55-72).

celle du patinage de vitesse ou de cyclisme. Le tableau III montre également que le coût énergétique non aérodynamique de la course sur bicyclette est faible et que la bicyclette est un moyen de locomotion particulièrement efficace.

Une conséquence stratégique directe de cet effet de la résistance de l'air est la recherche d'un abri derrière un adversaire : en cyclisme, on peut ainsi réduire la dépense d'environ 30 %, ce qui permet pour une même dépense énergétique d'augmenter la vitesse de 3 à 6 $km.h^{-1}$.

En altitude, la résistance de l'air est abaissée par suite de la diminution de la densité de l'air. Le gain à l'altitude de Mexico (2 400 m) est suffisamment important, surtout à vitesse élevée comme c'est le cas dans toutes les tentatives pour battre le record de l'heure, pour contrebalancer avantageusement la diminution de l'aptitude des athlètes du fait de l'hypoxie (voir chapitre 8).

☐ **Le rendement mécanique.** — Le rendement mécanique est défini comme le rapport de l'énergie mécanique (W) produite à l'énergie dépensée. Il s'agit d'un nombre sans dimension qui ne peut être qu'inférieur ou égal à l'unité. Suivant que l'on considère la consommation d'oxygène brute, ou nette (c'est-à-dire dont on a retranché $\dot{V}_{O_2}$ de repos), on définit le *rendement brut* (R_B) et le *rendement net* (R_N) tels que :

$$R_B = \frac{k \cdot W}{\dot{V}_{O_2}} \qquad R_N = \frac{k \cdot W}{\Delta \dot{V}_{O_2}}$$

Si le travail mécanique W est exprimé en kJ et la consommation d'oxygène en ml, la valeur de k est proche de 50.

Les relations entre la consommation d'oxygène (brute ou nette) et la puissance permettent de comprendre les variations du rendement avec la puissance. Si l'on considère le rendement brut, il est d'abord faible puis augmente et passe par un maximum avant de diminuer aux puissances élevées. Le rendement net est à peu près constant, de l'ordre de 20 à 25 % pour des puissances inférieures à 50 % de la puissance maximale; il diminue au-delà. Dans les deux cas, la diminution du rendement aux puissances élevées est liée à l'utilisation par le muscle des *réactions anaérobies* et à une *diffusion de l'activité musculaire* à des groupes voisins.

Dans les activités où la composante statique est importante, le rendement tend vers des valeurs proches de zéro; il est même nul au cours du frisson thermique. Le meilleur rendement est observé chez l'Homme lors de l'exécution de mouvements rythmés à une fréquence ni trop basse ni trop élevée. Sur des fragments de muscle isolé on peut observer des rendements nettement plus élevés entre 45 et 50 %.

On peut expliquer la différence entre le rendement apparent d'un muscle intégré à l'organisme et son rendement réel, toujours supérieur mais difficilement mesurable, par les faits suivants :

– Dans l'équation du rendement, le numérateur (W) est *sous-évalué*. En effet, au travail mécanique fourni au milieu extérieur, exprimable en unité physique, il conviendrait d'ajouter le travail interne, dont l'évaluation prend en compte l'énergie cinétique liée au déplacement et à la masse des différents segments corporels. Ainsi, pour un travail sur bicycle à la puissance mécanique de 150 W a-t-on pu calculer les valeurs respectives suivantes des rendements brut, net et vrai = 19, 22 et 30 % (Luthanen, 1987).

– Inversement, le dénominateur ($\dot{V}_{O_2}$) est *surévalué*. Le volume d'oxygène consommé en excès par rapport au repos, l'est principalement par les muscles réalisant le travail dynamique moteur, seul pris en compte. La partie restante, non négligeable, l'est par les mêmes muscles lorsqu'ils réalisent un travail dynamique résistant, par d'autres muscles impliqués dans des contractions posturales ou des fixations articulaires, ou encore par la musculature cardiaque et respiratoire plus sollicitée au cours du travail que lors du repos.

La difficulté de mesurer le travail mécanique oblige parfois à déterminer l'efficacité d'une activité en évaluant la dépense d'énergie nécessitée par cette activité et en recherchant les conditions pour lesquelles la dépense d'énergie sera minimale (donc le rendement meilleur). Par exemple, il est coûteux de marcher à petits pas rapidement ou à grandes enjambées mais à pas lents. Il existe en revanche, une valeur optimale de l'amplitude et de la fréquence du pas pour laquelle la dépense est minimale.

□ **Dépense énergétique lors des activités récréatives et sportives.** — La dépense énergétique est connue pour un très grand nombre d'activités physiques à la suite de nombreuses études réalisées soit en laboratoire soit sur le terrain. Le tableau IV donne des renseignements intéressant diverses activités physiques récréatives chez l'homme et la femme. Certaines de ces activités réalisées pourtant en dehors des grandes compétitions impliquent une dépense énergétique importante.

TABLEAU IV — *Dépense énergétique lors d'activités récréatives*
(d'après Passmore et Durnin, 1967)

Sédentaire	*activité légère*	*activité modérée*	*activité intense*
140 175 jeu de cartes instrument de musique	140 à 180 175 à 350 boules cricket croquet golf tennis de table tir à l'arc voile volley-ball	280 à 420 350 à 525 badmington bicyclette course danse équitation gymnastique hockey jardinage nage ski tennis	420[1] 525[2] alpinisme athlétisme aviron basket-ball boxe cross country foot-ball squash

[1] en watts pour une femme de 55 kg
[2] en watts pour un homme de 65 kg

LES SOURCES D'ÉNERGIE

La contraction de la fibre musculaire est liée à la décomposition d'adénosine triphosphate (ATP) en adénosine diphosphate (ADP). Les réserves musculaires d'ATP sont très faibles et ne permettraient pas à elles seules une activité de plus de quelques secondes à plein régime. Mais une fourniture d'ATP suffisante se trouve immédiatement assurée grâce à des processus anaérobies et aérobies.

☐ **Source anaérobie alactique.** — La quantité d'ATP présente dans le muscle est faible, environ 5 $mmol.kg^{-1}$ de muscle frais. Si par exemple, la masse musculaire impliquée dans un exercice est de 20 kg, la réserve d'ATP disponible est de 100 mmol, représentant une énergie potentielle de 4,2 kJ. Elle varie peu lors de l'exercice, même quand celui-ci est d'une grande intensité ; elle ne s'abaisse en effet que de 20 %. Elle peut cependant diminuer de façon plus sensible lors d'exercices maximaux brefs (sprint). La réserve réellement disponible ne dépasse guère 1 à 1,5 $mmol.kg^{-1}$. L'ATP peut se reformer à partir de la phosphocréatine (ou phosphagène) et de l'adénosine diphosphate (ADP).

Il existe également une réserve de *phosphocréatine* (PC) qui s'élève à 20 $mmol.kg^{-1}$ de muscle frais. Dans l'exemple précédent, la réserve de PC disponible serait de 400 mmol pour une énergie potentielle de 16,7 kJ. Lors de l'exercice cette réserve diminue très rapidement au début, puis se stabilise à un niveau qui est d'autant plus bas que l'intensité d'exercice est élevée.

La réserve d'ATP-PC constitue donc une source d'énergie immédiatement disponible dès le début de l'exercice. Elle ne nécessite pas la présence d'oxygène et ne s'accompagne pas de formation d'acide lactique (source anaérobie alactique) mais elle est faible et ne permet la poursuite d'un exercice même peu intense que pendant une dizaine de secondes.

Au cours de l'exercice maximal bref (sprint court) presque 88 % de la phosphocréatine sont dépensés en 5 secondes. Chez les athlètes entraînés et spécialistes de ce type de course, c'est la totalité de celle-ci qui est dépensée dans le même temps (fig. 6). Ces athlètes peuvent donc tirer plus d'énergie du pool phosphagène (ATP-PC) au début du sprint, produire ainsi plus d'énergie mécanique et courir plus vite. A cela on peut ajouter que, probablement, ces athlètes ont en même temps une meilleure technique, un meilleur rendement musculaire et une meilleure utilisation des propriétés élastiques de leurs muscles (Hirvonen, 1987).

Après épuisement, les réserves de PC sont reconstituées dès la première minute à 80 % après un exercice dynamique et à 66 % après un exercice statique (Lacour). L'apport d'oxygène par le sang joue un rôle : le blocage de la circulation stoppe la resynthèse de PC. D'autre part il existe une relation entre la vitesse de récupération de la force musculaire et la densité capillaire du muscle.

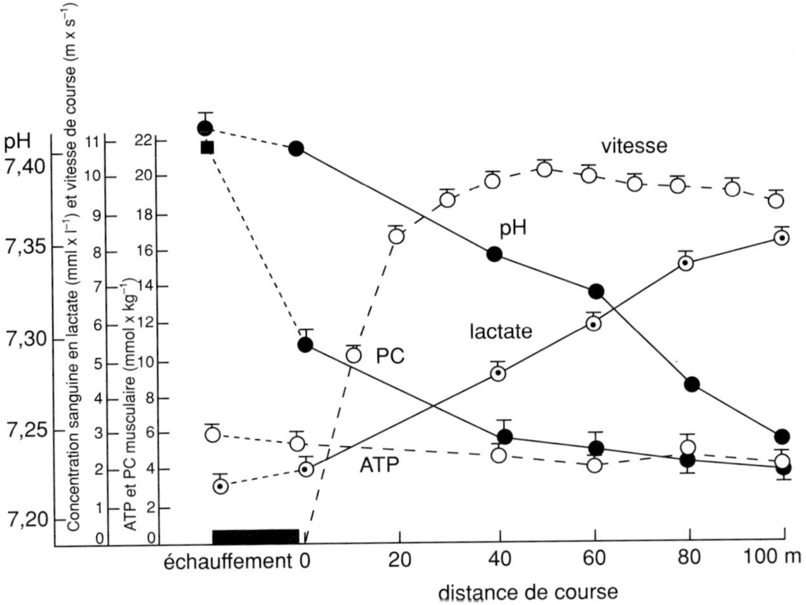

FIG. 6. — *Évolution des concentrations musculaires en ATP et phosphocréatine (PC), des valeurs sanguines du pH et de la concentration en lactate, ainsi que des vitesses de course lors d'un sprint sur 100 m.* Les athlètes ont effectué plusieurs sprints sur des distances de 40, 60, 80 et 100 m (Hirvonen *et al.*, *Eur. J. Appl. Physiol.*, 1987, *56*, 253-259).

☐ **Source anaérobie lactique.** — La glycolyse anaérobie met en jeu la dégradation du glycogène en acide lactique. Dès le début de l'exercice, celle-ci est favorisée par la présence de catabolites (ADP, AMP) qui active les enzymes du catabolisme du glycogène et du glucose. La dégradation du glycogène jusqu'à l'acide pyruvique s'accompagne de la synthèse de 3 molécules d'ATP.

Le fonctionnement de la glycolyse exige la présence (fig. 9) d'un accepteur d'hydrogène la *nicotine-adénine-dinucléotide* (NAD).

$$NAD + H_2 \rightarrow NADH_2$$

La poursuite de la glycolyse implique la régénération du NAD à partir du $NADH_2$ formé. En l'absence d'oxygène, cette régénération s'effectue par un transfert d'hydrogène du $NADH_2$ à l'acide pyruvique avec formation d'acide lactique. En définitive, 180 g de glycogène aboutissent à la formation de 3 molécules d'ATP et à la libération de 126 kJ, mais au prix d'une production de 180 g de lactate. La glycolyse anaérobie aboutit, en conséquence, à l'accumulation progressive d'acide lactique qui provoque une diminution des pH musculaire et sanguin.

L'analyse de prélèvements biopsiques musculaires à l'issue d'exercices très brefs a permis de montrer que contrairement à ce que l'on a longtemps pensé, le processus anaérobie lactique est mis en route quasi-immédiatement et atteint son régime maximal en quelques secondes, de sorte que la puissance glycolytique est pratiquement constante du début à la fin d'un sprint court. Elle assure même, pratiquement à elle seule, la progression quand, au-delà d'environ 5 secondes, la réserve de PC est épuisée. Ceci permet de comprendre pourquoi la vitesse diminue à partir d'une certaine distance parcourue, car la puissance glycolytique (énergie instantanée disponible par ce mécanisme) est plus faible que la puissance alactique et l'accumulation d'acide lactique dans le muscle altère les propriétés contractiles.

Dans de nombreuses formes d'exercice, il est possible d'observer une augmentation de la lactatémie alors que l'intensité de l'exercice est inférieure à la puissance aérobie (voir p. 18). L'acide lactique est alors produit au début, quand la source aérobie est encore incapable de subvenir à elle seule au besoin d'énergie. Dans ce cas, si l'exercice se prolonge, la lactatémie n'augmente plus, elle peut diminuer ce qui signifie alors que le lactate est réutilisé par la voie des oxydations. Ainsi, une concentration élevée de lactate n'est pas une indication de la participation du métabolisme anaérobie pendant un exercice avec état stable, mais seulement d'une certaine production d'énergie anaérobie au début de l'exercice.

La puissance du processus anaérobie lactique s'élève à environ 3,5 kW, elle peut dépasser nettement cette valeur chez les athlètes de haut niveau, spécialisés dans les courses d'une durée de 1 à 2 minutes.

La capacité anaérobie lactique, quantité totale d'énergie disponible à partir de la source lactique, est grossièrement proportionnelle à la concentration maximale de lactate tolérée par l'organisme, celle-ci étant elle-même proportionnelle à la concentration du sang en lactate. La concentration maximale du sang en lactate est d'environ 14 à 17 $mmol.l^{-1}$ chez les sujets non sportifs, ce qui correspond à 75 kJ environ en tenant compte de l'espace de diffusion du lactate. Cette valeur peut être pratiquement doublée chez certains athlètes. Elle est abaissée lors de l'exposition chronique à l'altitude ; elle diminue aussi avec l'âge. Chez le jeune, la maturation du métabolisme anaérobie lactique semble liée à l'augmentation de la testostéronémie.

La rapidité de mise en jeu du métabolisme lactique montre que la séparation en phases alactique et lactique est quelque peu artificielle. Plusieurs arguments expérimentaux montrent en effet une relation entre la puissance explosive et la glycolyse anaérobie. Au cours de l'épreuve de Wingate (voir p. 218) la lactatémie mesurée à la fin de l'épreuve est liée significativement au pic de puissance atteint vers la cinquième seconde (Denis et coll.). D'autre part un entraînement au sprint qui augmente la puissance pic lors du test de Wingate s'accompagne d'une augmentation des enzymes de la glycolyse (PFK et LDH) et d'une augmentation de la lactatémie mesurée après une série de sprints.

L'arrêt d'un exercice maximal de courte durée n'est pas consécutif à un épuisement des substrats disponibles car il reste une quantité importante de glycogène musculaire (70 % environ). En revanche, on constate une augmentation de la concentration de lactate et une diminution du pH au niveau du muscle. En conséquence, il est possible de rendre l'altération du pouvoir tampon responsable de l'arrêt. Ceci est étayé par le fait que l'augmentation de la production de lactate détermine une diminution du pH et que celle-ci réduit la capacité fonctionnelle du muscle. Elle altère directement les processus contractiles au niveau des myofibrilles, diminuant ainsi leur capacité de développer une tension normale même avec un apport suffisant en ATP. Elle altère aussi les réactions chimiques qui se déroulent au niveau de la cellule, en particulier l'activité d'enzymes clés de la glycolyse telles que la phosphorylase et la phosphofructokinase (v. fig. 7, ci-dessous) et en conséquence, la production d'ATP. Le pouvoir tampon ne semble pas cependant être en relation suffisamment étroite avec la performance anaérobie, d'où l'idée que celle-ci serait plutôt liée à la capacité du muscle à diffuser le lactate et les ions H^+ : le fait

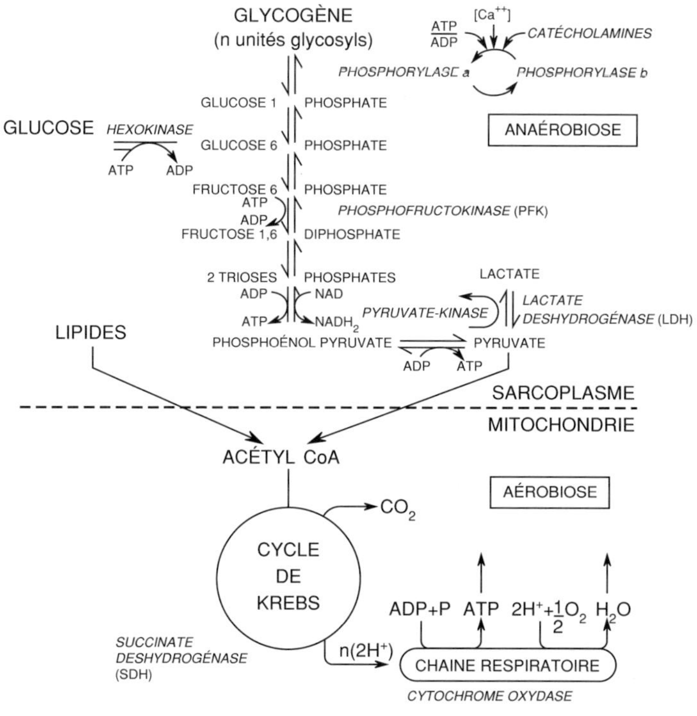

FIG. 7. — *Dégradation anaérobie et aérobie des substrats.*

que l'administration de substances alcalinisantes, lesquelles agissent probablement au niveau sanguin, s'accompagne d'une augmentation de la lactatémie et d'une amélioration de la performance anaérobie est en faveur de cette hypothèse.

Il est possible d'ailleurs que l'augmentation de la concentration de lactate, ou la baisse du pH musculaire, intervienne aussi en altérant directement les processus contractiles au niveau des myofibrilles, diminuant ainsi leur capacité de développer une tension suffisante (Hermansen). En effet, quand le pH d'un bain où est placée une fibre musculaire isolée est abaissée de 0,5 unité (7,0 à 6,5), la tension maximale que peut développer cette fibre diminue, même si un apport suffisant en ATP est assuré.

☐ **La source énergétique aérobie.** — Les oxydations cellulaires de substrats oxydables représentent le système le plus important d'ATP. La dégradation du glycogène se poursuit après le stade de l'acide pyruvique par une décarboxylation et passage dans le cycle de Krebs (fig. 7). La régénération du NAD s'effectue par une oxydation de l'hydrogène du NAD-H_2 par l'intermédiaire de la chaîne respiratoire. Le bilan énergétique de l'oxydation des glucides est nettement plus favorable que celui de la glycolyse anaérobie : 39 molécules d'ATP par molécule de glycogène au lieu de 3.

La dégradation des lipides conduit à des acides gras libres qui pénètrent dans les mitochondries par un mécanisme de transport actif, où intervient *l'acylcarnitine-transférase*, et entrent dans le cycle de Krebs après formation d'acétyl CoA par bêtahydroxylation. Le rendement de l'oxydation des lipides est élevé : 45 molécules d'ATP pour les acides gras à 6 atomes de carbone.

a) **La consommation maximale d'oxygène.** — L'importance du processus aérobie peut être appréciée à partir des échanges gazeux pulmonaires : au cours d'un exercice d'intensité croissante, effectué sur un ergocycle ou un tapis roulant, impliquant la mise en jeu d'une masse musculaire importante, la consommation d'oxygène augmente linéairement avec la puissance développée jusqu'à une valeur limite qui reste constante, même si la puissance imposée est encore accrue. Cette valeur limite représente la consommation maximale d'oxygène ($\dot{V}_{O_2}$ max) à laquelle correspond la *puissance maximale aérobie* (PMA). Chez l'adulte jeune, de sexe masculin, $\dot{V}_{O_2}$ max s'élève à environ 3 l STPD.min^{-1}, ce qui (sachant que l'équivalent calorique du litre d'oxygène est de 21 kj) représente une puissance maximale aérobie de 63 kj.min^{-1}, soit environ 1 kW. Lors des exercices les plus habituels, marche ou course, le poids du corps intervient dans la demande d'énergie; il est donc d'usage courant d'utiliser un mode d'expression en ml.min^{-1}.kg^{-1}. La consommation d'oxygène maximale s'élève en moyenne chez l'homme à 45 ml.min^{-1}.kg^{-1}, ce qui représente environ 10 fois le métabolisme de repos. Chez la femme, cette valeur est approximativement de 35 ml.min^{-1}.kg^{-1}. La différence liée au sexe disparaît en grande partie quand on rapporte $\dot{V}_{O_2}$ max à la masse active.

$\dot{V}_{O_2}$ max varie avec *l'âge* : sa valeur augmente progressivement pendant l'enfance et l'adolescence, pour atteindre un maximum vers la 20ᵉ année et se stabilise entre 20 et 30 ans pour décroître progressivement et ne plus représenter,

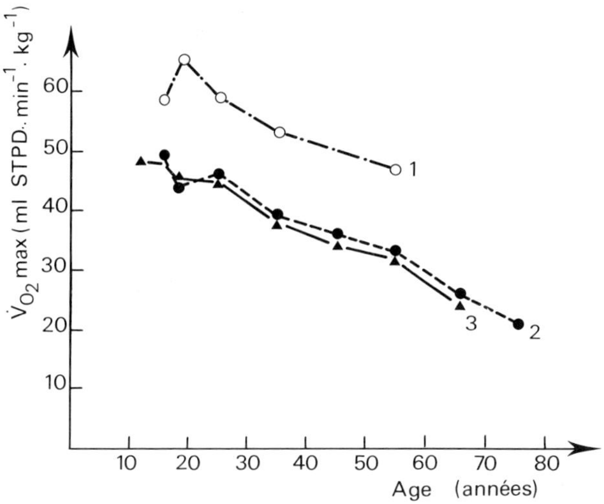

FIG. 8. — *Consommation maximale d'oxygène et âge.* Sauf pour les sujets très entraînés, $\dot{V}_{O_2}$ max diminue progressivement depuis l'adolescence.
1 – sujets très entraînés (Astrand, 1952).
2 – sujets sédentaires à partir des données de la littérature (Shepard, 1960).
3 – Résultats obtenus sur une population française (d'après Lacour et Flandrois, *J. Physiol.* Paris, 1977, *73*, 89-130).

à 60 ans, qu'environ 70 % de la valeur observée chez le jeune adulte. Cette régression, qui est indépendante du sexe, peut être retardée par un entraînement régulier ou une vie très active (fig. 8 p. 19).

Les valeurs extrêmes de $\dot{V}_{O_2}$ max se situent entre 20 et 95 ml.min^{-1}.kg^{-1} soit 1,5 et 6,5 l.min^{-1} représentant une variation comprise entre 5 et plus de 20 fois le métabolisme de repos. Cette extrême variabilité interindividuelle est liée tout d'abord à un *facteur génétique*, faisant intervenir aussi bien la capacité de transport de l'oxygène que la structure du muscle ; ce facteur représente environ 30 % de la variabilité. Elle dépend aussi de *l'entraînement* ; si celui-ci est quotidien et intensif, l'augmentation de $\dot{V}_{O_2}$ max au bout de plusieurs semaines peut atteindre de 10 à 50 %. Une fois acquise, cette augmentation peut être conservée par un entraînement régulier de même intensité mais de durée réduite à plus de la moitié. L'effet de l'entraînement dépend également d'un facteur génétique mais aussi du niveau d'aptitude initial et de l'âge : l'effet de l'entraînement est plus important chez le sujet jeune et peu entraîné.

La pratique régulière d'une activité physique à l'école, ou mieux la pratique d'un sport, permet un meilleur développement de la consommation maximale d'oxygène chez l'enfant et l'adolescent.

Le *désentraînement* a un effet inverse : un alitement prolongé de plusieurs semaines peut abaisser $\dot{V}_{O_2}$ max de 40 %. Parmi les autres facteurs de variabilité il faut citer également l'*environnement* : $\dot{V}_{O_2}$ max diminue lors de l'exposition à l'altitude (v. p. 178) et à l'hyperbarie (v. p. 189). Enfin la *sous-nutrition* est un facteur de détérioration de $\dot{V}_{O_2}$ max.

Dans la pratique du sport, la performance athlétique de longue durée est en relation directe avec $\dot{V}_{O_2}$ max. Les valeurs les plus élevées (de 80 à 95 ml.min^{-1}.kg^{-1}) sont observées chez les skieurs de fond, tandis que les plus basses sont trouvées chez les coureurs de vitesse (56 ml.min^{-1}.kg^{-1}) ou les gymnastes (50 ml.min^{-1}.kg^{-1}) (fig. 9). En revanche, la consommation maximale d'oxygène telle qu'elle est mesurée en laboratoire, à l'aide d'un ergomètre, n'est pas forcément en relation avec la performance maximale

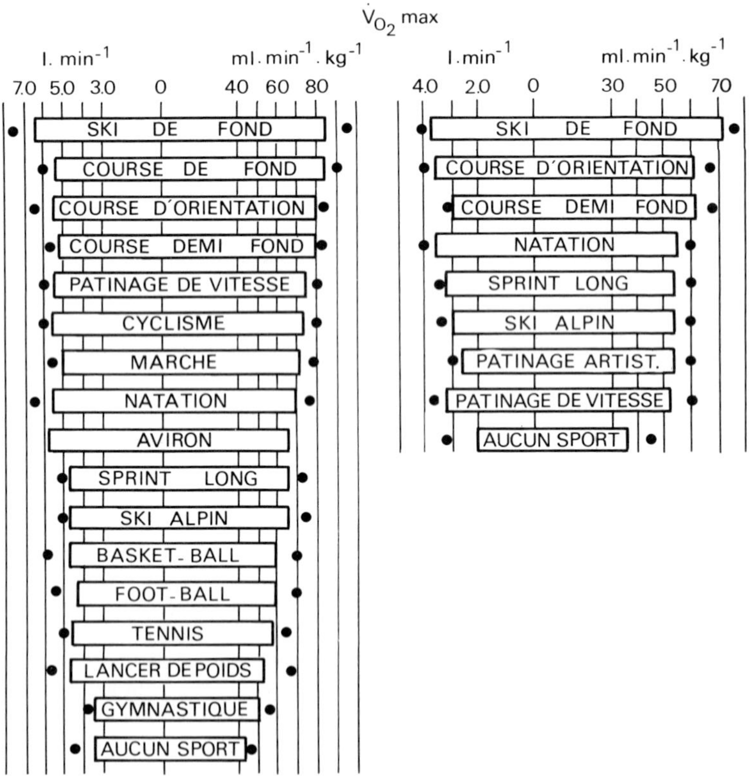

FIG. 9. — *Consommation maximale d'oxygène dans différents sports.* Les valeurs observées chez des athlètes de différentes spécialités (hommes à gauche, femmes à droite) sont d'autant plus élevées que l'exercice habituellement pratiqué est plus intense et plus prolongé. Les points indiquent des valeurs individuelles au-delà de la moyenne (d'après Saltin et Astrand, *J. appl. Physiol.*, 1967, *23*, 353-358).

aérobie ; au cours d'une épreuve athlétique, en effet, certains facteurs peuvent intervenir pour limiter la consommation d'O_2 tels, par exemple, le changement de rythme d'une course, la présence d'une composante musculaire statique, les masses musculaires en jeu, etc. Enfin, le rendement mécanique de la course intervient dans la performance : chez deux athlètes ayant une même valeur de $\dot{V}_{O_2}$ max, le plus économique sera également le plus rapide à la *vitesse maximale aérobie* (vitesse à $\dot{V}_{O_2}$ max).

La consommation maximale d'oxygène dépend de la grandeur du système d'échanges gazeux et de sa capacité d'adaptation. Il existe en effet une relation très étroite entre $\dot{V}_{O_2}$ max et les valeurs maximales de la ventilation pulmonaire, du débit cardiaque, de la capacité de diffusion alvéolocapillaire. Le débit de l'oxygène mis à la disposition des tissus ($\dot{Q} \cdot Ca_{O_2}$) joue un rôle très important. En effet, $\dot{V}_{O_2}$ max diminue quand Ca_{O_2} est réduit par l'hypoxie, ou par blocage d'une partie de l'hémoglobine par le monoxyde de carbone, ou après soustraction d'une certaine quantité de sang ; il augmente, en revanche, quand la pression de l'oxygène dans l'air inspiré s'élève, ou après autotransfusion de sang. L'autotransfusion est parfois utilisée par des athlètes pour améliorer leurs performances. Cette pratique est considérée comme un dopage. Entre certaines limites, les variations du débit de l'oxygène mis à la disposition des tissus déterminent des changements pratiquement proportionnels à la quantité d'oxygène qui peut être consommée. Enfin, $\dot{V}_{O_2}$ max dépend également de l'aptitude locale à utiliser l'oxygène, dont les facteurs essentiels sont la richesse en fibres I et IIA (v. p. 69), la densité des capillaires musculaires et l'activité des enzymes oxydatives (voir chapitre 3, p. 71). En définitive, l'amélioration de la performance aérobie, consécutive à l'entraînement, procède d'un double effet à la fois sur le système de transport de l'oxygène et sur le potentiel oxydatif cellulaire.

b) La capacité énergétique aérobie et l'endurance. — Au point de vue biochimique, on pourrait penser qu'un exercice musculaire d'une intensité inférieure aux possibilités aérobies ne serait limité que par la quantité de substrats disponibles au niveau du muscle. En fait, la puissance maximale aérobie ne peut être maintenue que quelques minutes. Si l'exercice dure plus de 10 minutes, il est effectué à une vitesse inférieure à la vitesse maximale aérobie, autrement dit la puissance alors développée est sous-maximale et la fraction de $\dot{V}_{O_2}$ max soutenable est en rapport essentiellement avec la distance à parcourir et la durée de l'exercice. Di Prampero, sur la distance du marathon, a trouvé une relation linéaire entre le pourcentage de $\dot{V}_{O_2}$ max et le temps de course. En fait, si l'on considère les performances d'un coureur lors de courses de durée prolongée, on constate l'existence d'une relation linéaire entre le pourcentage de $\dot{V}_{O_2}$ max lors de la course et le logarithme du temps de celle-ci. La pente de la droite exprime l'aptitude à l'*endurance* (Peronnet). Sur la figure 10 on voit que la pente est d'autant plus élevée que cette aptitude est faible. On voit ainsi qu'un athlète très entraîné peut courir à 80 % de $\dot{V}_{O_2}$ max pendant plus de 2 heures et qu'un sujet non entraîné ne peut pas courir pendant la même durée à plus de 65 % de $\dot{V}_{O_2}$ max. La figure 10 montre aussi que deux coureurs ont sensiblement la même pente donc la même endurance mais une performance différente laquelle s'explique par la valeur de leur $\dot{V}_{O_2}$ max

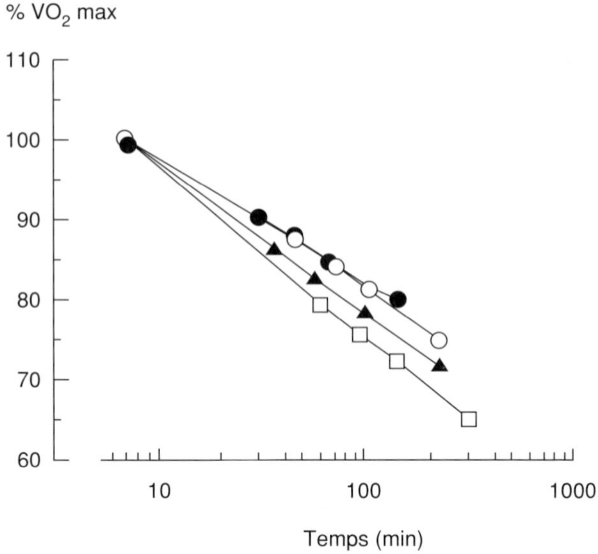

FIG. 10. —*Relation entre la fraction de* $\dot{V}_{O_2}$ *max soutenable lors d'une course et le temps de la performance chez 4 athlètes dont la valeur de* $\dot{V}_{O_2}$ *max et l'endurance diffèrent.* (athlète à $\dot{V}_{O_2}$ max = 77 ml.min^{-1}.kg^{-1} : endurant ●, non endurant ▲; sujet endurant mais à $\dot{V}_{O_2}$ max = 52 ml.min^{-1}.kg^{-1} : ○; sujet non endurant et peu apte à $\dot{V}_{O_2}$ max = 43 ml.min^{-1}.kg^{-1} : □). Les symboles sur les droites correspondent de gauche à droite aux 10 km, 15 km, 1/2 marathon et marathon (d'après des données personnelles et celles de Peronnet, *in*: *Le Marathon, Vigot éd.*).

respectifs, 77 ml.min^{-1}.kg^{-1} pour le meilleur et 52 ml.min^{-1}.kg^{-1} pour le moins bon. Inversement, la meilleure performance entre deux athlètes ayant une même valeur de $\dot{V}_{O_2}$ max sera observée chez l'athlète le plus endurant (qui a la pente la plus faible). Dans cet exemple la notion de coût énergétique de la course n'est pas envisagée. On peut néanmoins conclure en disant que la performance dans un exercice de longue durée dépend de la vitesse maximale aérobie et de l'endurance.

La quantité totale d'énergie dépensée au cours de telles épreuves représente la capacité énergétique aérobie; la part revenant au métabolisme anaérobie devient négligeable (v. tableau V, p. 23). Elle peut être connue de façon précise à partir de la consommation d'oxygène et de la valeur énergétique du litre d'oxygène. Elle peut atteindre une valeur considérable à l'occasion d'une course de plusieurs heures, 5 à 10 fois 10^3 kJ selon le degré d'entraînement et même plus lors d'un ultramarathon. La capacité aérobie est très sensible au désentraînement : lors de celui-ci sa détérioration survient plus précocement que celle de $\dot{V}_{O_2}$ max; cela souligne la nécessité d'un entraînement régulier chez les coureurs de fond.

TABLEAU V

Temps de travail maximal (min)	*Dépense énergétique (kJ)*			*Part des métabolismes (%)*	
	anaérobie	*aérobie*	*TOTAL*	*anaérobie*	*aérobie*
0,16	83	17	100	83	17
1	125	85	210	60	40
2	125	190	315	40	60
5	125	500	625	20	80
10	105	1 025	1 130	9	91
30	85	2 825	2 910	3	97
60	65	5 020	5 085	1	99

Participation des différents métabolismes énergétiques en valeurs absolues et en pourcentage, selon la durée de l'exercice (d'après Hermansen).

La capacité énergétique ou endurance aérobie est liée à trois facteurs : le premier concerne la grandeur de $\dot{V}_{O_2}$ max, on vient de voir qu'il est d'ordre essentiellement circulatoire et cellulaire; le deuxième, métabolique, dépend des substrats oxydables en réserve et de leur utilisation; le troisième enfin est constitué par les possibilités de thermolyse (voir chapitre 10, p. 192).

PART RESPECTIVE DES DIFFÉRENTS PROCESSUS ÉNERGÉTIQUES

L'analyse des différents processus énergétiques impliqués dans l'exercice révèle des caractéristiques fondamentales : rapidité d'intervention, puissance et capacité, très différentes mais cependant complémentaires. Ces processus ne peuvent pas être sollicités isolément; la mise en jeu de l'un est toujours associée à l'augmentation d'activité des deux autres, et l'importance de chacun dépend de l'intensité et de la durée de l'exercice.

Plusieurs cas sont à considérer : tout d'abord, comment évoluent les sources d'énergie au cours d'un exercice inframaximal ou supramaximal; ensuite, comment évoluent ces sources d'énergie à l'état stable selon la puissance de l'exercice.

a) Cas de l'exercice inframaximal. — La consommation d'oxygène augmente dès le début d'un exercice, rapidement d'abord, plus lentement ensuite (fig. 11), mais de manière progressive jusqu'à une valeur d'équilibre qui n'est atteinte qu'après un délai de une à plusieurs minutes, variable avec l'intensité d'exercice, le degré d'entraînement et l'âge. Le délai mis pour atteindre 50 % de $\dot{V}_{O_2}$ d'équilibre ($t_{1/2}$) est de 0,3 min chez l'enfant, 0,7 et 0,5 min respectivement chez l'adulte sédentaire et entraîné; de même, le temps mis pour atteindre l'état d'équilibre est d'environ 1 à 2 min chez l'enfant, mais de 4 à 5 min chez l'adulte sédentaire et 2 à 3 min chez le sujet entraîné. Ce

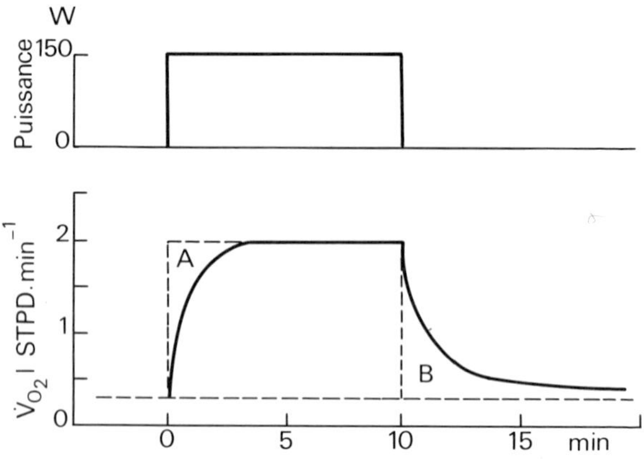

FIG. 11. — *Évolution de la consommation d'oxygène en fonction du temps.*
– *En haut*: puissance imposée en watts.
– *En bas*: l'équilibre n'est atteint qu'après quelques minutes.
Il existe donc un déficit (ou dette) d'oxygène représenté par la surface A. Après l'arrêt de l'exercice, $\dot{V}_{O_2}$ reste supérieur à sa valeur de repos pendant un certain temps; la surface B représente le paiement de la dette d'oxygène.

délai est nécessaire pour que le système d'échanges gazeux chargé du prélèvement et du transport de l'oxygène se soit adapté et atteigne un niveau de fonctionnement compatible avec le besoin d'échanges gazeux. A l'arrêt de l'exercice $\dot{V}_{O_2}$ diminue également, très rapidement d'abord, puis beaucoup plus lentement pour atteindre finalement sa valeur de repos dans un délai, ou temps de récupération, qui dépend aussi de l'intensité, du degré d'entraînement et de l'âge. Il peut varier de quelques minutes à une heure, ou plus.

– *Le déficit en oxygène*

Au début de l'exercice $\dot{V}_{O_2}$ reste pendant plusieurs minutes inférieur à sa valeur mesurée à l'état d'équilibre. Il existe par conséquent un déficit en O_2 (D_{O_2}) momentané, représenté (fig. 11) par la surface A. Pendant cette période transitoire, le muscle dépense une quantité d'énergie supérieure à celle fournie par le métabolisme aérobie. Ce déficit en O_2 résulte de l'inertie d'adaptation du système d'échanges gazeux au niveau musculaire. L'énergie nécessaire provient alors de l'utilisation :

– de l'oxygène fixé sur la myoglobine à l'intérieur des fibres musculaires. Ce stock local d'oxygène est très faible;

– de l'oxygène contenu dans le *sang* : la quantité d'oxygène contenu dans le sang veineux est d'environ 0,6 l au repos; elle peut diminuer considérablement au début de l'exercice, car le muscle actif prélève brusquement une plus grande quantité d'oxygène; au cours du travail musculaire local, la dette d'oxygène ne se constitue pas;

– des *produits phosphorés* à haute énergie potentielle (ATP-PC) présents en réserve dans le muscle ;

– de la *dégradation anaérobie du glycogène musculaire* avec une production accrue d'acide lactique.

D_{O_2} croît avec la puissance de l'exercice. Pour une même puissance, sa valeur est plus faible chez l'enfant et chez l'adulte entraîné.

– *La dette d'oxygène*

A l'arrêt de l'exercice, $\dot{V}_{O_2}$ reste un certain temps, variant de quelques minutes à plusieurs heures, supérieur à sa valeur de repos (surface B, fig. 6). Le retour du métabolisme à son niveau initial de repos s'effectue en trois phases :

1 – phase de décroissance rapide brève

2 – phase de décroissance lente pouvant durer 2 à 3 heures

3 – phase de décroissance ultralente au cours de laquelle $\dot{V}_{O_2}$ décroît très lentement, restant supérieur à $\dot{V}_{O_2}$ de repos pendant 12 à 24 heures.

Cet excès de consommation d'oxygène pendant la période de récupération d'un exercice, communément appelé dette d'oxygène, varie suivant l'intensité et la durée de l'exercice effectué. De quelques millilitres pour un exercice de très faible intensité, elle peut s'élever lors d'un exercice maximal, épuisant un sujet en quelques minutes, à une valeur correspondant à la dette maximale d'oxygène, qui varie selon l'âge, l'aptitude et le sport pratiqué, de quelques litres à plus de 10 litres.

Le concept de dette d'oxygène a été introduit à la suite des travaux de Hill, puis développé par Margaria. Il est fondé sur l'analyse de l'évolution de $\dot{V}_{O_2}$ au début de l'exercice où se forme la dette d'oxygène. L'excès de $\dot{V}_{O_2}$ après l'exercice est considéré comme correspondant au remboursement ou au paiement de cette dette. L'analyse de la courbe de récupération de $\dot{V}_{O_2}$ montre qu'elle est en fait la moyenne de deux courbes exponentielles, l'une à constante de temps brève, l'autre plus longue. La première correspond à la *dette alactique*. Remboursée rapidement, elle s'explique par la reconstitution des réserves d'oxygène (myoglobine et sang) et de phosphagène (ATP-PC) ; la deuxième correspond à la *dette lactique* : pendant cette phase, une partie de l'acide lactique produit lors de la glycolyse anaérobie au début de l'exercice (10 % environ selon Bangsbø et coll., 1990) est oxydée. L'énergie nécessaire pour resynthétiser le glycogène à partir du lactate explique 25 % seulement de la dette. Une faible partie de la dette est liée à la dépense supplémentaire du système d'échanges gazeux qui reste plus actif qu'au repos, à l'effet de la température du corps et à l'action de certaines hormones (adrénaline, noradrénaline, etc.).

La conception classique du paiement de la dette d'oxygène ne permet pas d'expliquer parfaitement l'évolution de la consommation d'oxygène après l'exercice, en particulier ni la phase ultra-longue, ni la quantité d'acide lactique accumulée dans l'organisme qui se révèle inférieure à celle avancée par Margaria. On admet maintenant qu'au cours de la période de récupération, existe une stimulation de l'activité mitochondriale sous l'effet en particulier de l'augmentation de la concentration intramusculaire de calcium. L'augmentation de $\dot{V}_{O_2}$ est liée aussi à l'augmentation de la concentration plasmatique de catécholamines et à l'élévation des températures corporelle et musculaire.

Le terme purement descriptif de consommation d'oxygène post-exercice en excès (EPOC : *Exces Post-exercice Oxygen Consump*) ne préjuge pas de l'origine exacte du phénomène, une partie correspondant à la dette alactique, une autre au changement de niveau métabolique lié à l'exercice.

b) Cas de l'exercice supramaximal. — Lors d'un exercice supramaximal conduisant à l'épuisement en moins de trois minutes le déficit maximal varie, chez des sujets en bonne condition physique, entre 52 et 90 $mlO_2.kg^{-1}$ (2,3 à 4 $mmol.kg^{-1}$) sans qu'il y ait aucune relation avec $\dot{V}_{O_2}$ max (Medbø). Dans le même temps une augmentation de la lactatémie de 1 $mmol.l^{-1}$ correspond à l'augmentation de 3,3 ml $O_2.kg^{-1}$ du déficit d'oxygène.

La participation aérobie lors de tels exercices est loin d'être négligeable. En effet Medbø et Tabata ont mesuré la part respective des différentes sources d'énergie au cours d'exercices supramaximaux menant à l'épuisement entre 30 secondes et 3 minutes. Ils ont montré qu'en moins d'une minute les processus aérobies deviennent les plus importants (fig. 12).

c) Cas de l'état stable d'une exercice sous-maximal prolongé. — Lors d'un exercice d'intensité modérée l'acide lactique est produit uniquement au début de l'exercice et la lactatémie se stabilise rapidement. Ainsi la présence de lactate dans le sang n'est pas obligatoirement une indication de la participation du métabolisme anaérobie pendant un exercice en état stable, mais seulement

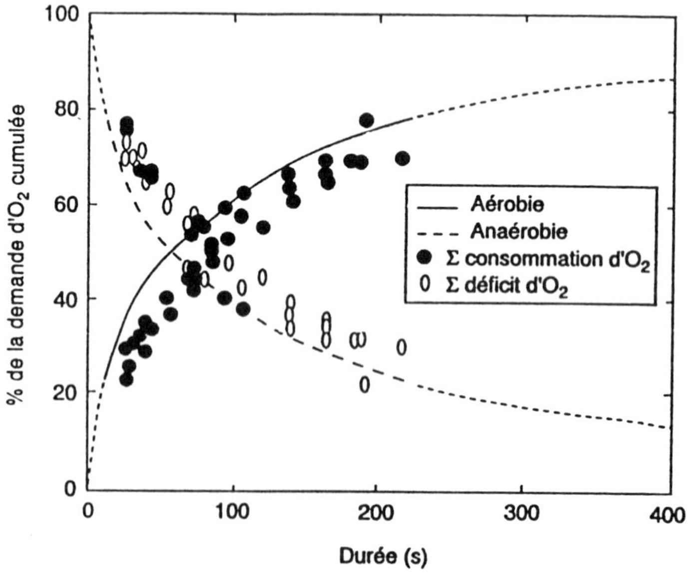

FIG. 12. — *Évolution de la part relative des processus aérobies et anaérobies dans la production d'énergie en fonction de la durée maximale pendant laquelle un exercice peut être soutenu* (Medbø et *Tabata, J. Appl. Physiol.*, 1989, *67*, 1881-1886).

d'une production d'énergie d'origine anaérobie au début de l'exercice. Ceci, est en accord avec la conception de Margaria mais ne se vérifie pas à toutes les puissances au-dessous de la PMA. En effet sur une préparation « extenseur isolé » on observe qu'à partir de 60 % de la puissance maximale aérobie le muscle libère du lactate dans le sang de sorte qu'à proximité de 100 % de la puissance maximale, l'énergie d'origine anaérobie lactique représente 10 % de l'énergie aérobie (Bangsbø). Ce résultat conduit à discuter pourquoi alors la pente de la courbe $\dot{V}_{O_2}$/puissance n'augmente pas quand la lactatémie s'élève.

Si l'on observe l'évolution de la lactatémie au cours d'un exercice d'intensité progressivement croissante (exercice triangulaire), on peut constater qu'au-delà d'une certaine puissance, qui varie selon l'aptitude, la courbe de la lactatémie en fonction de la puissance, initialement stable, s'infléchit vers le haut. Ce changement de pente qui se situe aux environs de 2 $mmol.l^{-1}$ est appelé seuil anaérobie lactique (le seuil de 4 $mmol.l^{-1}$ est également considéré). L'entraînement à l'exercice de longue durée permet d'atteindre des puissances aérobies supérieures, tout en restant au-dessous du seuil. Ce passage est parfois appelé *zone transitionnelle aérobie-anaérobie*; si ce fait n'est pas contesté, sa signification reste encore à montrer.

LES RÉSERVES DE SUBSTRATS ÉNERGÉTIQUES ET LEUR UTILISATION

☐ **Réserves en hydrate de carbone.** — La nécessité de maintenir une glycémie à peu près constante oblige l'organisme à puiser dans les réserves de glycogène. Celles-ci sont localisées en deux endroits. Au niveau du *foie* sont stockés environ 100 g de glycogène, ce qui ne constitue qu'une modeste réserve énergétique, tout juste capable d'assurer la couverture énergétique d'une course de 20 minutes, d'autant plus que cette réserve n'est qu'en partie disponible, le foie n'étant jamais totalement épuisé de son glycogène. Cette réserve est influencée par le régime alimentaire : elle disparaît en effet au bout d'une journée de jeûne.

Au niveau des *muscles*, les réserves sont nettement plus élevées. La concentration de glycogène à leur niveau varie de 9 à 16 g par kg de muscle frais. La répartition du glycogène est homogène au niveau d'un muscle mais peut varier d'un muscle à l'autre. Ainsi, la concentration de glycogène est plus basse dans les membres supérieurs que dans les membres inférieurs. Comme la masse musculaire représente environ 40 % du poids corporel, la réserve totale de glycogène musculaire représente environ 300 à 400 grammes, mais il faut signaler que le glycogène des muscles inactifs n'est pas touché par l'exercice.

Le glycogène musculaire joue un rôle important dans l'aptitude à *l'exercice prolongé*. L'expérience montre par exemple que lors d'un exercice à 75 % de $\dot{V}_{O_2}$ max, l'épuisement survient lorsque le glycogène musculaire a disparu. En conséquence, une forte concentration est recherchée au repos pour améliorer les performances de longue durée. L'entraînement peut doubler les réserves. Un régime alimentaire approprié peut les quintupler et les élever à 50-60 g.kg^{-1} soit au total environ 1 kg.

☐ **Réserves en lipides.** — En théorie, les réserves lipidiques sont inépuisables (on pourrait théoriquement courir 120 h avec les seules réserves de graisses).

Les lipides sont stockés dans le tissu adipeux et le muscle sous forme de triglycérides. Ils sont mobilisés sous forme d'acides gras. La concentration d'acides gras dans le sang lors de l'exercice peut atteindre 3 à 6 fois la valeur de repos. La valeur maximale tolérée par l'organisme est de 2 mmol.l^{-1}, ce qui correspond à la capacité maximale de transport des acides gras par l'albumine. Les acides gras libres sont toxiques car ils provoquent des dégradations des membranes cellulaires et des agrégats plaquettaires (sources de troubles du rythme).

☐ **Utilisation des substrats énergétiques.** — Pour étudier les modalités d'utilisation des substrats, il est possible de suivre l'évolution du *quotient respiratoire* au cours de l'exercice, à partir soit des échanges gazeux pulmonaires, soit de la différence artério-veineuse en O_2 et CO_2 ou de substrats au niveau des muscles au travail. Une autre méthode consiste à mesurer les concentrations en glycogène et lipides dans des *prélèvements biopsiques* du muscle, ou bien encore le débit de renouvellement et d'oxydation de glucose ou d'acides gras marqués. Les résultats sont concordants et montrent que l'utilisation des substrats oxydables disponibles s'effectue dans une proportion qui varie avec le moment de l'exercice, sa puissance, les conditions de recrutement des unités motrices et l'entraînement. Sous contrôle hormonal, elle vise à maintenir une glycémie normale, nécessaire à un fonctionnement satisfaisant des centres nerveux et à éviter un épuisement prématuré du glycogène musculaire.

L'utilisation du glycogène par le muscle dépend de la puissance de l'exercice : plus celui-ci est intense plus elle est importante, ce qui se traduit par un quotient respiratoire élevé et une baisse plus rapide de ce substrat dans les muscles actifs. Ainsi, lors d'un exercice à 80 % de $\dot{V}_{O_2}$ max, la consommation de glycogène peut être fois supérieure à celle observée lors d'un exercice à 25 % de $\dot{V}_{O_2}$ max. Quand l'intensité dépasse 90 % de $\dot{V}_{O_2}$ max, le glycogène est même au début pratiquement le seul substrat utilisé. Pour une même puissance, l'utilisation du glycogène varie au cours de l'exercice (fig. 13) : elle est importante au début lors de la glycolyse anaérobie; cette période très courte est contemporaine de l'augmentation du lactate. L'état d'équilibre atteint, les oxydations cellulaires s'effectuent normalement, ce qui conduit à une moindre utilisation de glycogène, compensée par une oxydation de lipides et de glucose. A la fin de l'exercice, il existe un déficit relatif en glycogène que le muscle compense en augmentant le prélèvement de glucose et d'acides gras dans le sang. Pendant cette période, une diminution de la glycémie peut apparaître. L'entraînement diminue l'utilisation du glycogène au profit des lipides; cet effet survient au niveau des muscles entraînés, à l'exclusion des autres.

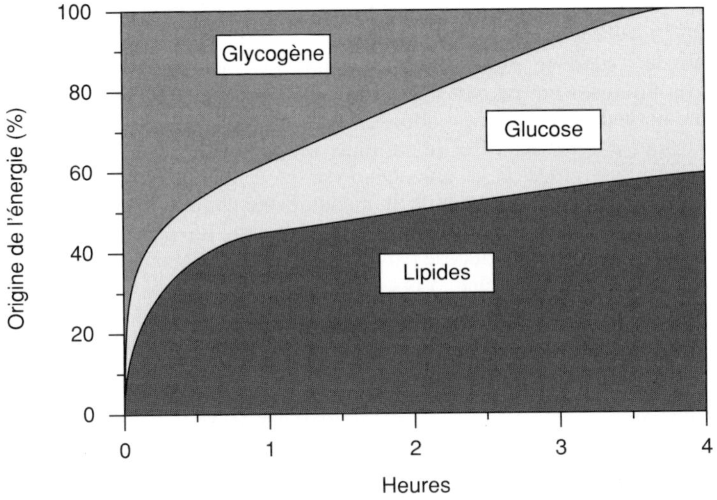

FIG. 13. — *Représentation schématique de la part respective des substrats utilisés lors d'un exercice prolongé à 75 % de la* $\dot{V}_{O_2}$ *max,* d'après les données de la littérature.

L'utilisation du glycogène est liée aux modalités d'exercice, lesquelles déterminent le recrutement des fibres musculaires I et II. Par exemple, à l'issue de deux exercices d'une durée de 1 h, le premier d'une puissance de 300 W mais comportant des intervalles brefs de 15 s de repos-exercice, le deuxième d'une puissance de 150 W continu, les quantités de travail produit et de glycogène consommé sont les mêmes dans les deux cas. En revanche, à l'issue de l'exercice intermittent, la baisse du glycogène est identique dans les deux types de fibres, alors qu'après l'exercice continu la baisse du glycogène prédomine au niveau des fibres I. Celles-ci sont par ailleurs capables de métaboliser du lactate produit au niveau des fibres II pendant l'exercice.

Le prélèvement et l'utilisation de glucose par le muscle augmentent avec la durée et la puissance de l'exercice. Lors d'un exercice d'intensité modérée chez un sujet non entraîné, la consommation de glucose par le muscle est doublée entre la dixième et la quarantième minute (Wahren, 1971) et le glucose plasmatique contribuerait pour environ 25 à 30 % à la production d'énergie oxydative et 30 à 35 % à celle d'origine glucidique. La part du glucose plasmatique utilisé par le muscle peut devenir très importante après plusieurs heures d'exercice, à l'approche de l'épuisement (fig. 13). L'utilisation du glucose au cours d'un exercice de longue durée varie selon le type d'exercice ; ainsi, elle est plus importante au niveau des membres supérieurs comparés aux membres inférieurs. Cette différence pourrait être liée à la masse musculaire puisque celle-ci est corrélée à l'utilisation. Il est aussi possible que cette différence soit liée à une capacité oxydative plus faible des membres supérieurs.

Lors de l'exercice prolongé, la glycémie est maintenue constante dans certaines limites. Ceci permet d'assurer l'équilibre glycémique au niveau du système nerveux central. Il est donc nécessaire que du glucose soit fourni au plasma pour compenser celui libéré dans les muscles actifs. Le foie assure cette fourniture grâce à la glycogénolyse et à la néoglucogenèse. Cette dernière se fait à partir de produits du métabolisme comme l'acide lactique, le glycérol mais aussi l'alanine apportés par le sang. La part relative de ces facteurs de production de glucose par le foie dépend également de la puissance et de la durée de l'exercice. Lors d'un exercice sous-maximal (80 % de $\dot{V}_{O_2}$ max) de 90 minutes, la glycogénolyse assure l'essentiel de la livraison de glucose au plasma tandis que la néoglucogenèse est très modeste. La part relative de la glycogénolyse diminue et celle de la néoglucogenèse augmente quand la durée de l'exercice s'allonge (et en conséquence la puissance diminue). Ainsi, après 3 heures d'exercice à 60 % de $\dot{V}_{O_2}$ max, la glycogénolyse et la néoglycogenèse représentent respectivement 40 et 60 % de la production hépatique de glucose (Ahlborg et Felig, 1982).

Les lipides métabolisés sont soit des acides gras libres libérés par le plasma et provenant des adipocytes soit des triglycérides plasmatiques ou musculaires. Le rôle des lipides lors de l'exercice prolongé est attesté par plusieurs faits expérimentaux : le quotient respiratoire diminue progressivement avec la durée tandis que la concentration plasmatique en acide gras augmente; de même si on bloque la libération des acides gras par les adipocytes en administrant de l'acide nicotinique, la dégradation du glycogène est plus rapide et la durée de l'exercice plus brève; inversement si un exercice est effectué après un repas riche en graisse et administration d'héparine qui active la lipolyse, on observe une diminution de l'utilisation du glycogène et du glucose.

La part des graisses dans la fourniture énergétique varie avec la durée : faible au début elle augmente ensuite rapidement puis modérément tout au long de l'exercice (fig. 13). Elle varie aussi avec la puissance : son importance est faible pour les puissances élevées (le glycogène joue alors un rôle prépondérant); elle augmente au contraire pour des puissances modérées (moins de 50 % de $\dot{V}_{O_2}$ max) et en conséquence de très longue durée. Les lipides peuvent couvrir alors 50 à 80 % de l'énergie nécessaire. L'entraînement à l'endurance conduit à une meilleure utilisation des lipides. L'analyse de biopsies musculaires relève alors une augmentation de la capacité oxydative du muscle en faveur d'une oxydation des lipides ce qui conduit à une épargne du glycogène. Cet effet n'existe qu'au niveau des muscles entraînés.

Lors d'un exercice de 40 minutes à 60 % de $\dot{V}_{O_2}$ max, la captation des acides gras par les muscles actifs est multipliée par 5, mais les acides gras plasmatiques ne représentent que 27 % des oxydations. Les triglycérides plasmatiques sont peu captés par les muscles. Les triglycérides musculaires jouent un rôle puisqu'une diminution de 25 % affecte ceux-ci après une heure d'exercice à 70 % $\dot{V}_{O_2}$ max et de 37 % après une course de ski de fond de 100 km et même de 50 % après une course encore plus longue.

SYMBOLES UTILISÉS EN PHYSIOLOGIE RESPIRATOIRE

(Convention d'Atlantic City, 1950)

Symboles primaires

C Concentration dans le sang
F Fraction d'un gaz dans un mélange
P Pression, pression partielle
Q, $\dot{Q}$ Volume et débit liquides
V, $\dot{V}$ Volume et débit gazeux

Symboles secondaires (en indice des prédécents)

- dans un liquide :
  - a sang artériel
  - c sang capillaire
- dans un gaz :
  - A gaz alvéolaire
  - E gaz expiré
  - I gaz inspiré

t tissus
v sang veineux
$\dot{v}$ sang veineux mêlé

B barométrique
D espace mort

Symboles tertiaires (en deuxième indice)

O_2 oxygène
CO_2 gaz carbonique
N_2 azote

2

L'adaptation respiratoire et circulatoire à l'exercice

L'augmentation de la dépense énergétique aérobie dépend, pour une part essentielle, des possibilités d'adaptation du système des échanges gazeux respiratoire et circulatoire. La figure 14 (p. 33) représente schématiquement l'organisation de ce système, lequel est chargé de prélever les molécules d'oxygène dans le milieu ambiant, puis de les transporter et finalement de les livrer aux tissus et en particulier aux muscles actifs. Ce système comporte une étape ventilatoire où est assurée une convection d'air (et d'O_2) du milieu extérieur jusqu'aux alvéoles pulmonaires, une étape de diffusion au cours de laquelle l'oxygène traverse la membrane alvéolo-capillaire pour pénétrer dans le sang grâce à la perméabilité membranaire et à la différence de pression de l'oxygène entre le sang capillaire et l'alvéole, une étape circulatoire où la pompe cardiaque assure la convection de l'oxygène vers les capillaires musculaires, et enfin une étape tissulaire qui comporte l'oxydo-réduction des substrats au niveau des mitochondries.

La figure 14 montre qu'à l'état d'équilibre, au repos comme à l'exercice, $\dot{V}_{O_2}$ est identique à chaque étape de ce système. $\dot{V}_{O_2}$ prélevé au niveau de la bouche est égal à $\dot{V}_{O_2}$ consommé par les tissus. Lors de l'exercice, tous les éléments des systèmes convectifs et diffusifs doivent s'adapter et augmenter le transfert d'oxygène en fonction du besoin d'échanges. Les équations de la figure 14 expriment les facteurs qui interviennent dans cette adaptation.

L'ADAPTATION DE LA VENTILATION

Le prélèvement d'oxygène, comme le rejet de dioxyde de carbone au niveau des poumons, dépend du débit ventilatoire et de la différence de concentration entre l'air inspiré et le gaz expiré (voir équations fig. 14).

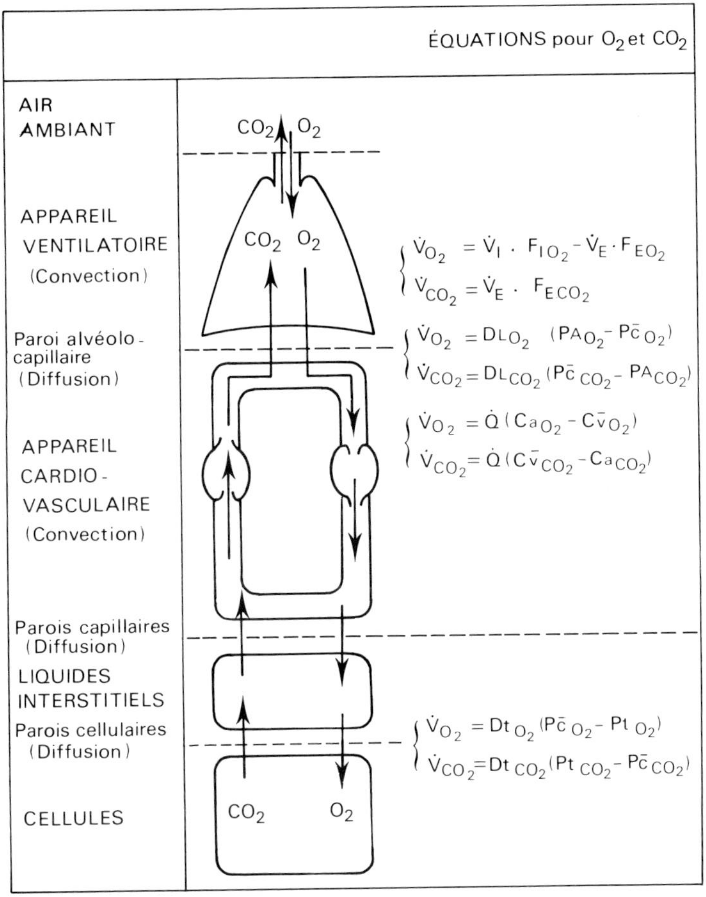

FIG. 14. — *Le système d'échanges gazeux.* Les équations fondamentales de convection et diffusion de l'oxygène et du dioxyde de carbone sont indiquées pour chaque étape (pour les symboles, voir p. 31).

☐ La ventilation pulmonaire

a) Modifications observées. — La figure 15 illustre l'évolution du débit ventilatoire au cours des différentes phases de l'exercice : la ventilation augmente instantanément dès le début (*accrochage ventilatoire*) puis croît progressivement (phase d'installation) pour atteindre une valeur stable en quelques minutes (état stable). A l'arrêt de l'exercice, une diminution du débit ventilatoire survient brusquement (*décrochage ventilatoire*). Plusieurs minutes

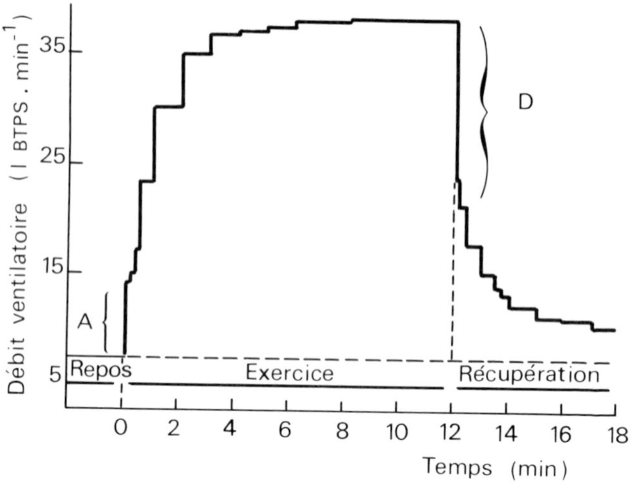

FIG. 15. — *Évolution du débit ventilatoire au cours d'un exercice musculaire d'intensité modérée.* L'augmentation et la diminution instantanées, au début et à la fin de l'exercice, constituent respectivement l'accrochage (A) et le décrochage (D) ventilatoires (d'après Dejours et coll., *J. Physiol., Paris*, 1956, *48*, 484-488).

sont cependant nécessaires avant que le niveau ventilatoire de repos ne soit atteint. Ce délai de retour au calme est d'autant plus élevé que l'intensité de l'épreuve a été plus importante.

Le débit ventilatoire observé à l'état stable augmente de façon linéaire avec la consommation d'oxygène d'exercice, jusqu'à une intensité d'exercice qui varie selon les sujets entre 60 et 90 % de $\dot{V}_{O_2}$ max (fig. 16). La puissance au changement de pente de la ventilation correspond au *seuil ventilatoire*, lequel est généralement contemporain du seuil d'augmentation du lactate sanguin ou seuil anaérobie. Il représente un bon indice de l'aptitude à l'exercice prolongé. Les valeurs mesurées lors d'un exercice maximal sont fonction de la puissance atteinte. Le débit ventilatoire qui au repos, chez l'Homme adulte, est d'environ 5 à 8 $l.min^{-1}$ peut atteindre, lors de l'exercice maximal, des valeurs de 100 à 120 $l.min^{-1}$ chez les sujets modérément entraînés et de 150 à 200 $l.min^{-1}$ chez des athlètes de haut niveau.

La ventilation maximale d'exercice est également reliée aux dimensions corporelles : taille, poids et surface cutanée. Elle diminue avec l'âge.

Pour une même consommation d'oxygène, le débit ventilatoire est influencé par le *type d'exercice* : par exemple, il est plus élevé lors d'un exercice des bras que lors d'un exercice des membres inférieurs ; il est également lié au degré d'entraînement, c'est ainsi qu'il est plus bas chez le sportif que chez le sédentaire.

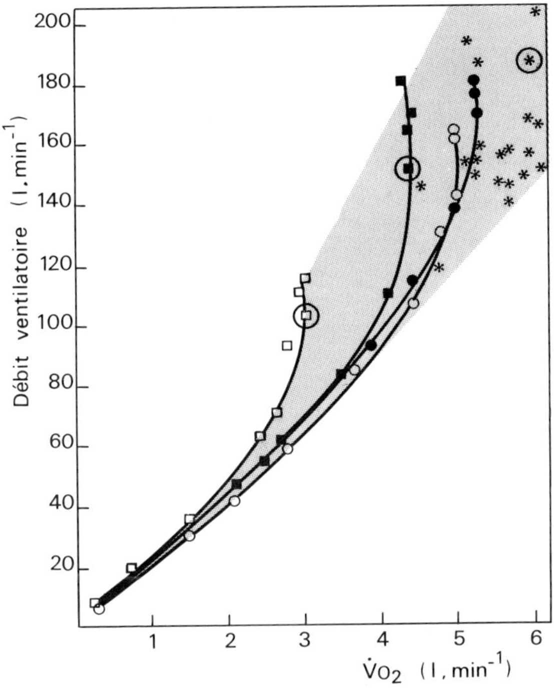

FIG. 16. — *Débit ventilatoire en fonction de $\dot{V}_{O_2}$ pour des exercices d'intensité croissante.* Courbes individuelles de 4 sujets d'aptitude différente. Les étoiles représentent des valeurs pour des athlètes de haut niveau effectuant un exercice à la puissance maximale aérobie (d'après Saltin et Astrand, *J. appl. Physiol.*, 1967, *23*, 353-358).

L'augmentation de la ventilation lors de l'exercice est due à l'augmentation simultanée du *volume courant* et de *la fréquence ventilatoire* (fig. 17). Le volume courant augmente avec la puissance d'exercice, essentiellement aux dépens du volume de réserve inspiratoire ; de sa valeur de repos, 500 à 600 ml, il croît régulièrement jusqu'à l'intensité maximale où il ne représente encore qu'environ 50 à 60 % de la capacité vitale.

Le volume courant est donc augmenté d'environ 6 fois par rapport à sa valeur de repos. Il constitue un facteur important de l'augmentation du débit. La fréquence respiratoire augmente aussi régulièrement avec la puissance. Elle peut ainsi varier chez l'adulte d'une valeur d'environ 12 min^{-1} au repos à 40 ou 45 min^{-1} à l'exercice, soit 3 à 4 fois la fréquence de repos. Chez l'enfant, la fréquence maximale peut atteindre 70 min^{-1}. Ce mode d'adaptation des facteurs du débit, avec prédominance de l'augmentation du volume courant, est tout à fait favorable à l'augmentation de la ventilation alvéolaire.

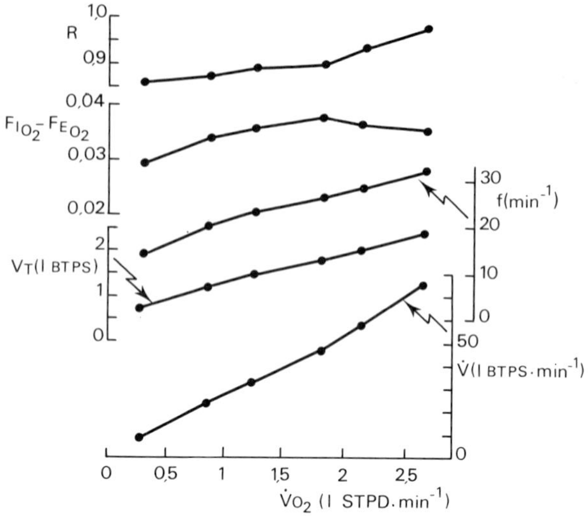

Fig. 17. — *Grandeurs respiratoires à la phase d'équilibre d'exercices d'intensité faible, moyenne ou modérée.* Cas d'un homme jeune et peu entraîné (1,73 m, 73 kg) (Flandrois et coll., *Biotypol.*, 1961, *22*, 66-84).

Les observations faites sur les sportifs montrent que ces derniers adoptent spontanément un régime ventilatoire avec un volume courant important et une fréquence respiratoire basse. Il est admis qu'il correspond généralement à une efficacité ventilatoire optimale avec une dépense minimale d'énergie par les muscles respiratoires. Cependant, dans de nombreux exercices le régime ventilatoire est dépendant du *rythme des mouvements*. La respiration est rythmée sur les mouvements des bras lors de la nage, sur ceux des jambes lors du pédalage ou de la course. Ce phénomène est certainement dû à un contrôle central, il est également déterminé par les afférences périphériques si l'on considère que les muscles respiratoires accessoires qui jouent un rôle important lors de l'exercice ont d'abord une fonction motrice.

L'augmentation du volume courant est due à une contraction plus puissante du diaphragme qui permet un abaissement plus important de sa coupole. En ventilation maximale le diaphragme peut ainsi assurer les 3/4 du volume courant inspiré maximal ; son action s'exerce également sur les côtes inférieures qu'il relève, ce qui contribue à augmenter le diamètre thoracique inférieur. Les muscles intercostaux externes exercent aussi une action et concourent à augmenter le volume courant. Enfin, pour les débits supérieurs à 50 $l.min^{-1}$, les muscles inspiratoires accessoires interviennent aussi. L'expiration passive au repos et lors d'exercices de faible intensité devient active pour des débits ventilatoires supérieurs à 50 $l.min^{-1}$ par la mise en jeu des muscles abdominaux et à un moindre degré des muscles intercostaux internes.

Les fortes augmentations de la ventilation pulmonaire n'ont pratiquement pas d'effet sur les résistances respiratoires. Cela s'explique par une respiration buccale qui supprime la contribution des voies aériennes supérieures normalement élevées au repos et par une dilatation laryngée. De la sorte, les pressions respiratoires observées à l'exercice maximal restent relativement faibles.

La ventilation pulmonaire ne constitue pas, dans les conditions normales, un facteur limitant l'aptitude à effectuer un exercice. Cela est illustré par le fait que la consommation maximale d'oxygène est atteinte alors que la ventilation peut encore s'accroître soit en augmentant la puissance d'exercice, soit en demandant au sujet d'hyperventiler volontairement. D'ailleurs, les pressions maximales d'exercice tant inspiratoires qu'expiratoires restent très inférieures aux pressions maximales susceptibles d'être développées. Enfin, si le travail ventilatoire augmente par rapport à sa valeur de repos, l'énergie supplémentaire que cela exige reste faible comparativement à la dépense énergétique totale. Pourtant, chez l'athlète de haut niveau, on tend à admettre que l'exercice peut être limité par la ventilation car le débit ventilatoire maximal d'exercice peut atteindre des valeurs égales à la ventilation maximale volontaire possible.

Les muscles respiratoires sont susceptibles d'être impliqués dans le maintien postural thoraco-abdominal de sorte que la ventilation normale se trouve modifiée.

b) Mécanisme de l'adaptation ventilatoire. — Le caractère immédiat de la réponse ventilatoire au début ainsi qu'à l'arrêt de l'exercice, alors que les modifications des propriétés du sang artériel ne peuvent agir qu'après un délai supérieur à une dizaine de secondes, est un argument favorable à l'existence d'un mécanisme nerveux de contrôle. Par ailleurs, l'augmentation et la diminution progressives du débit ventilatoire au cours des phases transitoires, qui précèdent respectivement l'état d'équilibre de l'exercice et le retour au calme, permettent d'évoquer l'influence d'un mécanisme humoral de contrôle. On peut donc affirmer que la ventilation pulmonaire d'exercice est réglée grâce a un double mécanisme nerveux et humoral.

– Les *mécanismes nerveux* sont centraux ou périphériques. On sait, en effet, que l'activation de certaines régions *corticales ou sous-corticales* peut modifier la ventilation et que la stimulation électrique de certaines zones du diencéphale augmente le débit ventilatoire en même temps d'ailleurs qu'elle provoque des réactions circulatoires et des mouvements. On sait enfin que la ventilation peut être modifiée par la volonté. Il est cependant difficile de définir la part des mécanismes centraux dans le contrôle ventilatoire d'exercice car elle peut varier selon les individus et leur degré d'entraînement. La représentation mentale de l'exercice à réaliser et le conditionnement acquis par les exercices antérieurs peuvent rendre compte de certaines réactions ventilatoires observées chez des athlètes. De même, l'adaptation de la fréquence respiratoire au rythme des mouvements (nage, pédalage, course à pied) doit être imputée à un mécanisme central. Cependant, la persistance d'une hyperventilation lors de la *mobilisation passive* chez l'Homme anesthésié permet de penser que les centres supérieurs ne sont pas seuls responsables du contrôle nerveux de la ventilation. L'augmentation du débit ventilatoire, consécutive à la mobilisation des pattes postérieures chez le Chien, disparaît après section des racines postérieures ou de la moelle, ce qui est en faveur d'un contrôle périphérique.

Parmi les mécanismes réflexes, le rôle des chémorécepteurs pulmonaires est depuis longtemps discuté mais non démontré ; celui des mécanorécepteurs des membres est en revanche certain. On a longtemps pensé que les récepteurs dont l'innervation afférente est constituée de fibres de gros diamètre (fuseaux neuromusculaires) avaient une action prédominante. Il est maintenant admis que les actions réflexes les plus puissantes prennent naissance au niveau des mécanorécepteurs dotés d'une innervation afférente de petit diamètre (fibres III et IV amyéliniques) : ainsi le blocage de la conduction dans les fibres afférentes de gros diamètre a peu d'effet sur la réponse ventilatoire à la contraction musculaire, alors que le blocage des fibres de petit diamètre supprime pratiquement cette réponse. Les afférences des groupes III et IV peuvent également être activées par les modifications chimiques locales contemporaines de l'exercice.

– Les *mécanismes humoraux* de contrôle ventilatoire sont représentés par les modifications physiques ou chimiques du sang circulant agissant sur les centres respiratoires soit directement, soit indirectement par l'intermédiaire des *chémorécepteurs artériels*. Parmi ces mécanismes, certains interviennent déjà au repos (Pa_{O_2}, Pa_{CO_2}, pH) mais leur rôle respectif peut être modifié au cours de l'exercice. D'autres facteurs de contrôle apparaissent lors de l'exercice: métabolites, catécholamines, hyperthermie…

Les variations de P_{CO_2} du sang artériel peuvent rendre compte dans une certaine mesure de l'hyperventilation d'exercice lorsque celui-ci est modéré.

Cependant, ce n'est plus le cas lors de l'exercice intense, quand le débit ventilatoire continue à s'élever alors que P_{CO_2} du sang artériel s'abaisse au-dessous de sa valeur de repos. Certains expliquent alors cet accroissement du débit par une augmentation de la sensibilité des centres respiratoires vis-à-vis du dioxyde de carbone. Pourtant, une même variation de P_{CO_2} consécutive à l'inhalation d'un mélange riche en CO_2 entraîne une même augmentation du débit, au repos comme à l'exercice (Asmussen et Nielsen). La diminution du pH artériel peut rendre compte d'une partie de l'hyperventilation observée.

D'autre part, une augmentation de la chémosensibilité artérielle à l'oxygène explique que le contrôle ventilatoire lié à P_{O_2} augmente en cours d'exercice, bien que P_{O_2} du sang artériel ne soit pas modifié (Dejours).

Bien qu'il soit difficile d'expliquer toute l'hyperventilation d'exercice par des modifications des stimulus humoraux classiquement invoqués, P_{O_2}, P_{CO_2} et pH, il ne fait pas de doute que ces derniers jouent un rôle important. En effet, chez le Chien, la chémodénervation, qui supprime un mécanisme important de régulation humorale réflexe, allonge considérablement les phases transitoires de début et de fin d'exercice. Elle diminue également, à métabolisme égal, en phase d'équilibre, la ventilation totale et la ventilation alvéolaire.

Parmi les autres facteurs humoraux, il faut citer les *catécholamines* dont la concentration peut augmenter considérablement au cours de l'exercice et la *température centrale* qui peut s'élever nettement lors d'un exercice intense et prolongé ; cependant, l'influence de cette dernière reste faible chez l'Homme. L'intervention d'autres mécanismes de contrôle n'a pu encore être démontrée avec certitude (à partir de chémorécepteurs veineux, des barorécepteurs artériels, etc.).

☐ **Évolution du gaz expiré.** — La figure 17 (p. 36) montre l'évolution de la différence entre les fractions d'oxygène dans l'air inspiré et dans le gaz expiré. Elle augmente d'abord par rapport à sa valeur de repos, puis se stabilise et diminue même légèrement quand on s'approche de l'intensité maximale d'exercice. Elle peut quelquefois devenir inférieure à sa valeur de repos. Cette évolution est liée à celle du gaz expiré, puisque la composition de l'air inspiré est normalement constante ($FI_{O_2} = 0{,}21$).

La valeur de FE_{CO_2} est d'environ 0,035 au repos, elle s'élève pour des puissances d'exercices modérés jusqu'à 0,04 puis s'abaisse progressivement quand apparaît l'hyperventilation relative à l'approche de la puissance maximale aérobie. La valeur de FE_{CO_2} peut alors devenir nettement inférieure à celle observée au repos.

ÉCHANGES GAZEUX ALVÉOLO-CAPILLAIRES

Les échanges d'oxygène et de dioxyde de carbone entre les alvéoles et le sang capillaire pulmonaires dépendent de la différence de pression de ces gaz entre les deux milieux et de la capacité de diffusion pulmonaire [$\dot{V}_{O_2} = DL_{O_2} \cdot (Pa_{O_2} - Pc_{O_2})$]. La qualité du gaz alvéolaire dépend de la ventilation alvéolaire et du rapport ventilation-perfusion ($\dot{V}A/\dot{Q}$). La qualité du sang capillaire est liée à l'intensité du métabolisme.

☐ Gaz alvéolaire et gaz du sang

La figure 18 décrit l'évolution de ceux-ci quand l'intensité de l'exercice augmente chez un sujet non entraîné et chez un athlète de haut niveau. Dans les deux cas, P_{O_2} alvéolaire reste stable sauf à l'approche de l'intensité maximale où on constate une élévation jusqu'à environ 115-120 Torr. Chez l'athlète, l'inflexion de P_{O_2} alvéolaire survient plus tardivement, compte tenu d'une aptitude plus grande. Pa_{CO_2} qui évolue parallèlement à Pa_{CO_2} reste longtemps stable puis s'abaisse fortement à l'approche de $\dot{V}_{O_2}$ max. P_{O_2} artériel reste stable à toutes les intensités d'exercice chez le sujet non entraîné mais peut s'abaisser chez l'athlète de haut niveau (dans 50 % des cas environ). Il en résulte une augmentation de la différence alvéolo-artérielle de P_{O_2}, laquelle est plus accentuée chez les athlètes de haut niveau. La pression partielle d'oxygène dans le sang veineux mêlé ($P\bar{v}_{O_2}$) est de 40 Torr environ au repos, elle peut diminuer considérablement pour atteindre 10 Torr à l'exercice maximal. La pression capillaire moyenne d'oxygène $\bar{P}c_{O_2}$ diminue également en fonction de l'intensité de l'exercice jusqu'à environ 50 Torr, de sorte que la différence de pression alvéolo-capillaire d'oxygène peut varier de

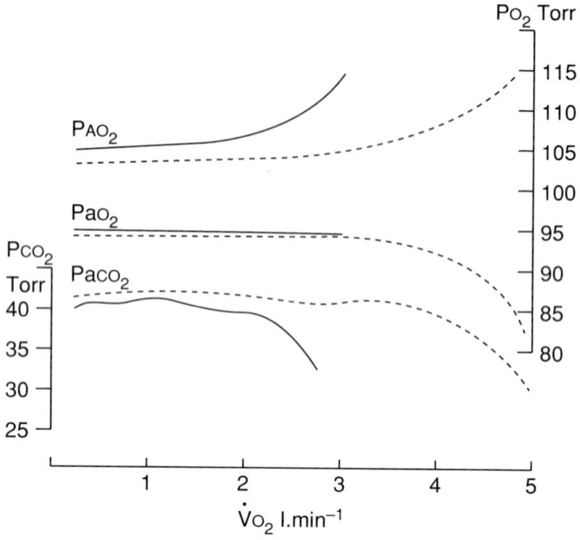

FIG. 18 — *Évolution de* PA_{O_2}, PA_{CO_2}, Pa_{O_2}, Pa_{CO_2} *en fonction de* $\dot{V}_{O_2}$ *chez l'athlète (...) et le sujet peu actif (—).*

15 Torr au repos à 65 Torr à l'exercice maximal. La pression partielle de CO_2 dans le sang veineux mêlé est de 46 Torr environ au repos, elle croît avec la puissance jusqu'à plus de 65 Torr. La différence alvéolo-capillaire de CO_2 varie donc de 6 Torr au repos à 35 Torr à l'exercice maximal.

□ **Ventilation alvéolaire et rapport ventilation-perfusion.** — La ventilation alvéolaire augmente de façon linéaire avec la puissance de l'exercice mais moins rapidement chez le sujet entraîné. Cette évolution se fait parallèlement à celle de la ventilation pulmonaire mais aussi grâce à une diminution de la part relative de la ventilation de l'espace mort. A partir du seuil ventilatoire apparaît une hyperventilation alvéolaire relative (qui explique l'élévation de Pa_{O_2} et la diminution de Pa_{CO_2}).

Au repos il existe une inégalité de distribution de la ventilation et de la perfusion au niveau des différents territoires pulmonaires, qui explique une partie de la différence observée entre les pressions d'oxygène alvéolaire et artérielle. A l'exercice cette inégalité augmente légèrement pour des niveaux d'exercice modérés, mais s'accentue pour des intensités plus élevées chez les athlètes. Cette évolution encore mal comprise pourrait être due à l'apparition d'œdème intersticiel, à une vasoconstriction pulmonaire non uniforme ou encore à des variations locales des propriétés mécaniques du poumon.

☐ **La capacité de diffusion.** – La capacité de diffusion de l'oxygène (DL_{O_2}) qui, au repos, s'élève à 20-30 ml.min^{-1}.Torr^{-1} augmente progressivement avec l'intensité de l'exercice jusqu'à une limite représentée par la capacité de diffusion maximale, laquelle peut s'élever à 75 ml.min^{-1}.Torr^{-1}, et peut-être davantage lorsque $\dot{V}_{O_2}$ max est très élevé.

La capacité de diffusion pour le dioxyde de carbone (DL_{CO_2}) est beaucoup plus élevée que celle de l'oxygène (20 fois plus au repos). Elle augmente également à l'exercice sans limitation apparente.

Cette adaptation de DL_{O_2} et de DL_{CO_2} s'explique par une augmentation de la surface d'échanges gazeux alvéolo-capillaire et du volume de sang capillaire. Des alvéoles et des capillaires non fonctionnels au repos sont alors ventilés et perfusés. Dans le même temps, l'épaisseur de la membrane alvéolo-capillaire diminue, ce qui la rend plus perméable. D'autre part, la fixation de l'oxygène sur l'hémoglobine, une fois franchie la barrière alvéolo-capillaire, est facilitée par la faible valeur de $P\bar{v}_{O_2}$ et en conséquence de Pc_{O_2} liée à un prélèvement plus important de l'oxygène au niveau des tissus. A l'approche de l'exercice maximal, une limitation de la diffusion peut apparaître chez l'athlète de haut niveau. Elle explique alors l'essentiel de l'hypoxie artérielle. Bien que l'origine de ce phénomène reste encore à préciser, il apparaît probable qu'elle se situe au niveau de la membrane devenue moins perméable par l'apparition d'un œdème intersticiel.

L'ADAPTATION CIRCULATOIRE

Le transport d'O_2 vers les muscles actifs en fonction des besoins, comme de CO_2 vers l'extérieur, dépend des possibilités d'adaptation du débit cardiaque et de la différence de concentration en O_2 et CO_2 entre le sang artériel et le sang veineux mêlé. Il dépend également de mécanismes vasculaires périphériques comportant une redistribution du débit sanguin entre les territoires actifs et inactifs avec un abaissement des résistances vasculaires.

☐ Le débit cardiaque et ses facteurs

a) Le débit cardiaque. — La plupart des méthodes de détermination du débit cardiaque chez l'Homme ne sont applicables qu'à l'état d'équilibre, de sorte que l'on ignore comment évolue exactement le débit cardiaque au début et à la fin de l'exercice. On possède cependant quelques indications grâce aux observations faites sur l'animal. C'est ainsi que le débit mesuré au niveau de l'aorte à l'aide d'un débitmètre augmente dès le début de l'exercice pour se stabiliser rapidement à un niveau qui est fonction de la puissance imposée (Rushmer). Dès la fin de l'exercice, le débit diminue brusquement puis revient progressivement à sa valeur initiale de repos.

Le débit cardiaque a été mesuré de nombreuses fois chez l'Homme à la phase d'équilibre d'exercices de puissances variées. Les résultats sont très

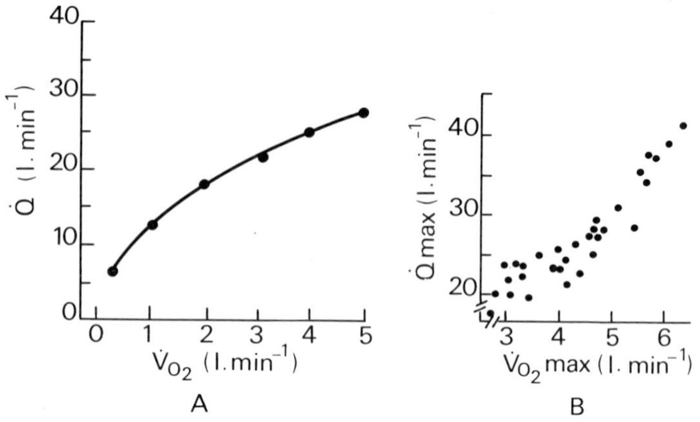

FIG. 19. — *Débit cardiaque et consommation d'oxygène.*
A gauche : exercices d'intensité croissante chez l'homme en position debout (d'après Flandrois et Lacour, 1976).
A droite : valeurs individuelles du débit cardiaque maximal en fonction de $\dot{V}_{O_2}$ max (d'après Astrand et Rodahl, 1973).

concordants, quelle que soit la méthode employée, et montrent que le débit cardiaque augmente avec la consommation d'oxygène au-dessus de leurs valeurs de repos (respectivement 5 l.min^{-1} et 0,3 l.min^{-1}). Cette évolution est la même chez la plupart des sujets, quel que soit leur niveau d'aptitude (fig. 19 A). L'augmentation de débit pour une même variation de $\dot{V}_{O_2}$ est plus grande aux faibles intensités d'exercice (la pente de la courbe est alors plus importante). A une consommation d'oxygène donnée correspond un débit cardiaque donné, quels que soient le sujet et le type de travail effectué (nage, marche sur tapis roulant, pédalage). Cependant, selon certains, l'entraînement peut faire diminuer très légèrement le débit cardiaque pour une consommation d'oxygène donnée, avec augmentation de la différence artério-veineuse en oxygène (voir p. 55).

Il existe une relation étroite entre le débit cardiaque maximal et la consommation maximale d'oxygène, tout au moins lorsque celle-ci est mesurée lors d'un exercice des membres inférieurs (fig. 19 B). Des débits cardiaques très importants ont été observés chez des athlètes à aptitude élevée, aux environs par exemple de 40 l.min^{-1} quand la consommation maximale d'oxygène est de 6 l.min^{-1}.

La *position du sujet* lors de l'exercice influe sur l'évolution du débit. Pour une consommation d'oxygène donnée le débit cardiaque est plus faible de 1 à 2 l.min^{-1} en position debout qu'en position couchée. La différence reste constante, quelle que soit la puissance, jusqu'à la consommation maximale d'oxygène. Cela implique, si l'on se rapporte à l'équation de Fick ($\dot{V}_{O_2} = \dot{Q}(Ca_{O_2} - C\bar{v}_{O_2})$), que la différence artério-veineuse de l'oxygène est plus élevée en position debout.

b) La fréquence cardiaque. — Elle augmente brusquement dès le début de l'exercice, puis plus lentement jusqu'à une valeur d'équilibre. Le délai nécessaire pour atteindre cet équilibre, de même que l'importance de l'accélération cardiaque, dépend de la puissance imposée et du degré d'entraînement. Ainsi, chez un même individu, la fréquence cardiaque d'équilibre est atteinte en 2 minutes lors d'un exercice de 450 watts et en 5 minutes lors d'un exercice de 300 watts. Le plateau d'équilibre de la fréquence cardiaque est rarement parfait, sinon pour des exercices d'intensité modérée et de courte durée. Lors de l'exercice sous-maximal prolongé, on observe généralement un pseudo-plateau, caractérisé par une augmentation de la fréquence cardiaque, légère mais régulière.

Des observations anciennes de Nielsen semblaient montrer que la fréquence cardiaque s'élève en proportion de l'élévation de la température corporelle. Les travaux plus récent de Vogt ont mis en évidence l'existence de deux composantes dans les extra-pulsations mesurées au cours du travail musculaire : l'une est liée à la puissance de l'exercice, l'autre aux besoins de thermorégulation.

A l'arrêt de l'exercice, une diminution survient brutalement, suivie d'une évolution plus lente et progressive vers la fréquence cardiaque de repos. Le délai de récupération de cette dernière augmente avec la puissance d'exercice par rapport aux possibilités maximales, il diminue avec le degré d'entraînement. Les caractères de cette évolution de la fréquence cardiaque, à l'arrêt de l'exercice, expliquent que, lors des premières recherches concernant l'activité physique, des valeurs très basses de fréquence cardiaque aient été parfois observées, les mesures ayant été faites à l'arrêt de l'exercice et non juste avant la fin de celui-ci.

Si l'intensité d'exercice dépasse la puissance maximale aérobie, la fréquence cardiaque atteint rapidement sa valeur maximale et s'y maintient jusqu'à la fin de l'épreuve.

La fréquence cardiaque mesurée à la phase d'équilibre augmente de façon linéaire avec la puissance d'exercice; la pente de la droite FC/P dépend du *degré d'aptitude* (fig. 20, p. 44). En revanche, elle évolue de façon identique chez tous les individus quand on l'exprime en fonction de la puissance relative. Par exemple, chez l'adulte jeune, la fréquence cardiaque s'élève à 128 min^{-1} à 50 % de $\dot{V}_{O_2}$ max, à 154 min^{-1} à 70 % de $\dot{V}_{O_2}$ max, et à 195 min^{-1} à 100 % de $\dot{V}_{O_2}$ max (Astrand et Ryhming). Sachant que la fréquence cardiaque maximale varie peu d'un individu à l'autre pour un âge donné (FC max = 220 – âge en années), il est théoriquement possible, connaissant la FC, lors d'un exercice sous-maximal, d'estimer $\dot{V}_{O_2}$ max. Ces constatations ont servi de fondement physiologique aux épreuves de détermination indirecte de la consommation maximale d'oxygène (voir p. 214).

Il importe de signaler qu'il existe une circonstance où la fréquence cardiaque n'évolue pas de façon linéaire avec la puissance : elle concerne les exercices dits triangulaires où la puissance est augmentée progressivement sans permettre d'atteindre à chaque palier un état d'équilibre. Enfin la fréquence cardiaque d'exercice peut être influencée par différents facteurs tels

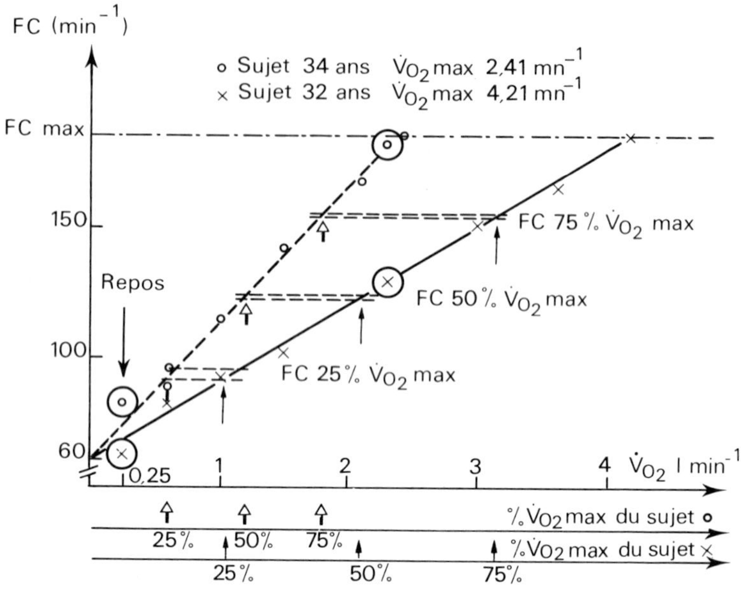

FIG. 20. — *La fréquence cardiaque en fonction de la puissance chez deux sujets d'aptitude physique différente.* L'augmentation en fonction de la puissance est beaucoup plus rapide chez le sujet le moins apte; celui-ci atteint donc plus rapidement sa fréquence cardiaque maximale. Pour une puissance relative d'exercice (par ex. 25, 50 et 75 % de $\dot{V}_{O_2}$ max), la fréquence cardiaque est la même chez les deux sujets (d'après Flandrois et Lacour, 1976).

que la température ambiante, les émotions, la nervosité ou l'appréhension de l'épreuve, etc.

La fréquence cardiaque exprime assez bien l'adaptation du débit cardiaque et des échanges gazeux. Elle est également facile à contrôler et constitue, en conséquence, le paramètre physiologique de choix très souvent utilisé dans le but de surveiller le niveau d'intensité d'une activité physique ou sportive. En particulier, grâce aux moyens techniques dont on dispose actuellement, enregistrement de l'ECG grâce à un appareillage porté par le sujet au cours de son activité (méthode de Holter), enregistrement à distance du même ECG à l'aide d'un appareillage d'émission-réception, on peut surveiller à chaque instant un athlète pendant son entraînement ou encore en compétition.

On dispose maintenant de microprocesseurs se présentant sous la forme d'une grosse montre-bracelet. Ces dispositifs enregistrent les variations de champs électrique du cœur émises à partir de deux électrodes précordiales maintenues par une sangle thoracique. La fréquence cardiaque est comptée par 5, 10, 15, 30 ou 60 secondes; les valeurs sont restituées soit par simple affi-

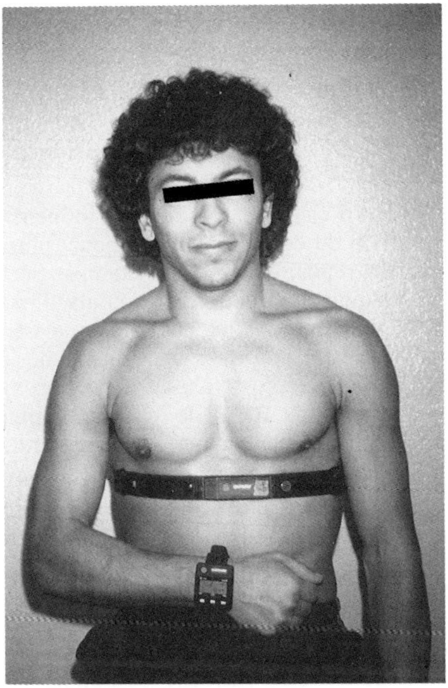

FIG. 21. — *Sujet équipé d'un «sportester».*

chage, soit par un lecteur qui trace en outre une courbe en fonction du temps. La capacité de stockage peut aller jusqu'à 16 heures d'enregistrement (fig. 21). Il est ainsi possible de préciser, pour une période donnée, les variations d'intensité, l'intensité relative par rapport à $\dot{V}_{O_2}$ max et la durée pendant laquelle le sportif a travaillé à cette intensité. Il est également possible (Holter) de mettre en évidence des troubles éventuels de la repolarisation ou de la conduction. L'intérêt de la mesure de la fréquence cardiaque, en condition réelle de pratique sportive, est d'autant plus manifeste que l'on a, au préalable, défini pour le sportif qui est surveillé, à la fois sa consommation maximale d'oxygène et sa fréquence cardiaque maximale.

c) **Le volume d'éjection systolique.** — La mesure du volume d'éjection systolique (Vs) chez l'Homme s'effectue le plus souvent indirectement à partir de celles du débit cardiaque et de la fréquence cardiaque, de sorte que la variation de Vs peut être connue de façon très exacte du début à la fin d'un exercice sous-maximal. Au prix d'une certaine imprécision, Vs peut aussi être évalué à partir des surfaces de l'ombre cardiaque déterminées par *radiographie ou échocardiographie* dans les trois dimensions. Chez le Chien, en plaçant un débitmètre sur l'aorte, on peut mesurer en continu le débit et la fréquence cardiaque et suivre indirectement l'évolution du volume de l'ondée systolique. Celui-ci augmente immédiatement dès le début de l'exercice pour atteindre très rapidement une valeur plateau et diminue immédiatement à l'arrêt pour retrouver progressivement sa valeur de base. Quand l'exercice est poursuivi pendant un temps prolongé Vs tend à diminuer du fait de l'augmentation de la fréquence cardiaque (voir ci-dessus) tandis que le débit cardiaque reste constant.

La grandeur du volume d'éjection systolique est influencée par la puissance de l'exercice et la position du corps. Elle est toujours plus petite en position debout que couchée. Au repos, elle est par exemple de 70 ml en position debout et de 100 ml en position couchée. Au cours d'exercices d'intensité croissante Vs augmente proportionnellement avec la puissance jusqu'à ce que celle-ci représente environ 50 % de la puissance maximale aérobie. Au-delà de cette intensité relative d'exercice, le volume d'éjection systolique ne varie plus; en conséquence, entre 50 et 100 % de $\dot{V}_{O_2}$ max l'augmentation du débit cardiaque dépend uniquement de celle de la fréquence cardiaque.

L'augmentation de Vs relativement à sa valeur de repos reste à peu près la même, quel que soit le niveau d'aptitude; elle est, au maximum, d'environ 50 %. En revanche, les valeurs absolues observées sont très différentes; elles sont d'autant plus élevées, au repos comme à l'exercice, que l'aptitude est meilleure. Les valeurs maximales atteintes sont en étroite relation avec $\dot{V}_{O_2}$ max. Des valeurs proches de 200 ml sont quelquefois observées chez des athlètes à $\dot{V}_{O_2}$ max proche de 6 l.min^{-1}. Ceci explique pourquoi, lors d'un exercice d'une puissance donnée, laquelle détermine un débit cardiaque donné, la fréquence cardiaque est d'autant plus basse que l'aptitude est plus grande (voir application aux tests d'aptitude p. 214 et 216).

d) Mécanismes responsables de ces adaptations

– Augmentation de la fréquence cardiaque

Le rythme autonome sinusal est sous la dépendance des deux *systèmes nerveux* antagonistes. Le système nerveux *parasympathique* exerce une action inhibitrice et le système nerveux *sympathique* une action accélératrice. On discute encore pour savoir exactement la part relative de ces deux actions antagonistes dans l'accélération cardiaque d'exercice. Y a-t-il une inhibition progressive du tonus vagal seul, ou bien une augmentation progressive du tonus sympathique seul quand la fréquence cardiaque augmente avec la puissance de l'exercice, ou encore une association de ces deux mécanismes? L'expérience d'Ekblom (1972) est, à ce propos, intéressante, car elle montre une action adaptée et conjuguée des deux systèmes (fig. 22). L'injection d'atropine, qui met hors de cause l'inhibition parasympathique, accélère de moins en moins le cœur quand la puissance s'élève. En revanche, l'administration de propranolol, substance β-bloquante, qui supprime ou atténue très fortement l'action du système nerveux sympathique, ralentit le cœur de façon de plus en plus prononcée, au fur et à mesure que l'on se rapproche de la puissance maximale.

Il semble que c'est à environ 50 % de $\dot{V}_{O_2}$ max que se situe l'équilibre entre les deux influences.

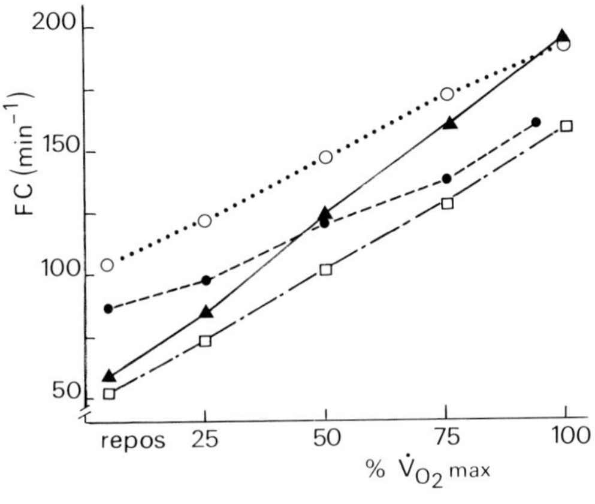

FIG. 22. – *Fréquence cardiaque et son contrôle par les systèmes sympathique et parasympathique à l'exercice.* Évolution de la fréquence cardiaque avec la puissance relative (% $\dot{V}_{O_2}$ max) dans les conditions normales (▲), après blocage des récepteurs cholinergiques par l'atropine (○), après blocage des récepteurs adrénergiques par le propranolol (□) et enfin après blocage de tous les récepteurs (●) : le contrôle parasympathique prédomine au repos et lors de l'exercice modéré, le contrôle sympathique prédomine lors de l'exercice intense (d'après Ekblom, *Scand J. Clin.* Lab. Invest., 1972, *30*, 35-42).

Mais des *facteurs humoraux* interviennent en même temps que le système nerveux extracardiaque et sont susceptibles de le suppléer. Des chiens, à cœur totalement dénervé, sont encore capables d'augmenter notablement leur fréquence cardiaque au cours d'exercices de puissance élevée. Cependant, pour une puissance donnée, l'accélération cardiaque n'est ni aussi intense ni aussi précoce que chez l'animal intact. Ces facteurs humoraux sont mal connus. Les sécrétions *médullo-surrénales* jouent certainement un rôle, mais ne sont pas indispensables, puisque l'ablation des glandes médullo-surrénales ne réduit pas la fréquence cardiaque d'exercice (une sécrétion de noradrénaline d'origine synaptique persiste d'ailleurs encore). D'autre part, l'effet propre de la température du sang circulant sur le tissu nodal ne peut jouer qu'un rôle mineur dans cette accélération.

– Augmentation du volume d'éjection systolique

Elle est favorisée par l'augmentation du retour veineux (précharge) liée à l'action des muscles des membres inférieurs actifs, jouant le rôle d'une pompe (cœur périphérique), par l'augmentation de l'amplitude des mouvements respiratoires qui exercent une aspiration du sang vers le thorax. Ce type d'adaptation contribue à élever le volume sanguin central et en conséquence le volume ventriculaire. L'augmentation du volume d'éjection systolique est également fonction de la diminution des résistances périphériques (postcharge) contemporaine de l'exercice.

L'absence d'une diminution du volume d'éjection systolique, quand la fréquence cardiaque est élevée, s'explique par une augmentation de la vitesse de raccourcissement des fibres myocardiques et une augmentation de la contractilité du myocarde liée à la tachycardie. Il existe, en effet, une intégration, au niveau du myocarde, des effets de l'accélération cardiaque elle-même, de la stimulation sympathique et du mécanisme d'adaptation intrinsèque (« loi du cœur ») de Starling.

☐ **La différence artério-veineuse des gaz du sang.** — Au repos, la concentration de l'oxygène dans le sang artériel (Ca_{O_2}) et dans le sang veineux mêlé ($C\bar{v}_{O_2}$) est respectivement de 19 et 14 vol. p.100 (soit 8,5 et 6,3 $mmol.l^{-1}$) ce qui représente une différence artério-veineuse (Ca_{O_2}- $C\bar{v}_{O_2}$) de 5 vol. % (2,2 $mmol.l^{-1}$). Celle-ci s'accentue quand $\dot{V}_{O_2}$ augmente par suite d'une légère augmentation de Ca_{O_2} liée à une hémoconcentration d'exercice et surtout d'une diminution progressive de $C\bar{v}_{O_2}$ avec la puissance. $C\bar{v}_{O_2}$ peut ainsi atteindre, à l'exercice maximal, une valeur de 2 vol. p.100 (0,9 $mmol.l^{-1}$).

La diminution de $C\bar{v}_{O_2}$ est d'autant plus grande que la masse musculaire impliquée dans l'exercice est plus importante (elle est plus grande lors de l'exercice des membres inférieurs que dans celui des bras).

La différence artério-veineuse de l'oxygène au niveau des muscles peut augmenter presque jusqu'à 5 fois sa valeur de repos. Cette augmentation, associée à celle du débit sanguin local, explique que le débit d'oxygène des muscles actifs puisse, dans certains cas, être multiplié par 100.

Au repos, les concentrations de CO_2 dans le sang artériel (Ca_{CO_2}) et dans le sang veineux mêlé ($C\bar{v}_{CO_2}$) sont respectivement de 48 et 52 vol. p.100 (21,4 et 23,2 $mmol.l^{-1}$) ce qui représente une différence veino-artérielle de CO_2 de 4 vol. p.100 (1,8 $mmol.l^{-1}$). Cette différence s'explique d'une part par une concentration de plus en plus élevée de CO_2 dans le sang veineux et, d'autre part, lorsque l'exercice est presque maximal, par un abaissement de la concentration de CO_2 dans le sang artériel consécutive à l'acidose métabolique. La différence veino-artérielle de CO_2 peut alors augmenter plus que la différence artério-veineuse de l'O_2 et le quotient respiratoire peut s'élever de façon importante.

☐ **L'adaptation circulatoire périphérique.** — Le débit cardiaque ne dépend pas seulement de mécanismes d'adaptation centraux, mais aussi des conditions hémodynamiques où interviennent la pression artérielle et les résistances périphériques.

a) La pression artérielle. — L'augmentation du débit et la diminution globale des résistances périphériques entraînent une variation de la pression artérielle. Le début de l'exercice s'accompagne d'une diminution légère et transitoire des pressions systolique et diastolique. Ces pressions reviennent rapidement à leur niveau initial puis s'élèvent vers une valeur qui dépend de la puissance de l'exercice. La figure 23 illustre la variation des pressions systolique, diastolique et moyenne en fonction de l'intensité relative d'exercice. Chez l'individu normal, la pression artérielle systolique dépasse rarement 175 Torr pour un exercice correspondant à $\dot{V}_{O_2}$ max. Quand la puissance d'exercice est supérieure à la puissance maximale aérobie, par exemple 125-

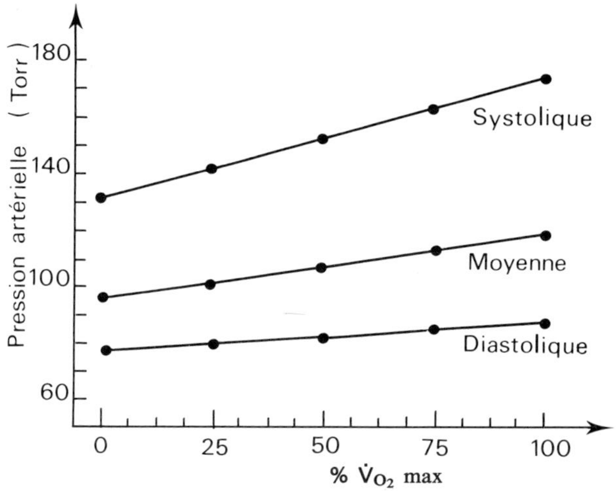

FIG. 23. – *Pression artérielle et intensité relative d'exercice.* La pression systolique augmente régulièrement en fonction de la puissance alors que la pression diastolique reste pratiquement constante (d'après Flandrois et Lacour, 1976).

130 % de $\dot{V}_{O_2}$ max, la pression systolique peut atteindre environ 185 Torr. On cite volontiers des élévations de pression plus importantes quand la mesure est indirecte (méthodes palpatoire ou auscultatoire). Mais une telle mesure est perturbée par les mouvements parasites et les conditions hémodynamiques liées à l'exercice, en particulier l'augmentation de l'énergie des systoles. L'évolution de la pression artérielle dépend aussi du *type d'exercice*. A $\dot{V}_{O_2}$ égal, elle est plus élevée pour un exercice des bras que pour un exercice des membres inférieurs.

b) Les résistances périphériques. — Il existe une diminution globale des résistances vasculaires qui se manifeste alors que le débit sanguin local augmente de façon considérable et en proportion de la puissance développée. A l'exercice, le débit sanguin musculaire total peut atteindre 90 % du débit cardiaque alors qu'au repos il n'en représente guère que 15 à 20 %. Une telle augmentation est rendue possible par une vasodilatation des artérioles et une augmentation du lit capillaire des muscles actifs à laquelle participent les capillaires normalement fermés au repos. Le débit sanguin au niveau des muscles peut ainsi augmenter de 40 à 50 fois, comparé à sa valeur de repos. En revanche, les débits sanguins locaux, splanchnique, hépatique, rénal et cutané diminuent d'environ 10 à 20 % grâce à une vasoconstriction locale (fig. 24). Le débit cérébral reste pratiquement inchangé. Seul, le débit coronaire augmente proportionnellement au travail du cœur, c'est-à-dire à l'intensité de l'exercice.

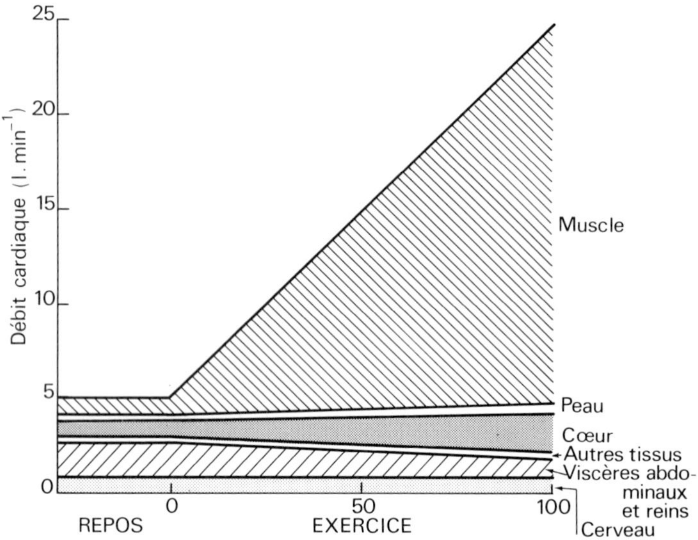

FIG. 24. – *Répartition du débit cardiaque dans les territoires périphériques.* La part prise par le territoire vasculaire des muscles squelettiques augmente avec l'intensité de l'exercice et fait plus qu'absorber la totalité de l'augmentation du débit cardiaque (d'après Flandrois et Lacour, 1976).

En conséquence, les résistances à l'écoulement du sang diminuent au niveau des muscles actifs et augmentent dans la plupart des autres territoires vasculaires. Une telle adaptation permet de dériver vers les muscles une partie essentielle du débit cardiaque. Le mécanisme de cette adaptation est à la fois nerveux et humoral.

Le système nerveux orthosympathique voit son activité intensifiée par l'exercice. Son action vasoconstrictive s'exerce sur les territoires viscéraux mais également cutanés et musculaires. Au niveau des muscles actifs, elle est masquée par celle plus importante des agents vasodilatateurs locaux. Elle est mise en jeu par des mécanismes centraux (centres moteurs) et réflexes. La mise en jeu réflexe est provoquée par l'activation de mécanorécepteurs (sensibles à la pression et à la longueur du muscle) et de chémorécepteurs (sensibles aux variations de concentration en ions H^+ et K^+, en bradykinine et dérivés de dégradation de l'acide arachidonique). Les influx afférents sont transmis par des fibres III myéliniques et IV amyéliniques jusqu'au noyaux réticulaires latéraux. Ces mécanismes de mise en jeu du système orthosympathique interviennent également dans le contrôle de la fréquence cardiaque (voir p. 46). Les facteurs de la vasodilatation au niveau des muscles actifs sont essentiellement humoraux, ils sont liés aux changements des conditions locales (en effet la vasodilatation n'est pas affectée par la sympathectomie). Au début de l'exercice, une hyperosmolarité apparaît qui est responsable en premier de la vasodilatation. Puis, comme l'exercice se prolonge, une extravasation plasmatique survient qui est liée à une élévation de la pression capillaire ; il en résulte une diminution de l'hyperosmolarité locale. L'augmentation progressive de la concentration locale en ions K^+ intervient alors pour maintenir ou augmenter encore la vasodilatation, cette action étant renforcée par l'hypoxie. L'adénosine qui est aussi un puissant vasodilatateur n'est pas retrouvée dans l'interstitium vasculaire lors de l'exercice dynamique ordinaire mais son action peut exister en cas de restriction circulatoire. Enfin, le rôle fonctionnel du contingent cholinergique des voies du système nerveux orthosympathique n'a pas été démontré.

Récemment a été mis en évidence l'existence de facteurs vasodilatateur (EDRF : *endothelium dependant factor*) et vasoconstricteur (EDCF : *endothelium dependant constrictor factor*) agissant sur les fibres lisses vasculaires et intervenant de façon puissante dans la régulation du tonus des artérioles.

Afin de ne pas préjuger de l'origine exacte des mécanismes réflexes à point de départ musculaire, Shepherd a proposé d'utiliser le terme *d'ergorécepteur* pour désigner l'ensemble des terminaisons sensibles stimulées par l'activité musculaire et susceptibles d'entraîner des réponses centrales.

L'EXERCICE MUSCULAIRE LOCAL

Un exercice est considéré comme local lorsque la masse des muscles impliqués est inférieure au tiers de la masse musculaire totale (voir chapitre 5). Il peut s'agir de mouvements de flexion-extension autour d'une ou plusieurs articulations d'un même membre ou de maintiens statiques bloquant un ou plusieurs segments de membre. Les réactions d'adaptation ventilatoires et circulatoires dépendent du fait que l'exercice entrepris conduit ou non à un épuisement musculaire local en un temps relativement bref (quelques dizaines de minutes au maximum).

☐ **Exercice local non épuisant.** — Lorsque la force ou la puissance de l'exercice, ou encore la fréquence des mouvements, ne sont pas trop élevées par rapport aux capacités maximales des muscles actifs, la ventilation pulmonaire et la fréquence cardiaque (témoin du débit cardiaque) présentent un état constant, après une très courte période transitoire. Le niveau atteint est proportionnel à la puissance de l'exercice, l'augmentation du débit sanguin dans les muscles assurant les besoins du muscle en oxygène.

☐ **Exercice local rapidement épuisant.** — La mise en jeu d'une force importante et/ou d'une fréquence de mouvements élevée (travail dynamique), ou seulement d'une force dépassant le niveau de la force critique des muscles actifs (travail statique), implique la survenue rapide d'un épuisement local.

Celle-ci est accompagnée par des modifications ventilatoires et circulatoires qui s'expliquent par des considérations mécaniques : blocage thoracique et blocage de la circulation dans le muscle.

a) **Ventilation.** — Le travail statique continu allant jusqu'à l'épuisement est marqué par une hyperventilation avec augmentation de la fréquence respiratoire au fur et à mesure de la poursuite des contractions. La réponse est d'autant plus élevée que la charge maintenue est plus grande. A l'approche de l'épuisement on observe parfois au contraire une hypoventilation, voire un blocage thoracique, permettant aux muscles des membres, dont la force diminue, d'avoir un meilleur appui au niveau du tronc.

Ce même phénomène survient au cours du travail dynamique local réalisé avec de fortes charges, ou lorsque la force restante des muscles actifs n'excède plus que de peu la valeur de la charge à mobiliser.

b) **Débit sanguin dans le muscle.** — Le travail dynamique local détermine une vasodilatation importante, autorisant un débit musculaire élevé, supérieur à 100 ou même 120 $ml.min^{-1}.100\ g^{-1}$ de muscle ; le blocage circulatoire dû à chaque contraction ne gêne pas l'irrigation du muscle si les contractions sont suffisamment espacées. Il n'en va pas ainsi lorsque celles-ci s'enchaînent sans pauses intermédiaires, ni *a fortiori* au cours des contractions isométriques continues. La pression exercée latéralement par les fibres musculaires écrase les capillaires et provoque une *ischémie* responsable de l'arrêt du travail local. Associée à l'hyperventilation mentionnée ci-dessus, cette ischémie, totale lorsque la force utilisée dépasse 65 % de la force maximale, est à l'origine du phénomène de Lindhard décrit à propos des échanges gazeux pulmonaires : la consommation d'oxygène augmente de façon modérée pendant le travail statique, mais plus nettement après l'arrêt des contractions.

c) **Fréquence cardiaque et pression artérielle.** — L'ischémie est responsable d'une tachycardie dont l'effet principal est d'élever la pression artérielle, réduisant ainsi la différence entre la pression d'occlusion complète des vaisseaux musculaires et la pression atteinte dans les artères. Fréquence cardiaque et pression artérielle évoluent parallèlement, l'élévation de la première expliquant en grande partie la montée de la seconde (fig. 25). Les points suivants ont été précisés :

– les élévations des deux grandeurs se poursuivent régulièrement jusqu'à la survenue du seuil d'épuisement local ;

– elles sont plus marquées pour des épreuves à épuisement rapide, donc réalisées avec des charges élevées ;

– contrairement à ce qui est observé pour le travail dynamique les variations de la pression diastolique suivent de très près celles de la systolique ; il en résulte une nette élévation de la pression moyenne ;

– la masse musculaire en jeu n'a pas ou peu d'effet ; le facteur prédominant est le pourcentage de la force isométrique maximale du muscle actif mis en jeu ;

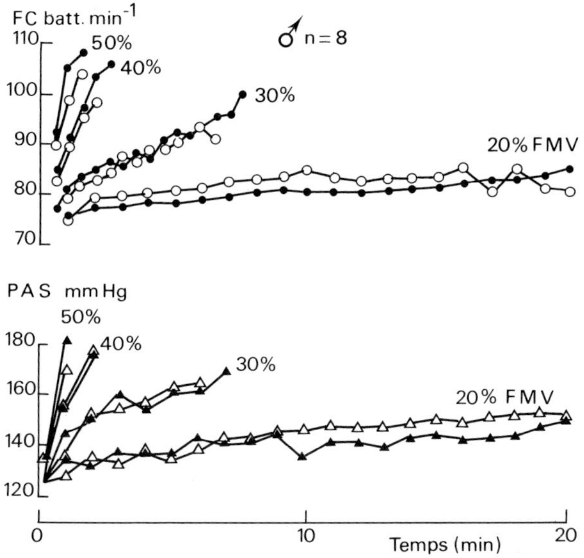

Fig. 25. – *Réactions cardio-circulatoires en fonction de la force chez l'homme.* Évolution de la fréquence cardiaque (FC) et de la pression artérielle systolique (PAS) lors de la contraction isométrique des fléchisseurs de l'avant-bras maintenue jusqu'à épuisement, pour des forces de 20 à 50 % de la force maximale volontaire. Valeurs moyennes pour 8 sujets; les contractions ont été effectuées dans deux positions légèrement différentes du bras (○, △ et ●, ▲) (d'après Kahn et coll., *Le Travail humain*, 1984, *47*, 307-316).

– lorsque deux ou plusieurs muscles sont engagés à un même pourcentage de leur force maximale, les élévations constatées ne diffèrent pas de celles observées lorsqu'un seul muscle est engagé à ce même pourcentage ;

– lorsque deux muscles sont engagés à des pourcentages différents de leur force maximale, les élévations constatées sont déterminées par celui des deux muscles qui utilise la fraction la plus élevée de sa force maximale ;

– lorsqu'un muscle est engagé dans une contraction isométrique d'intensité moyenne, il voit son temps maximum de maintien s'allonger sous l'effet d'une contraction isométrique réalisée par un autre groupe musculaire avec une force relative supérieure intervenant quelques minutes après le début de la première contraction (Kahn).

– pour des forces relatives identiques mises en jeu, les élévations de pressions artérielles sont relativement plus fortes chez l'homme que chez la femme, alors que les accélérations cardiaques sont plus élevées chez la femme que chez l'homme (Rogowski). Il en résulte qu'à fréquence cardiaque égale la

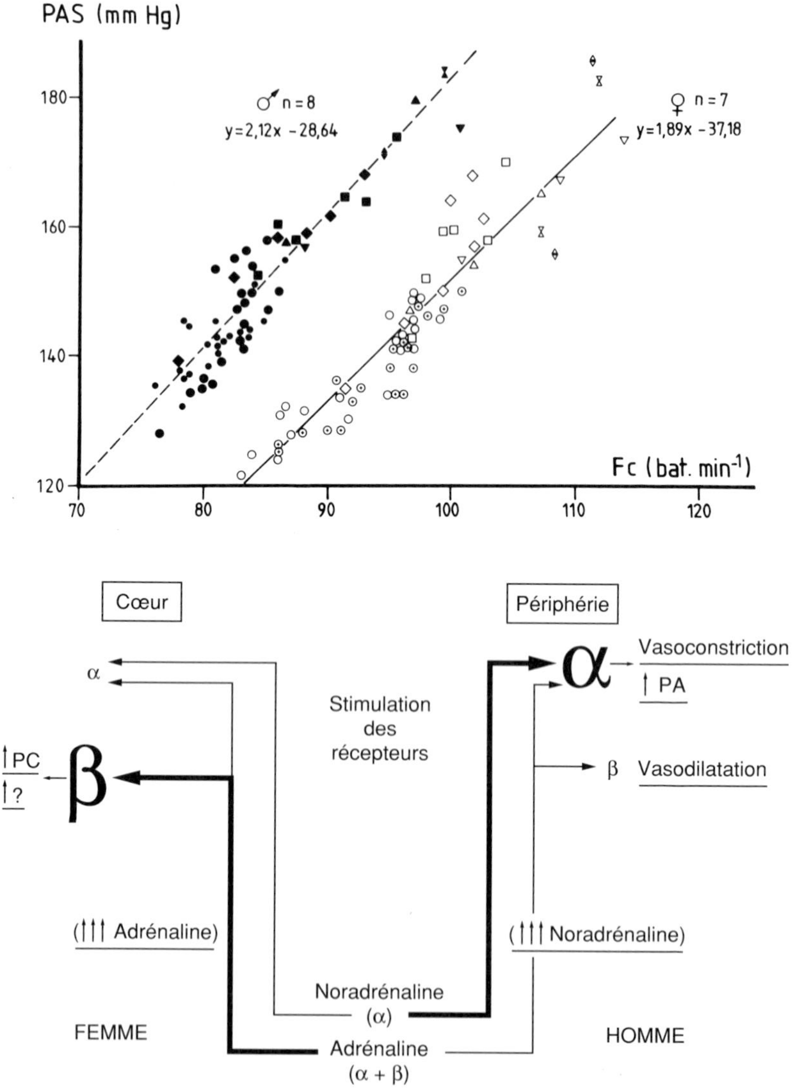

FIG. 26. — *Réactions cardio-circulatoires comparées chez l'homme et chez la femme au cours du travail statique.*

En haut: la pression artérielle systolique augmente linéairement avec la fréquence cardiaque dans les deux groupes, mais il existe un décalage. Pour une même fréquence cardiaque, la pression est plus élevée chez l'homme (d'après Kahn et coll., *Le travail humain*, 1984, *47*, 307-316).

En bas : schéma explicatif proposé par Rogowski et coll., *Le Travail humain*, 1978, *41*, 209-223).

pression artérielle est plus élevée chez l'homme que chez la femme, et qu'à pression artérielle égale la fréquence cardiaque est plus élevée chez la femme que chez l'homme (fig. 26).

Les métabolites de la contraction, accumulés dans le milieu péricellulaire, mais également le potassium quittant la fibre musculaire (Lind) ont été rendus responsables de ce réflexe presseur. Cependant, il est probable que joue également une intervention des centres corticaux correspondant à l'effort de volonté que doit faire le sujet pour surmonter sa fatigue et poursuivre la contraction. Enfin, une sécrétion renforcée des catécholamines (noradrénaline, adrénaline, dopamine) a été mise en évidence au cours de la contraction isométrique (Kozlowsky, Péquignot). Une différence de sécrétion des catécholamines ou peut-être de sensibilité des récepteurs α (cœur) et β (vaisseaux) pourrait expliquer les différences intersexes dans les relations cardio-vasculaires suivant le schéma proposé par Rogowski (fig. 26). L'importance des réactions tensionnelles accompagnant la contraction isométrique invite à limiter celle-ci en intensité et en durée chez les sujets hypertendus.

LES EFFETS DE L'ENTRAÎNEMENT SUR L'ADAPTATION RESPIRATOIRE ET CIRCULATOIRE À L'EXERCICE

L'augmentation de la consommation maximale d'oxygène, consécutive à un entraînement à l'exercice intense et prolongé, est concomitante d'une meilleure adaptation respiratoire et circulatoire à l'exercice.

☐ **Effets respiratoires.** — Les possibilités fonctionnelles ventilatoires sont améliorées. Cela est déjà manifeste au repos lors des épreuves de ventilation forcée : le débit ventilatoire instantané de pointe, la ventilation maximale minute sont augmentés. En revanche, l'amélioration de la capacité vitale est plus discutée, elle est plus évidente chez les enfants que chez les adultes. Au repos, l'équivalent respiratoire n'est pratiquement pas modifié.

Lors de l'exercice sous-maximal, à métabolisme égal, l'individu entraîné a un débit ventilatoire et par conséquent un équivalent respiratoire plus bas. Cette diminution du niveau ventilatoire d'exercice est à rapprocher de la diminution du rôle de certains stimulus humoraux de contrôle ventilatoire tels que les stimulus O_2, CO_2 et H^+. Lors de l'exercice maximal la ventilation est supérieure à celle observée avant entraînement. Il existe d'ailleurs une relation étroite entre $\dot{V}_{O_2}$ max (et par conséquent l'aptitude) et la ventilation maximale.

☐ **Effets circulatoires**

a) Cas d'un exercice sous-maximal. — Le débit cardiaque n'est pratiquement pas modifié au repos comme lors d'un exercice sous-maximal. Ses facteurs, volume d'éjection systolique et fréquence cardiaque, évoluent en sens inverse, le premier étant plus élevé et le deuxième plus faible. L'importance de cette modification dépend de l'augmentation de la consommation maximale d'oxygène du fait de l'entraînement; plus celle-ci a augmenté, plus la baisse de la fréquence cardiaque et l'augmentation du volume d'éjection systolique seront importantes.

L'origine de cette *bradycardie relative* de repos et d'exercice peut être soit une modification du rythme intrinsèque sinusal, soit une variation de la part respective des tonus cardio-modérateur et cardio-accélérateur. Le système nerveux extracardiaque joue certainement un rôle, puisque l'entraînement pendant plusieurs semaines, chez des chiens à cœur dénervé, n'a aucune répercussion sur leurs fréquences cardiaques de repos et d'exercice. Chez l'Homme, lors d'exercices d'intensité croissante effectués après un entraînement des membres inférieurs, la fréquence cardiaque évolue différemment selon que ces exercices sont effectués avec les membres inférieurs (donc entraînés) ou les bras (non entraînés). Dans le premier cas, la fréquence cardiaque est plus basse qu'avant entraînement et la différence par rapport à la valeur observée avant entraînement augmente avec la puissance; dans le deuxième cas, la fréquence cardiaque est également plus basse mais son évolution par rapport à la puissance reste sensiblement parallèle à celle observée avant entraînement; la différence observée à l'exercice est identique, par conséquent, à celle notée au repos.

Il est permis de penser que le système nerveux extrinsèque cardiaque agit pour abaisser la fréquence cardiaque de repos et que l'importance de cette bradycardie dépend des conditions d'entraînement (en particulier de la masse musculaire qui est alors sollicitée). Il pourrait s'agir d'un mécanisme vagal puisque celui-ci apparaît prédominant au repos (voir fig. 22, p. 47). A l'opposé, l'évolution de la fréquence cardiaque lors de l'exercice des membres inférieurs, lorsque ceux-ci sont entraînés, pourrait s'expliquer par une diminution du tonus cardio-accélérateur sympathique puisque le ralentissement augmente avec la puissance, un phénomène analogue étant observé après administration d'un β-bloquant (fig. 22).

Au niveau des muscles entraînés, le débit observé lors d'un exercice sous-maximal représente une fraction plus petite du débit cardiaque, tandis que les autres débits régionaux (cutané, rénal, splanchnique et hépatique) augmentent légèrement. Cette diminution relative du débit dans les muscles actifs est compensée par un meilleur prélèvement local de l'oxygène. Ces modifications s'expliquent par une diminution de la vasoconstriction sympathique générale.

b) Cas d'un exercice maximal. — *Le débit cardiaque maximal* est augmenté par l'entraînement : l'effet est d'autant plus grand que l'amélioration de $\dot{V}_{O_2}$ max est, elle-même, plus importante. Comme la fréquence cardiaque maximale n'est pas modifiée, sinon légèrement diminuée, le volume maximal d'éjection systolique est plus grand. Ainsi, 16 semaines d'entraînement intensif chez 8 athlètes ont augmenté $\dot{V}_{O_2}$ max de 16 %, le débit cardiaque de 8 %, la fréquence cardiaque maximale n'ayant pas varié, le volume maximal de l'ondée systolique de ces sujets est passé de 112 à 127 ml. Deux de ces sujets ont continué leur entraînement pendant plus de deux ans et demi, $\dot{V}_{O_2}$ max a alors augmenté respectivement de 42 et 26 %, le débit cardiaque maximal de 15 et 20 %, le volume d'éjection maximal de 24 et 20 %. La fréquence cardiaque maximale a baissé de 10 % chez l'un, est restée la même chez l'autre (Ekblom).

Cette amélioration du débit cardiaque maximal s'explique par une adaptation circulatoire centrale, laquelle dépend de la masse musculaire impliquée par l'entraînement : plus celle-ci est grande, plus l'effet circulatoire est grand. Cette adaptation procède d'une augmentation de la performance du myocarde : après entraînement, on constate chez le Rat que la contractilité, le débit et l'activité enzymatique du cœur isolé augmentent. De même chez l'Homme, on observe une augmentation du volume ventriculaire et de l'épaisseur des parois. Cette amélioration de la performance cardiaque est liée à l'importance de la charge exercée sur le cœur pendant l'entraînement. C'est la *charge en volume* qui joue le rôle primordial, plus que la charge en pression. Les effets circulatoires centraux sont en effet plus importants après entraînement d'importantes masses musculaires qui élèvent le débit cardiaque et le volume d'éjection systolique, mais ont peu d'effet sur la pression qui reste basse comparée à celle d'exercices effectués avec de petits groupes musculaires. L'observation échocardiographique montre que le volume et la masse ventriculaires gauches des athlètes, spécialistes d'épreuves prolongées (course, nage) sont augmentés avec conservation d'une épaisseur de paroi normale. En revanche, les athlètes spécialisés dans des exercices isométriques (poids et haltères) ont une augmentation de l'épaisseur et de la masse ventriculaires tandis que le volume moyen de fin de diastole reste normal (Morgenroth).

Il est classiquement décrit que le *volume total du cœur* augmente en même temps que la consommation maximale d'oxygène : d'une valeur d'environ 12 $ml.kg^{-1}$ chez des sujets peu actifs, des gymnastes et des haltérophiles, il dépasse 13 $ml.kg^{-1}$ chez les skieurs de fond et 14 $ml.kg^{-1}$ chez les cyclistes professionnels.

Ces mécanismes centraux d'adaptation sont complétés par une augmentation du volume sanguin et de l'hémoglobine totale.

L'augmentation de la performance consécutive à un entraînement peut également provenir d'une augmentation de la *différence artério-veineuse* de l'oxygène. Chez les sujets entraînés, observés par Ekblom, l'augmentation était d'environ 8 % après 16 semaines, de 23 et 6 % chez les deux sujets entraînés pendant 2 ans et demi. L'augmentation de la différence artérioveineuse maximale de l'oxygène est plus importante chez le sujet jeune dont la valeur initiale de $\dot{V}_{O_2}$ max est basse (Rowell). Elle correspond à une livraison plus efficace de l'oxygène aux muscles actifs, laquelle peut s'expliquer par une meilleure irrigation locale liée à une augmentation du nombre des capillaires, par une meilleure capacité oxydative du muscle entraîné permettant, en particulier, un fonctionnement à P_{O_2} plus basse, par un déplacement de la courbe de dissociation de l'oxyhémoglobine dont la pente plus raide est l'indication d'une livraison d'oxygène plus facile.

L'augmentation du débit maximal va de pair avec une diminution des *résistances vasculaires*; en effet, à l'exercice maximal la pression moyenne artérielle n'augmente pratiquement pas par rapport à la valeur observée avant l'entraînement. Ainsi, le système circulatoire des athlètes bien entraînés est caractérisé par une aptitude extrême à diminuer la résistance à l'écoulement du sang. Après entraînement, une plus grande fraction du débit cardiaque est destinée aux muscles actifs. Le débit coronaire peut augmenter (on observe alors une hypertrophie du myocarde) mais très modérément par rapport à la variation du débit cardiaque. Le débit cutané n'est pas affecté s'il s'agit d'un exercice ne mettant pas en jeu les mécanismes de thermorégulation. Les autres débits (splanchnique, rénal, hépatique) ne varient pas comparativement à leur valeur avant entraînement, ils sont toujours diminués d'environ 20 à 30 % par rapport à leur valeur de repos.

Le mécanisme de cette diminution des résistances vasculaires dans les muscles entraînés est tout d'abord *humoral* et local, l'augmentation du métabolisme favorisant une vasodilatation plus importante. Il est ensuite *nerveux*, et trouve alors son origine dans une diminution du tonus vasomoteur sympathique.

☐ **L'électrocardiogramme du sportif.** — L'électrocardiogramme du sportif est généralement normal.

a) Généralités. — La bradycardie notée chez les sportifs de haut niveau peut être de type sinusal ou liée à un bloc sino-auriculaire d'origine vagale. Les constantes d'axe électrique, de durée et d'amplitudes des ondes P, QRS et T sont les mêmes que chez le sujet sédentaire. Un bloc de branche droit incomplet est observé dans 12 % des cas (Plas); il ne faut pas lui attribuer une valeur pathologique chez le jeune sportif ayant suivi un entraînement intensif pendant plusieurs années.

b) Anomalies de repolarisation. — Sous l'influence de l'entraînement, et seulement quand celui-ci est intense et prolongé, l'ECG du sportif peut parfois objectiver des atypies de repolarisation, classées par Plas en 5 catégories (fig. 27) :

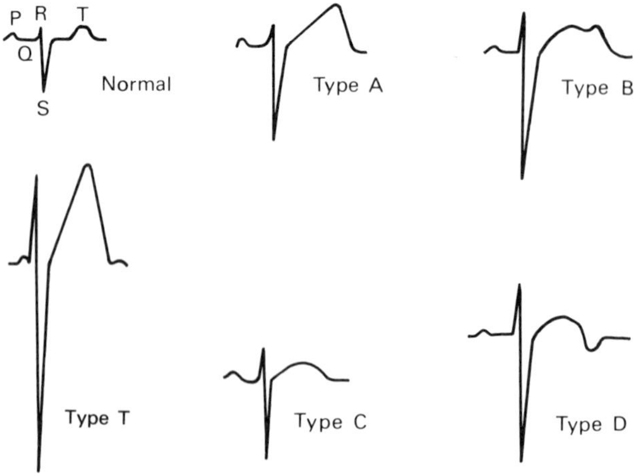

FIG. 27. — *Aspects particuliers de l'ECG chez le sportif.*

– la repolarisation de type T, plus nette en dérivations précordiales où la hauteur de l'onde T peut tripler. Cette modification est assez souvent observée quand la condition physique est bonne;

– la repolarisation de type A, caractérisée par le redressement de la partie initiale de ST qui devient oblique et ascendante. L'ensemble ST-T conserve cependant une positivité importante;

– la repolarisation de type B comporte un segment ST également oblique ascendant avec une onde T bifide;

– la repolarisation de type C est caractérisée par un segment ST large qui englobe complètement l'onde T;

– la repolarisation de type D se présente comme un sus-décalage de ST, curviligne, souvent moins marqué que dans les autres types, mais qui aboutit à une onde T inversée et pointue. Cet aspect est proche de celui observé en pathologie coronarienne d'ischémie-lésion.

Ces atypies ne s'observent qu'en dérivations précordiales droites de V_2 à V_4. Il ressort des observations faites par Talbot en 1958 et Moine en 1970, sur les coureurs du Tour de France, que l'ECG normal est rare et que les tracés de type T, A, B, C sont fréquents; le type D est plus rare. Au pourcentage de répartition près, ces différents types se retrouvent dans d'autres sports d'endurance : marathoniens, skieurs de fond, etc.

Ces anomalies de repolarisation sont considérées comme évoluant du type T au type D. Le type T serait le plus souhaitable pour un athlète de haut niveau, le type D ayant une signification péjorative, traduisant un sur-entraînement cardiaque. Le type D n'a pas de signification coronarienne ce que confirme sa disparition à l'effort; l'origine de ces modifications serait métabolique.

c) Gros cœur du sportif. — Certains ont cherché à établir une corrélation entre l'augmentation du volume cardiaque ou de l'épaisseur du myocarde et certains signes ECG : les signes électriques d'augmentation du volume se traduiraient par un faible voltage des ondes S en V_1 et V_2, et de grandes ondes R de faible amplitude en V_5 et V_6. Les signes électriques d'augmentation d'épaisseur des parois seraient, dans des ondes S de grande amplitude en V_1 et V_2, des ondes R en V_5 et V_6. On pensait précédemment que les exercices prolongés (dits en endurance) entraînaient une dilatation des cavités cardiaques, alors que les exercices puissants et courts (dits en résistance) entraînaient une hypertrophie des parois. Les études échocardiographiques n'ont pas permis de confirmer cette théorie, montrant, chez les athlètes de haut niveau de toutes disciplines, à la fois une dilatation des cavités et un épaississement des parois; tout au plus prédomine-t-il chez les marathoniens une dilatation des cavités plus marquée que l'épaississement de leurs parois.

d) Conclusion

L'ECG du sportif est comparable à celui du sujet sédentaire. Seules des atypies de l'onde T en précordiales droites chez un sportif de haut niveau sont acceptables. Toutes anomalies de l'onde P, du complexe QRS, du segment ST doivent être considérées comme pathologiques jusqu'à preuve du contraire, ainsi que les anomalies de l'onde T dans les dérivations standards et les précordiales gauches.

3

Constitution et propriétés des fibres musculaires striées squelettiques

PLACE DU MUSCLE DANS L'ORGANISME

La contraction musculaire permet à l'Homme de se déplacer, de saisir des objets, de maintenir des attitudes. Sur le plan de la vie de relation, le muscle strié est donc créateur de *postures* et de *mouvements*, que ce soit dans la vie de tous les jours, dans les tâches professionnelles ou dans les activités physiques et sportives. Mais le muscle strié intervient également dans la vie végétative ; c'est le cas du myocarde et des muscles respiratoires.

Le muscle représente chez l'Homme une masse relativement importante, environ 40 % du poids corporel, soit 30 kg chez un sujet de 75 kg. Au repos, l'ensemble du tissu musculaire contribue pour un quart à la dépense de fond de l'organisme. Lors d'un exercice maximal, la dépense énergétique de base peut être multipliée par 15 ou 20, grâce à l'activité renforcée des muscles striés ; ceux-ci sont donc le siège d'une augmentation de l'ordre de 50 fois de leur activité. Cette grande masse musculaire joue également un rôle important dans la thermogenèse et pose des problèmes de thermorégulation, puisqu'au minimum 75 à 80 % de l'énergie échangée apparaît sous forme de chaleur (voir p. 93 et 193).

La caractéristique principale du muscle est de transformer l'énergie chimique en énergie mécanique. Lors de l'activation du muscle, une *force* apparaît entre ses extrémités opposées, généralement insérées sur des pièces osseuses par l'intermédiaire d'un tendon. Si l'une de ces extrémités est libre par rapport à l'autre, la force déplace son point d'application et réalise un *travail* ; dans le cas contraire, le muscle reste sous *tension*.

Au sein du muscle, entité anatomique, cette force est produite par *des fibres musculaires*, entités histologiques, groupées en *unités motrices*, qui constituent de véritables unités physiologiques. De plus, le muscle contient des *cellules satellites*, petites cellules mononucléées, pouvant jouer un rôle dans le processus de régénération ou lors de l'entraînement.

ORGANISATION DU MUSCLE EN UNITÉS MOTRICES

Le dénombrement des fibres nerveuses contenues dans un nerf moteur et des fibres musculaires dans le muscle innervé par celui-ci conduit à la conclusion qu'un même motoneurone innerve plusieurs fibres musculaires. Sherrington a donné le nom d'unité motrice (UM) à l'ensemble constitué par un *motoneurone*, dont le corps cellulaire est situé dans la corne antérieure de la moelle (pour la musculature du tronc et des membres), avec son *prolongement axonal* et les divisions de celui-ci, et *l'ensemble des fibres musculaires* innervées par ce motoneurone. C'est aussi ce que Lapicque avait appelé la « grappe myoneurale ». Un muscle peut comporter de 50 à 2 000 unités motrices.

Le nombre de fibres musculaires contenues dans une unité motrice varie avec la taille du muscle et avec la finesse d'action de celui-ci :

– le droit externe, petit muscle oculo-moteur à contraction rapide et responsable de mouvements très fins, comprend 12 à 15 fibres musculaires par UM ;

– le premier interosseux dorsal de la main, moins rapide, est formé d'UM de 350 fibres environ ;

– le jumeau interne, de dimension plus grande, comprend des UM de plus de 1 700 fibres musculaires ; un chiffre supérieur à 2 000 a été avancé pour le quadriceps fémoral.

La richesse des unités motrices en fibres musculaires est également liée à la nature de ces fibres, dont la contraction peut être lente ou rapide (voir p. 69).

L'organisation du muscle en unités motrices implique :

– que toutes les fibres d'une même UM possèdent les mêmes propriétés physiologiques, histochimiques et histo-enzymologiques, puisqu'il est admis que celles-ci s'établissent sous le contrôle du système nerveux ;

– que toutes les fibres de l'UM sont activées lorsque le motoneurone correspondant a été lui-même activé, s'agissant d'un muscle normal non fatigué. Il n'y a donc pas d'activation isolée possible d'une fibre musculaire dans les conditions physiologiques. Au sein d'une même UM cette activation est quasi simultanée. Un très léger décalage dans le temps existe, cependant, dans l'activation des fibres les unes par rapport aux autres, en raison de l'inégalité de longueur des ramifications axonales et de la variabilité du délai synaptique ; ce fait explique que le potentiel d'UM ait une durée supérieure à celle du potentiel de fibre isolée (voir p. 95).

Sur une coupe transversale de muscle, il apparaît que les fibres musculaires sont groupées en amas plus ou moins abondants, séparés les uns des autres par des cloisons conjonctives qui assurent leur cohésion. Ces amas sont formés de fibres musculaires appartenant à différentes UM. Celles-ci sont étroitement imbriquées les unes dans les autres et dispersées dans un large secteur musculaire, ce qui tend à donner à la contraction un caractère homogène : le recrutement progressif des UM au cours d'une contraction d'intensité croissante intéresse toujours, en effet, un même large secteur du muscle considéré. Une telle disposition peut être affirmée au vu des éléments suivants :

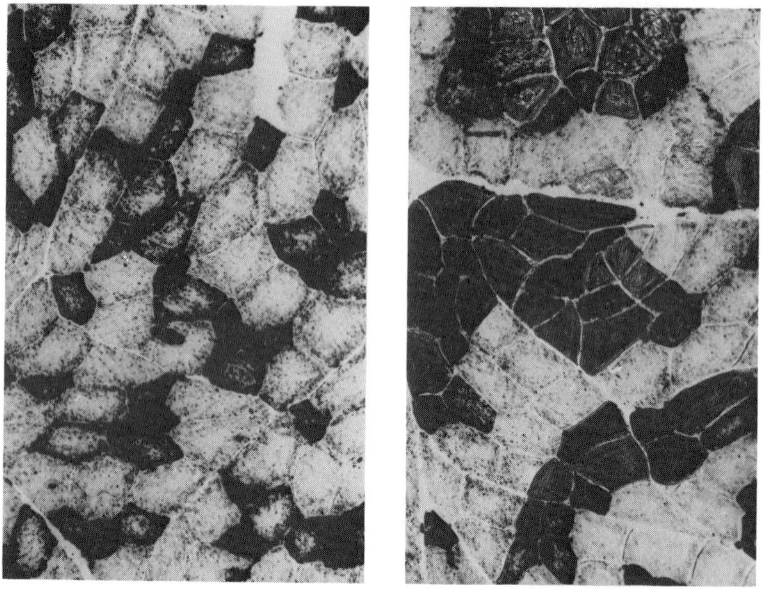

Fig. 28. – *Répartition des fibres dans le muscle.* Les fibres I apparaissent en noir, les fibres II en clair. *A gauche* : muscle normal. *A droite.* muscle réinnervé.

– dans les muscles hétérogènes, comportant différents types de fibres, celles qui sont le moins nombreuses sont rarement contiguës, ce qui implique une certaine dispersion (fig. 28) ;

– à l'inverse, un muscle réinnervé expérimentalement ou après accident, présente des groupements importants de fibres du même type, lorsqu'elles sont identifiées par les techniques de coloration spécifique (fig. 28). La raison en est que la réinnervation se fait sur des fibres musculaires déjà en place, qui se trouvent colonisées de proche en proche par un même motoneurone ;

– la technique de *déplétion glycogénique*, mise au point par Kugelberg permet de localiser les fibres musculaires appartenant à une même UM. Sur l'animal anesthésié, les axones des fibres motrices se rendant au muscle étudié sont finement disséquées au niveau des racines rachidiennes ; des stimulations électriques répétées sont portées sur l'une de ces fibres nerveuses, activant sélectivement les fibres musculaires de l'UM correspondante jusqu'à épuisement de la réponse motrice ; après prélèvement et section du muscle, celui-ci présente des fibres ne prenant plus la coloration qui fait apparaître le glycogène ; ces fibres sont largement dispersées dans le muscle.

L'organisation du muscle en unités motrices implique que les fibres musculaires ne sont rien sans leurs motoneurones, ni les muscles sans leur innervation. Dans la discussion des mécanismes de l'entraînement du muscle et des causes de la fatigue musculaire, il convient donc toujours de faire la part de ce qui revient au tissu musculaire lui-même et à sa commande.

CARACTÈRES GÉNÉRAUX DES FIBRES MUSCULAIRES

Les fibres musculaires sont des cellules géantes multinucléées comportant une membrane, des éléments contractiles, les *myofibrilles*, et un sarcoplasme riche en inclusions diverses.

☐ **Disposition et dimensions des fibres dans le muscle.** — En coupe, les fibres apparaissent polygonales, d'un diamètre allant de 10 à 100 µm suivant les muscles : 15 µm pour le droit interne de l'œil, 25 µm pour le premier interosseux dorsal, 50 µm pour le jumeau interne. Chaque fibre est entourée d'une fine enveloppe conjonctive, *l'endomysium*. Les fibres sont groupées en faisceaux primaires puis secondaires, séparés par des cloisons conjonctives (*périmysium* et *épimysium*).

La longueur des fibres dépend de la longueur du muscle lui-même et de l'orientation des fibres dans celui-ci. Les fibres les plus courtes ont quelques millimètres de long; les plus longues, peuvent atteindre quelques dizaines de centimètres (quadriceps fémoral chez l'Homme).

Dans les muscles courts, la longueur des fibres ne dépasse pas celle du muscle.

Dans les muscles longs, deux dispositions peuvent se présenter, que l'on oppose en raison des propriétés mécaniques différentes qu'elles impliquent (voir p. 106) :

– les muscles à *fibres parallèles* à la direction générale du muscle;

– les muscles à *fibres obliques*, réalisant une disposition penniforme (muscles pennés, bi-pennés ou penniformes); ces fibres sont plus courtes que le muscle auquel elles appartiennent.

On oppose également, non seulement en raison de leur dimension, mais aussi de leur rôle physiologique :

– les *fibres fusales*, ou intrafusales, appartenant aux fuseaux neuromusculaires, organes complexes, sensibles aux variations de longueur et de tension du muscle. Les fibres motrices qui interviennent dans le réglage de la sensibilité du fuseau sont courtes, de faible diamètre et ne représentent qu'une masse négligeable;

– les *fibres motrices*, dites parfois *extrafusales*, constituent en fait la quasi-totalité du tissu musculaire.

☐ **La membrane plasmique.** — La cellule musculaire est limitée par une membrane, ou *sarcolemme*. Cette dernière est différenciée à sa partie moyenne, constituant avec la terminaison nerveuse qui vient à son contact la *plaque motrice*. C'est à son niveau que le potentiel de fibres nerveuses détermine par un mécanisme chimique (acétylcholine) *un potentiel de plaque*, qui donne ensuite naissance au *potentiel propagé*, responsable et témoin de l'activation de la fibre.

La membrane musculaire présente, au niveau de chaque sarcomère, des invaginations à orientations radiales, s'enfonçant entre les myofibrilles vers la profondeur de la fibre; richement anastomosées, elles constituent le *système tubulaire transverse* (système T). Il s'agit donc de prolongements très ramifiés de la membrane de la fibre venant au contact de chaque sarcomère. Ce réseau contient un milieu extracellulaire riche en ions Na^+ alors que le milieu intracellulaire est riche en ions K^+ et Ca^{++}. Le potentiel propagé se déplace non seulement le long de la surface de la fibre musculaire mais aussi en suivant le système T. Ce dispositif est responsable de l'activation quasi simultanée de l'ensemble des sarcomères de chaque myofibrille de chaque fibre musculaire.

☐ **Les myofibrilles.** — Encore appelées sarcostyles, les *myofibrilles* sont les éléments contractiles de la fibre musculaire (fig. 29). Allongées d'une extrémité à l'autre de la fibre, d'un diamètre de l'ordre de 1 µm, elles sont groupées par 20 à 50, formant les colonnettes de Leydig, et en coupe les champs de Connheim. Les myofibrilles présentent une alternance régulière de bandes sombres et de bandes claires; la parfaite correspondance de niveau d'une myofibrille à l'autre donne aux fibres musculaires un aspect strié. Structure sub-cellulaire, la myofibrille ne possède pas d'innervation propre et ne peut donc être activée isolément.

Chaque myofibrille est constituée d'une succession de *sarcomères*, entités mécaniques élémentaires. Ceux-ci apparaissent comme formés d'un disque sombre entouré de deux demi-disques clairs. La zone de jonction entre deux sarcomères voisins constitue la ligne Z.

Un sarcomère est formé de deux sortes de *myofilaments*, les uns, dits primaires, épais et en position centrale, les autres, dits secondaires, fins et plus périphériques. Au moment de l'activation de la fibre, des ponts s'établissent entre les deux types de filaments qui glissent les uns sur les autres en s'interpénétrant.

– Les filaments primaires sont formés de molécules de myosine légère (LMM) et de molécules de myosine lourde (HMM-S_1, et HMM-S_2), dont les extrémités renflées en forme de crosse participent à la formation des ponts.

Les myosines légères sont des dimères formés par l'association de chaînes légères : $LC_1 + LC_2$ (fibres lentes), $LC_1 + LC_2$ ou $LC_2 + LC_3$ ou encore $LC_1 + LC_2 + LC_3$ (fibres rapides). La tête de la myosine lourde est orientée vers les extrémités du sarcomère.

– Les filaments secondaires, formés de *molécules d'actine G*, polymérisées en chaînes (actine F) et disposées en doubles spirales, sont fixés sur la ligne Z, ou peut-être même participent à sa formation. Les filaments d'actine portent à distance régulière (environ 40 nm) des molécules de *troponine*, reliées entre elles par des molécules de *tropomyosine* (fig. 29). La troponine (Tn) est elle-même divisée en sous-unités : Tn-C, Tn-I et Tn-T. Au repos, l'une des composantes de la troponine, Tn-I, masque les sites de fixation des têtes de myosine sur les filaments d'actine.

La disposition des myofilaments dans le sarcomère explique qu'un sarcomère, une fibre, ou un muscle dans son entier, ne peuvent développer la même force à toute longueur (voir le diagramme tension-longueur, p. 87) :

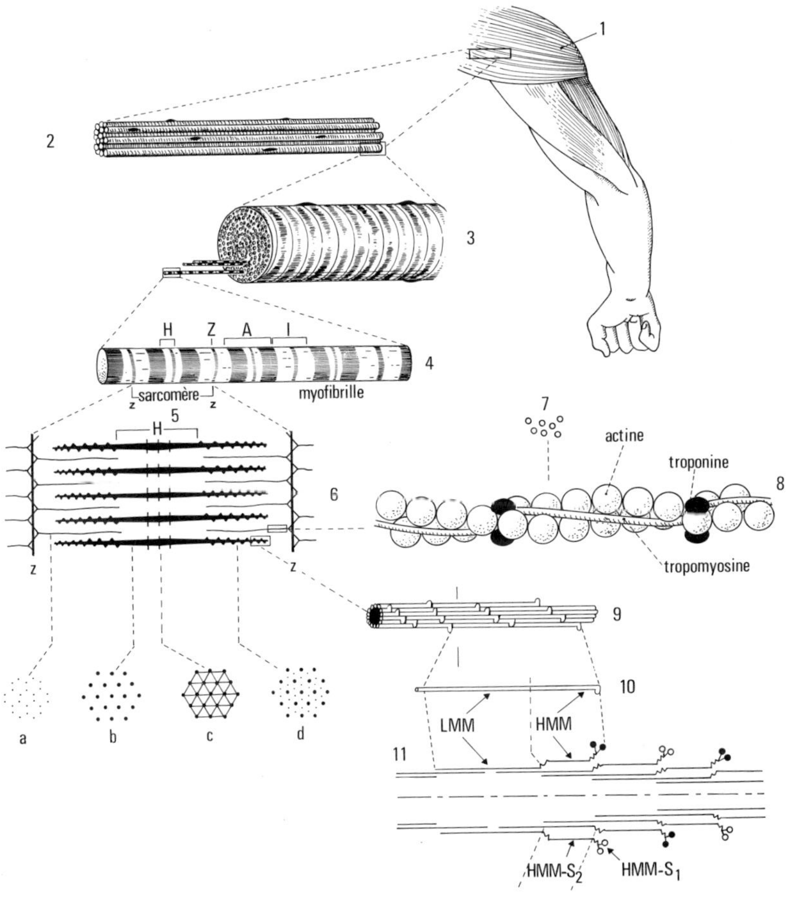

FIG. 29. — *Structure du muscle strié squelettique.* 1. Muscle. – 2. Faisceau de fibres. – 3. Fragment de fibre musculaire. 4. Myofibrille. – 5. Sarcomère, entre deux lignes Z. – A. Bande anisotrope, I. Bande isotrope, H. Bande H. – 6. Myofilaments et leurs sections en différents points (a, b, c, d). – 7. Molécules d'actine G. – 8. Filament d'actine. – 9. Filament de myosine. – 10. Molécule de myosine. – 11. LMM : méromyosine légère. – 12. HMM : méromyosine lourde (S_1 et S_2) (adapté de Bennett, *in* : *Structure and function of muscle*, Acad. Press, 1 vol., 1960).

– si les sarcomères sont trop étirés, les ponts entre l'actine et la myosine ne peuvent se former complètement ; les myofilaments d'actine et de myosine ne sont pas face à face ;

– si les sarcomères sont trop courts, les filaments d'actine franchissent le plan médian du sarcomère et forment des ponts avec les têtes de myosine de l'hémi-sarcomère opposé ; la force qui pourrait naître n'est alors pas dirigée dans le sens convenable.

Les sarcomères ont une *longueur constante* dans une espèce donnée, de l'ordre de 2 µm, témoignant d'une optimisation du mécanisme filamentaire. Au cours de la croissance, la poussée des os en long étire constamment les myofibrilles des muscles qui y sont insérés. Celles-ci accroissent leur longueur en formant de nouveaux sarcomères. Expérimentalement, il a pu être montré qu'un muscle maintenu étiré fabrique, en une douzaine de jours, de nouveaux sarcomères, alors que le même muscle maintenu en position raccourcie perd des sarcomères. Ainsi, quelle que soit la longueur du muscle, les sarcomères retrouvent après un délai relativement bref la longueur pour laquelle leur efficacité mécanique est la meilleure.

Chez l'Homme, des observations identiques peuvent être faites. Les sujets faisant de la musculation dans une plage articulaire réduite imposent une longueur préférentielle aux muscles ainsi entraînés ; la force maximale disponible diminue de part et d'autre de cette plage. A l'inverse, les muscles fléchisseurs des jambes, maintenus à longueur réduite par la position assise, ou le repos couché avec les jambes en demi-flexion, sont le siège de douleurs ou de courbatures, lorsque ces muscles doivent inopinément travailler à une longueur supérieure.

Les fibres musculaires ayant été le siège de lésions, de ruptures ou d'arrachements, sont capables de *restauration rapide* du fait de cette plasticité des sarcomères. On sait, d'ailleurs, par l'expérimentation animale que la capacité de régénération du tissu musculaire est possible à partir d'un fin broyat de muscle, respectant cependant la structure et le pouvoir myogénique des *myoblastes*, et apportant là où il est introduit tous les éléments constitutifs des sarcomères (Maréchal).

□ **Le sarcoplasme.** — Le milieu cellulaire joue un rôle nutritif capital, renfermant les divers substrats du métabolisme énergétique. Riche en *glycogène* (1 %), dont les grains sont disposés en colonnettes le long des myofibrilles, le sarcoplasme (encore appelé myoplasme) renferme également de la *myoglobine*, pigment qui donne aux muscles leur coloration plus ou moins rouge. La myoglobine fixe une petite quantité d'oxygène, qui constitue une réserve intracellulaire disponible pour un métabolisme aérobie précoce dès le début d'une activité musculaire. Le sarcoplasme contient par ailleurs de *l'ATP* et de la *phosphocréatine*, supports du métabolisme anaérobie alactique, des protéines libres, des gouttelettes lipidiques et de très nombreuses *mitochondries* disposées le long des myofibrilles.

Des *noyaux*, au nombre de plusieurs centaines allongés dans le sens de la fibre, mesurant 4 µm sur 8 µm sont situés à sa périphérie et répartis sur toute sa longueur.

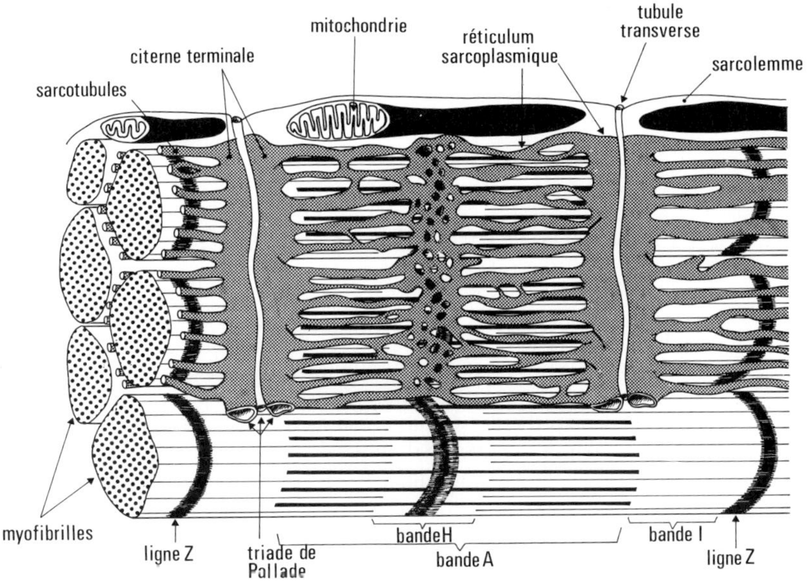

FIG. 30. – *Détail d'un sarcomère d'une fibre rapide.* Réticulum et tubule transverse forment au niveau des lignes Z la triade de Pallade (adapté de Bennett, *in : Structure and function of muscle*, Acad. Press, 1 vol., 1960).

Le *réticulum endoplasmique* (*ou sarcoplasmique*), présent dans toutes les cellules, est particulièrement développé dans la fibre musculaire (fig. 30), favorisant la circulation des divers substrats à l'intérieur de celle-ci. Sur une coupe longitudinale de fibre le réticulum apparaît comme un réseau canaliculaire très dense reliant des dilatations vésiculaires irrégulières, d'un diamètre de 0,1 à 0,2 µm, situées aux extrémités des sarcomères. L'ensemble de ces éléments est plaqué contre les myofibrilles en regard de chaque sarcomère ; les dilatations vésiculaires de deux sarcomères voisins entourent un tubule transverse, l'image donnant en coupe la « triade de Pallade ». L'ensemble ainsi réalisé existe à raison de deux par sarcomère dans les fibres rapides.

Le réticulum, riche en *ions* Ca^{++}, et le système T, riche en ions Na^{+}, jouent un rôle capital dans l'activation des sarcomères.

L'onde de dépolarisation qui se propage le long du système T provoque le passage des ions Ca^{++} des vésicules réticulaires vers le sarcoplasme. Le calcium ionisé, dont la concentration s'élève alors de 10^{-10} à 10^{-7} M, se fixe sur la composante Tn–1 de la troponine, levant l'inhibition que celle-ci maintient sur les propriétés ATP-asiques de la myosine, et provoquant la transformation de l'ATP en ADP avec libération d'énergie. Les ions Ca^{++} sont ensuite recaptés par le réticulum. Les mouvements d'ions Ca^{++} sont deux fois plus rapides dans les fibres II que dans les fibres I.

Le rôle du calcium dans l'activation du tissu musculaire est attesté par la facilité avec laquelle une contraction limitée à quelques sarcomères peut être obtenue en déposant avec une micropipette une solution calcique en regard d'un orifice du système T, c'est-à-dire à la jonction de deux sarcomères.

LES DIFFÉRENTS TYPES DE FIBRES MUSCULAIRES

Il y a plus d'un siècle, Ranvier avait établi une distinction entre les *muscles blancs*, riches en myofibrilles, à réponses rapides, et les *muscles rouges*, plus riches en sarcoplasme, donnant lors de leur stimulation une contraction et une décontraction lente. Une difficulté de classification des muscles tient, en outre, à l'existence de fibres dites toniques et d'autres dites phasiques :

– les *fibres toniques* sont des fibres blanches n'existant pas, sauf exception, chez les mammifères. Elles possèdent chacune plusieurs plaques motrices, leur contraction est extrêmement lente ;

– les *fibres phasiques* sont des fibres plus ou moins rouges ou rosées, à plaque motrice unique, et dont la contraction est plus ou moins rapide.

Les muscles de mammifères sont donc constitués de *fibres phasiques lentes* et de *fibres phasiques rapides*. Cette distinction ne repose pas seulement sur l'abondance respective du sarcoplasme et des myofibrilles, mais aussi sur des différences fondamentales quant à leur équipement enzymatique, à leur métabolisme, à leur commande motrice et à leurs réponses mécaniques à la stimulation. Cette distinction vaut également pour les petites fibres musculaires intrafusales.

En général, les *muscles rouges* sont des muscles constitués presque exclusivement de fibres rouges : ils sont richement irrigués, leur contraction est lente. Ce sont des muscles à *fonction tonique* et à activité prolongée, assurant notamment le maintien postural. Le type en est le soléaire.

A l'opposé, les *muscles blancs* sont des muscles hétérogènes, formés de la juxtaposition en proportions variables de fibres blanches, prédominantes, de fibres rouges peu nombreuses et de fibres d'un type intermédiaire. Les pourcentages respectifs de ces différents types de fibres varient grandement suivant les muscles et suivant les espèces ; il est même possible d'observer des variations suivant les portions considérées d'un même muscle. Ce sont des muscles à contraction rapide, à *fonction phasique* principale, intervenant dans la motricité segmentaire. Le type en est les jumeaux.

Une aiguille à biopsie (fig. 31) de faible calibre (3 à 6 mm) permet de prélever chez l'Homme des échantillons de muscle de 1 à 2 mm^3 pouvant contenir 100 à 300 fragments de fibres musculaires. La technique, utilisée à la fin du siècle dernier par Duchenne de Boulogne, a été remise à l'honneur par les physiologistes scandinaves (Bergtröm, Hermansen,...). Elle a permis de compléter les connaissances des différentes fibres, distinguant les unes des

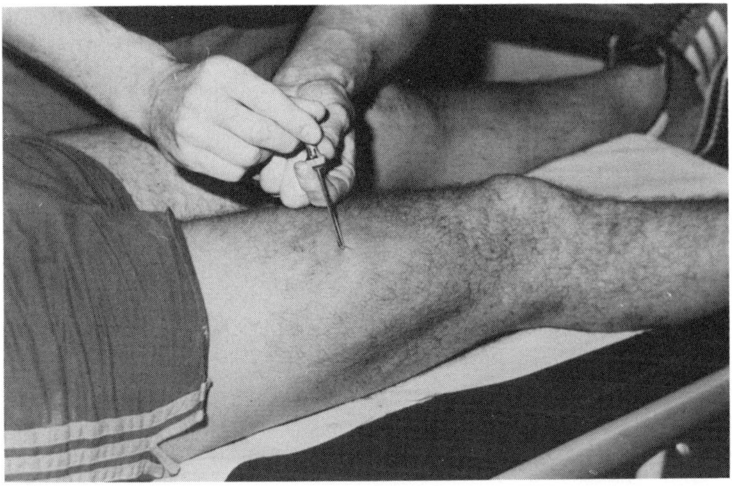

FIG. 31. — *Prélèvement biopsique à l'aiguille.* La ponction, peu douloureuse après anesthésie de la peau, est pratiquée en ambulatoire.

autres d'après les colorations histochimiques, notamment de l'ATP-ase myofibrillaire après incubation des fragments prélevés dans des solutions de pH basique.

Les fibres musculaires se distinguent également par la structure chimique de la myosine lourde des sarcomères, comme le montre les techniques d'analyse immunohistologique et chromatographique.

☐ **Les fibres I** (fibres rouges, fibres lentes). — Ces fibres sont de diamètre moyen ; elles sont riches en sarcoplasme et moins riches en myofibrilles, d'où leur forte coloration rouge. Leur métabolisme est essentiellement *oxydatif* ; elles sont riches en glycogène et en triglycérides, contiennent de très nombreuses mitochondries renfermant les enzymes intervenant dans le cycle de Krebs (malate- et succinate-déshydrogénase,...). Les fibres I présentent une aptitude développée à oxyder l'acide lactique. Elles sont entourées d'un réseau capillaire très dense, pouvant atteindre 200 km pour 100 g de muscle ; chaque fibre est au contact de 6 à 8 capillaires. La surface d'échange avec le compartiment sanguin peut atteindre 1 m^2 pour 100 g de muscle, ce qui autorise une augmentation très importante des échanges respiratoires et métaboliques au cours des exercices les plus intenses. Le réticulum sarcoplasmique y est peu développé.

Les unités motrices qui regroupent les fibres I ne comportent qu'un petit nombre de celles-ci. Ces fibres sont activées par l'intermédiaire de motoneurones de diamètre modéré, dont la vitesse de conduction est réduite. Leur seuil

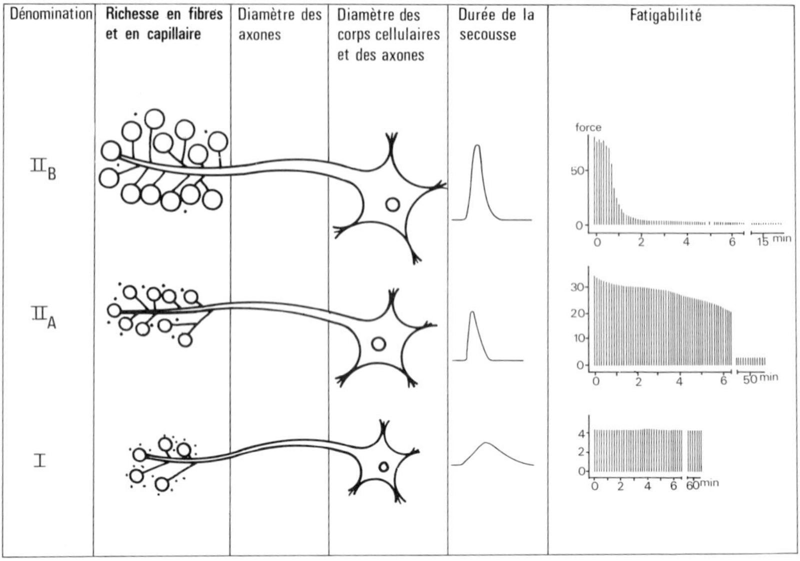

FIG. 32. — *Principales caractéristiques des différentes unités motrices.* Noter les différences d'ordonnées pour les réponses à la stimulation répétée.

d'activation est bas, de sorte qu'elles se trouvent mobilisées de façon préférentielle dans les contractions de faible niveau (fig. 32).

La stimulation des fibres I donne une contraction lente et d'amplitude réduite. Ces fibres sont peu fatigables : dans le cas de stimulation prolongée, les réponses ne sont pas modifiées avant un temps assez long. Les fibres I très résistantes à la fatigue sont par excellence celles qui permettent les exercices prolongés (course de fond, sport d'équipe, ...) et sont particulièrement bien développées chez les sujets pratiquant des exercices de longue durée (entraînement dit parfois en *endurance*).

☐ **Les fibres II** (fibres blanches, fibres rapides)

a) **Caractères généraux.** — Les fibres II doivent d'abord être comparées aux fibres I (fig. 33). Elles contiennent plus de myofibrilles par cm^2 de section; leur sarcoplasme est moins abondant, mais le réticulum y est particulièrement développé. Les fibres II, qui contiennent autant de glycogène que les fibres I mais sont dépourvues de triglycérides, ont un métabolisme à prédominance *glycolytique* : les mitochondries sont peu abondantes et les capillaires sanguins peu développés, mais le contenu en myosine-ATP-ase et en phosphorylase est élevé.

Les fibres II sont organisées en unités motrices formées de motoneurone de grand diamètre et d'un très grand nombre de fibres musculaires. Au cours de contractions d'intensité croissante, leur recrutement est précédé par celui des fibres I.

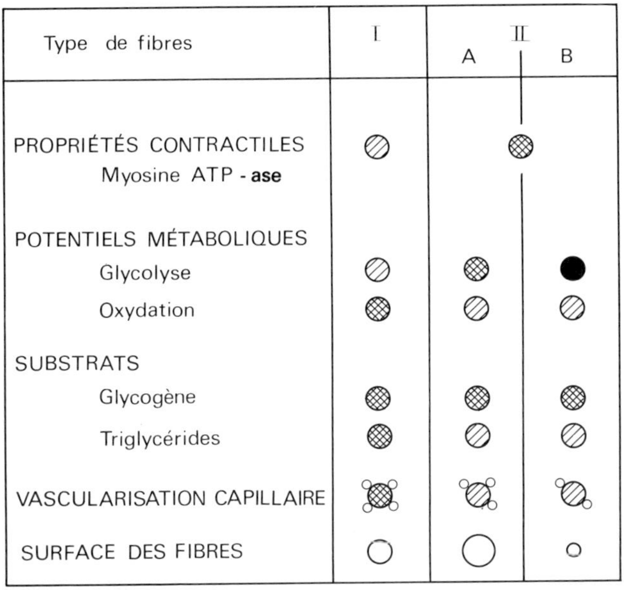

FIG. 33. — *Principales caractéristiques des différents types de fibres* (d'après Saltin et coll., 1977).

Lorsqu'elles sont activées, les fibres II donnent une réponse rapide, une tension élevée, mais sont plus rapidement fatigables. Elles sont seules activées dans les contractions très rapides, les unités motrices à fibres I étant simultanément inhibées (Komi).

Ainsi, les fibres II apparaissent-elles comme particulièrement adaptées aux exercices brefs et intenses (sauts, courses de vitesse, ...), et sont mises en jeu dans les activités de courte durée (entraînement dit parfois en *résistance*).

b) Subdivision des fibres II. — L'incubation des coupes de tissu musculaire à pH acide (4,6 et 4,3) a conduit plus récemment à distinguer des fibres II_A et II_B.

– *Les fibres II_B*, généralement de plus grand diamètre que les fibres I, sont celles qui répondent le mieux à la description générale des fibres II : activité oxydative très faible, activité glycolytique largement prédominante, durée d'activité très réduite. Leur mise en jeu correspond à une salve de potentiels de fréquence élevée. La vitesse de raccourcissement des fibres II est très supérieure à celle des fibres I, dans le même rapport que la consommation d'ATP par mg de fibre et par unité de temps. Pour une force développée identique, les fibres II consomment 2 ou 3 fois plus d'énergie.

– *Les fibres II_A* empruntent certains de leurs caractères aux fibres I (voir fig. 33). De diamètre plus grand que les fibres I et II_B, elles contiennent aussi de nombreuses mitochondries et de la myoglobine fixant l'oxygène;

elles sont au contact d'un plus grand nombre de capillaires. Elles ont un potentiel oxydatif plus élevé que celui des fibres II_B, et un potentiel glycolytique plus élevé que les fibres I. La tension qu'elles développent est moindre que celles des fibres II_B, mais elles sont relativement plus résistantes à la fatigue que ces dernières (fig. 32). Dans le muscle vaste externe de l'Homme, muscle certainement le plus étudié, les pourcentages des fibres I, II_A, et II_B, seraient respectivement de 53, 33 et 14 % ; dans la partie centrale, les fibres I atteindraient cependant 58 à 63 % (Saltin).

c) **Formes de transition.** — Plusieurs formes de passage ont été mises en évidence par les techniques histochimiques et d'immunofluorescence. Elles témoignent du fait que le patrimoine musculaire n'est pas immuable et que la distribution des fibres peut varier suivant les conditions de l'entraînement ou du désentraînement.

– *Les fibres* II_{AB} (Hermansen) se situent par leurs caractères entre les fibres II_A et II_B. Les filaments de myosine résultent d'un mélange de molécules de myosine appartenant aux types précédemment décrits. Mais les fibres II_{AB} pourraient évoluer en fonction du type d'entraînement vers un profil correspondant aux fibres II_B (résistance) ou II_A (endurance).

– *Les fibres* II_C (Brooke et Kaiser) correspondraient à une forme de passage entre les fibres I et les fibres II_A ; d'autres formes transitionnelles existent certainement. Pour Karlsson, les fibres II_C ne seraient présentes que lors de traumatismes musculaires et correspondraient à des formes en décomposition évoluant vers la mort.

TABLEAU VI

	I. Fibres lentes	*II. Fibres rapides*	
DUBOWITZ et PEARSE 1960 ENGEL 1962	I	II	
STEIN et PADYKULA 1962	B	C	A
PADYKULA et GAUTHIER 1966	ROUGE	INTERMÉDIAIRE	BLANCHE
YELLIN et GUTH 1970	β	αβ	α
BROOKE et KAISER 1970	I	II_A	II_B
BURKE et coll. 1971	S (*slow*)	FR (*fast resistant*)	FF (*fast fatiguable*)
PETER et coll. 1972	SO (*slow oxydative*)	FOG (*fast oxyd. glycol.*)	FG (*fast glycolitic*)
ESSEN et coll. 1975	ST (*slow twitch*)	FT_A (*fast twitch*)	FT_B (*fast twitch*)
Dénomination la plus courante	I ⇄ II_C	II_A ⇄ II_{AB}	II_B

La terminologie utilisée pour désigner les fibres I et les fibres II a beaucoup évolué depuis une trentaine d'années, suivant que les propriétés histologiques, mécaniques ou métaboliques étaient prises comme référence (voir tableau VI).

☐ **Rôle de l'innervation motrice**. — Les muscles rouges et les muscles blancs épousent les propriétés des fibres musculaires qui les composent et ce, en proportion de chacun des types représentés. La vitesse de contraction des fibres I et des fibres II est bien un *caractère acquis* par celles-ci, comme le montrent les expériences de stimulation localisées, consistant à déposer une solution calcique en regard de quelques sarcomères ; la vitesse de la contraction est alors appréciée par l'observation du rapprochement de deux sarcomères voisins (Costantin) ; dans ce cas, la mise en jeu n'est pas obtenue par l'intermédiaire du motoneurone correspondant.

Mais, c'est bien l'innervation motrice qui est responsable de l'établissement des propriétés histologiques, histochimiques et physiologiques des fibres musculaires, donc des muscles. Une comparaison des propriétés mécaniques du soléaire (muscle lent) et du fléchisseur des orteils du Chat (muscle rapide) a été faite par Buller, après modification de l'innervation normale de ces muscles. Dans un premier temps, les nerfs moteurs des deux muscles sont sectionnés et leurs extrémités suturées après croisement des bouts périphériques et centraux respectifs. Après réinnervation (ce qui demande plusieurs mois) on observe une *inversion complète* des propriétés physiologiques et enzymatiques ; le muscle initialement rouge est devenu rapide, et le muscle initialement blanc est devenu lent (fig. 34).

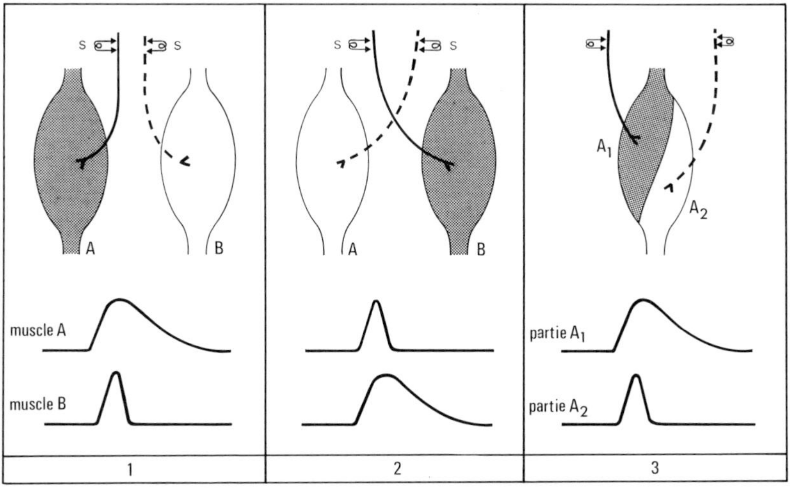

FIG. 34. — *Influence de l'innervation sur les propriétés du muscle.* 1. innervation normale, 2. innervation croisée, 3. muscle doublement réinnervé. Le muscle A est initialement un muscle rouge, alors que le muscle B est un muscle blanc (adapté de Buller, *Sci. Basis Med.*, 1965, 186-201).

Des modifications portant sur les isozymes de la myosine ont été mises en évidence par Srihari dans des protocoles analogues non seulement dans le muscle étudié mais aussi dans son homologue contralatéral.

De même, la réimplantation, après section, des nerfs moteurs des deux muscles ci-dessus dans le seul soléaire réalise une double innervation de celui-ci. La stimulation séparée des deux nerfs moteurs donne soit une réponse lente, soit une réponse rapide, suivant qu'elle porte sur les nerfs moteurs réimplantés du soléaire dans le premier cas, ou du fléchisseur des orteils dans le second.

Les modalités par lesquelles les fibres nerveuses contrôlent la structure et les propriétés physiologiques des fibres musculaires restent à explorer. On peut cependant supposer que l'utilisation renforcée et préférentielle de certaines voies, à des rythmes d'activité particuliers, pourrait expliquer les modifications de propriétés de certaines fibres musculaires, notamment II_{AB}, en fonction du type d'entraînement.

EFFETS DE L'ENTRAÎNEMENT

La pratique régulière d'une activité physique et l'entraînement systématique des sportifs en vue de la compétition ont des effets sur la masse musculaire, la typologie des fibres et la capillarisation, et donc sur le métabolisme. L'arrêt de l'entraînement a des effets inverses.

□ **Augmentation de la masse musculaire.** – Contrairement à la croissance du muscle en long parallèlement à celle de la taille jusqu'à l'âge adulte, l'entraînement détermine une croissance du muscle en épaisseur. La formation de myofilaments, puis de myofibrilles, est responsable d'une *hypertrophie* cellulaire : le diamètre des fibres, quel qu'en soit le type, augmente avec l'entraînement, mais seulement si les forces mises en jeu au cours des exercices atteignent un pourcentage élevé de la force maximale volontaire. La croissance de la masse musculaire s'accompagne d'un renforcement de la trame conjonctive, augmentant la résistance du muscle à la traction et améliorant la transmission des forces au sein des fibres musculaires elles-mêmes (v. p. 105). C'est ce qui a été observé chez un sportif nordique, chez qui des ponctions-biopsie du quadriceps ont pu être pratiquées avant et après un exercice prolongé consistant en une course de 70 km répétée pendant 50 jours consécutifs.

L'augmentation de la force par l'entraînement peut être obtenue par électromyostimulation, mais n'est pas supérieure à celle constatée à la suite d'un entraînement par contractions volontaires. Le remodelage du fonctionnement des voies nerveuses explique, de plus, les effets bilatéraux d'un entraînement musculaire unilatéral.

Le rôle important des voies de commande nerveuses apparaît encore dans le fait que des accroissements de force ont pu être constatés après entraînement, sans qu'il y ait eu de modifications aussi nettes de la masse ou plus précisément de la surface de section musculaire.

L'entraînement musculaire est également marqué par un accroissement de l'ADN, indiquant une multiplication des noyaux. Mais en l'absence d'augmentation du nombre des noyaux contenus dans les fibres, on doit conclure que ceux-ci se situent principalement dans les cellules satellites mononucléées accolées aux fibres musculaires. Ces cellules, qui ont conservé un potentiel myogénique, seraient, après divisions multiples, incorporées aux fibres musculaires.

Dans les cas de surcharges musculaires, obtenues chez l'animal par ténotomie partielle, dont l'effet est de concentrer sur une partie seulement des fibres du muscle les actions mécaniques développées normalement par celui-ci, il a été suggéré que la croissance pourrait se faire par *hyperplasie*. Deux mécanismes ont été invoqués :

– les *cellules satellites*, se multipliant en chapelets, incorporeraient des myofilaments néoformés pour donner de nouvelles myofibrilles et enfin de nouvelles fibres ;

– les fibres en place, hypertrophiées, seraient le siège d'une *fissuration longitudinale* (splitting), d'abord incomplète, puis complète, d'où augmentation du nombre de fibres ; dans ce cas, les fibres néoformées sont d'un diamètre paradoxalement réduit, comme cela a pu être constaté chez un groupe de nageurs.

Si ces mécanismes hypothétiques se trouvaient confirmés, il resterait à préciser comment les fibres néoformées reçoivent leur innervation et se trouvent incorporées à des unités motrices déjà existantes.

☐ **Effet sur la typologie des fibres.** — Les effets observés sont liés au type d'entraînement. Chez les sujets pratiquant un sport ou un entraînement dit en *endurance* (marathon, courses de fond), on assiste à une augmentation du pourcentage des fibres rouges qui dépasse 50 % (fig. 35) ; les fibres II_B disparaissent presque complètement au profit des fibres II_A. L'augmentation du nombre des fibres II_{AB}, avec renforcement des capacités oxydatives du muscle, témoigne de l'efficacité de ce type d'entraînement.

Lorsque le muscle est utilisé en *résistance* les fibres augmentent leur contenu en myofibrilles et leur métabolisme glycolytique. La proportion des fibres II se situe au dessus de 50 % pour les sauteurs, et de 75 % pour les sprinters (Saltin). Il faut mentionner à ce sujet que la prise d'androgène, pratique courante (bien qu'interdite en compétition), notamment chez les haltérophiles, stimule la formation de myofibrilles, et l'orientation vers le métabolisme glycolytiques. Les androgènes n'agissent que pour autant qu'ils sont associés à une supplémentation de la ration alimentaire en protéines d'origine animale et à un entraînement intensif.

Expérimentalement, la stimulation d'un muscle rapide, prolongée plusieurs heures par jour à basse fréquence, ralentit sa réponse et provoque la formation de myosine de type lent. Si les stimulations sont au contraire de courte durée, mais de fréquence élevée, un muscle rapide renforce son caractère rapide ; il n'est pas formellement démontré qu'un muscle lent puisse devenir rapide de cette façon. Les modifications des propriétés musculaires avec l'entraînement peuvent être expliquées par une *hypertrophie sélective* portant sur l'un des types de fibres seulement. C'est pourquoi les protocoles d'entraînement musculaires ont aussi un caractère orienté en fonction du but poursuivi.

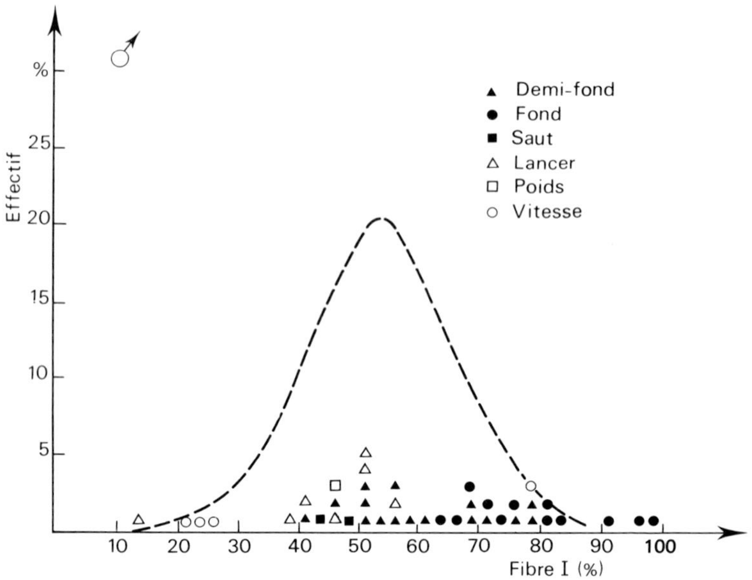

FIG. 35. — *Pratique sportive et pourcentage de fibres I.* Le pourcentage des fibres I est plus élevé dans les sports mettant en jeu un pourcentage élevé de $\dot{V}_{O_2}$ max (d'après Saltin et coll., 1977).

☐ **Développement des capillaires.** — Les échanges entre capillaires et fibres musculaires sont plus difficiles lorsque le diamètre de celles-ci augmente. Lorsque l'entraînement se fait en endurance, le réseau capillaire, déjà très développé dans les muscles rouges, étend son importance, ce qui augmente la surface d'échange. La capillarisation peut être appréciée par le nombre de capillaires par mm^2 de surface musculaire, par le rapport du nombre de capillaires au nombre de fibres, ou — ce qui est plus fonctionnel — par le nombre de capillaires au contact d'une même fibre.

Le nombre de capillaires par fibre augmente avec le diamètre des fibres chez tous les sujets; il est systématiquement plus élevé chez les sujets entraînés. A l'inverse, il diminue après arrêt de l'entraînement.

☐ **Effet sur le métabolisme du muscle.** — L'entraînement en endurance, incluant à la fois un pourcentage élevé de la capacité aérobie et une durée suffisante d'activité, s'accompagne à long terme d'un accroissement du nombre et du volume des mitochondries, ce qui contribue avec la capillarisation au développement de la puissance aérobie du muscle.

Corrélativement, sont augmentés les taux des enzymes du cycle de Krebs (citrate-synthétase, succinic-déshydrogénase, ...) ou des enzymes responsables de l'entrée des acides gras dans celui-ci ou dans les mitochondries (acétyl-carnitine-transférase, acétyl-CoA-synthétase,...), ou encore des transporteurs de la chaîne respiratoire (cytochrome-oxydase,...).

Ces modifications prédominent dans les fibres I, contribuant à l'augmentation de la consommation maximale d'oxygène au cours des premières semaines d'entraînement. Ultérieurement seules continuent de croître les activités enzymatiques des mitochondries (fig. 36). Il y aurait donc une augmentation relativement excessive sur le plan enzymatique, la limitation des capacités du système musculaire restant due à l'insuffisance de l'apport en oxygène. Le seul avantage réel serait une augmentation de la capacité des mitochondries à oxyder les lipides, dont l'utilisation peut atteindre 70 % de l'énergie dépensée par certains sportifs, dans les exercices prolongés à 75 % de $\dot{V}_{O_2}$ max environ (voir p. 30). Les oxydations sont, par ailleurs, favorisées par l'accroissement de la charge du sarcoplasme en myoglobine.

Les modifications dues à l'entraînement peuvent être observées à tout âge. Une expérimentation réalisée chez le Rat a confirmé cette notion. L'équipement enzymatique des muscles de rats âgés (27 mois) maintenus au repos est plus bas que celui de rats jeunes même non entraînés (6 mois). Un entraînement prolongé permet au muscle de rats âgés de récupérer la majeure partie des pertes d'activités enzymatiques dues au vieillissement (Sanchez). Ainsi, la pratique d'une activité physique régulière maintient-elle le muscle jeune pendant de longues années.

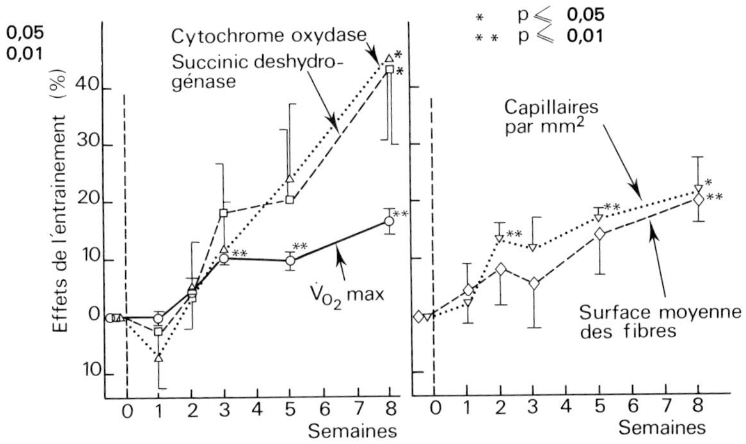

Fig. 36. – *Effets de l'entraînement sur le muscle.* Les effets sont plus marqués sur les deux enzymes étudiés que sur $\dot{V}_{O_2}$ max ou sur la taille des fibres et la densité des capillaires. Moyennes et écarts-type : les différences significatives sont indiquées par rapport à l'état constaté avant l'entraînement (d'après Andersen et coll., *J. Physiol., London*, 1977, *270*, 677-690).

4

Aspects mécaniques, thermiques et électriques de la contraction musculaire

PROPRIÉTÉS GÉNÉRALES DU MUSCLE

Les trois propriétés principales du muscle sont l'excitabilité, l'élasticité et la contractilité.

□ **Excitabilité.** — Une structure vivante est dite *excitable*, lorsqu'elle répond de façon spécifique à la stimulation. Un stimulus électrique, porté directement sur le muscle ou sur son nerf moteur, détermine une réponse mécanique. Celle-ci peut aussi être obtenue par un choc mécanique appliqué sur le corps charnu du muscle (réponse idiomusculaire), ou sur son tendon (réponse réflexe). La contraction volontaire résulte de la mise en jeu de la voie motrice à partir du cortex moteur.

□ **Élasticité.** — On dit qu'une structure, vivante ou non, est *élastique*, lorsqu'elle se laisse déformer sous l'influence d'une force extérieure et reprend sa forme initiale lorsque cette force cesse de s'exercer. Lorsqu'un muscle est suffisamment étiré, il naît entre ses extrémités opposées une certaine tension. Celle-ci est due à la résistance qu'opposent la structure propre des myofilaments, le sarcolemme des fibres, les différentes cloisons conjonctives entourant celles-ci ou les regroupant en faisceaux (endo-, péri-, épimysium), et aux tendons. L'élasticité est une propriété du muscle au repos. Normalement insérés sur le squelette, les muscles se trouvent légèrement étirés, quelle que soit la position, ouverte ou fermée, de la ou des articulations qu'ils commandent. La section d'un tendon ou sa rupture accidentelle se manifeste par un raccourcissement du corps charnu du muscle.

□ **Contractilité.** — On désigne par *contractilité* la capacité du muscle à se raccourcir; contraction peut être pris comme synonyme de raccourcissement.

Mais le terme « contraction » est mal choisi, car le muscle n'a pas toujours la possibilité de se raccourcir. Le terme « activation » conviendrait mieux, mais il est moins spécifique de la réponse musculaire ; A.V. Hill parle *d'état actif* (active state).

La réponse musculaire dépend, en effet, de la situation dans laquelle se trouve le muscle au moment de la stimulation :

– *en conditions isométriques :* les deux extrémités opposées du muscle sont fixes ; la stimulation crée une *force*, qui tend à les rapprocher ;

– *en conditions anisométriques :* l'une des extrémités du muscle est libre, la stimulation provoque un *raccourcissement* du muscle si la force créée est suffisante ; dans le cas où une force extérieure importante s'exerce sur le muscle, celui-ci, bien que contracté, peut subir un *allongement*.

☐ **Différents aspects de la réponse musculaire.** — La réponse mécanique à la stimulation a été étudiée sur la fibre isolée, sur le muscle désinséré (préparation nerf-muscle) ou sur le muscle in situ. Les faits établis sont en règle générale concordants, les observations sur l'Homme venant corroborer ce qui avait été préalablement démontré chez l'animal.

Quelles que soient les conditions dans lesquelles le muscle est stimulé, on retrouve de façon constante un ensemble de phénomènes permettant de décrire, de façon analytique, la contraction musculaire sous ses différents aspects : biochimiques et énergétiques (voir p. 14), mécaniques, thermiques et électriques, auxquels s'ajoutent les modifications circulatoires locales (voir p. 48 et 52). Ils existent dans tous les types de contraction, pouvant différer dans leur intensité, mais pas dans leur nature.

LA RÉPONSE MÉCANIQUE

La réponse mécanique dépend du nombre et de la fréquence des stimulations. Un stimulus unique donne une réponse élémentaire : la *secousse musculaire* ; un train de stimulus suffisamment rapprochés donne une réponse plus complète : le *tétanos*. L'intensité de la réponse tétanique a été reliée à la longueur à laquelle le muscle est stimulé (*diagramme tension-longueur*) ou à la vitesse à laquelle il se raccourcit (*relation force-vitesse*). La contraction musculaire a pu être étudiée grâce à des *myographes*, soit isométriques, enregistrant les variations de tension (dynamomètres, jauges de contrainte...), soit anisométriques, prenant en compte le déplacement du segment osseux mobilisé par le muscle étudié (potentiomètre linéaire, méthode magnétique...).

Utilisée depuis longtemps pour la préparation nerf-muscle, la myographie a été particulièrement développée pour l'étude, chez l'Homme, du *réflexogramme achilléen.* Ce terme désigne l'enregistrement de la réponse

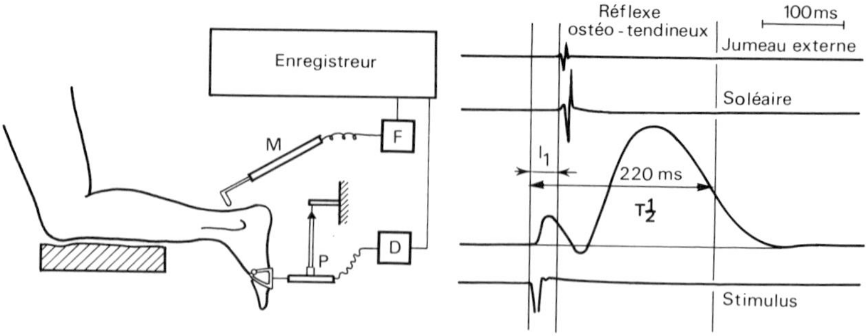

FIG. 37. — *Étude de la secousse musculaire chez l'Homme.* La contraction du muscle est obtenue par percussion tendineuse; elle peut l'être aussi par percussion du corps charnu du muscle ou par stimulation électrique du sciatique poplité externe. Le premier accident correspond à un artefact de stimulation. La force de percussion (F) est connue grâce à un capteur contenu dans le marteau (M); le déplacement du pied (D) est capté par le potentiomètre (P); l_1 : temps de latence. Le temps de demi-relaxation ($T\frac{1}{2}$) est ici de 220 ms. Remarquer les potentiels d'action musculaires uniques pour les deux muscles considérés.

musculaire réflexe obtenue par percussion du tendon d'Achille; la vitesse de la contraction varie selon l'état thyroïdien. L'examen de dépistage est pratiqué chez le sujet à genoux, la plante du pied étant reliée à un potentiomètre linéaire (fig. 37) ou portant une pastille aimantée devant se déplacer dans un champ magnétique; une autre technique est basée sur l'intersection d'un faisceau lumineux lorsque le pied se déplace sous l'action des muscles du mollet.

☐ **La secousse musculaire.** — Obtenue dans les conditions isométriques, la secousse comporte trois phases successives : une phase de latence, une phase de tension croissante (contraction proprement dite), une phase de tension décroissante (décontraction). En anisométrie, après la phase de latence, on observe un déplacement (raccourcissement du muscle) suivi d'un retour à la position initiale. La vitesse de contraction est appréciée par le *temps de demi-relaxation*, délai séparant le moment de la stimulation du retour de 50 % de la modification qu'elle a provoquée (tension ou déplacement).

La stimulation électrique du nerf moteur pratiquée à intensité croissante détermine une réponse d'amplitude croissante jusqu'à obtention d'une réponse maximale. Il s'agit d'un phénomène *de sommation spatiale*, correspondant au recrutement progressif des différentes unités motrices du muscle. Chaque unité motrice obéit à la loi du tout ou rien, mais non le muscle.

La durée des secousses dépend de nombreux facteurs, de sorte qu'il est vain de vouloir donner des chiffres moyens :

a) **La nature du muscle** est déterminante : les muscles rouges sont lents; les muscles blancs sont rapides, mais certains plus rapides que d'autres. A titre de comparaison, les chiffres suivants ont été observés chez le Chat : 10, 30 et 100 ms respectivement pour la durée de la secousse des muscles oculomoteurs, du gastrocnémien et du soléaire à la température de 37 °C. Cette constatation a fait poser la question de savoir si l'on pouvait estimer les proportions respectives de fibres I et II à partir de l'enregistrement d'une secousse musculaire, donc sans recourir aux biopsies. Appliquée au cas des muscles du mollet, différemment actif dans les courses de vitesse et dans les courses de fond, la tentative n'a pas été concluante.

b) **La température du muscle** est un facteur de variation probablement plus important, modifiant notamment l'activité ATP-asique de la myosine. Au repos calme depuis une demi-heure ou une heure, la circulation sanguine dans le muscle est réduite à son minimum : la température s'abaisse à 32 °C. Après une activité intense, tel un pédalage sur ergocycle pendant 5 minutes, le muscle est le siège d'une production de chaleur importante, le débit sanguin devient maximum : la température peut dépasser 37 °C. Or, la valeur du temps de demi-relaxation achilléen, qui est en moyenne de l'ordre de 300 ms, est diminuée ou augmentée de 30 ms lorsque la température du muscle varie respectivement de plus ou de moins 1 °C (fig. 38). Chez le sujet exposé au froid, la vitesse de contraction est considérablement ralentie, ce qui ne permet pas aux muscles d'être pleinement efficaces (fig. 39).

– *L'échauffement musculaire*, préalable à tout exercice, notamment de compétition, est destiné non seulement à solliciter les adaptations respiratoires et circulatoires, mais aussi à élever la température du muscle, diminuant ainsi la viscosité interne de celui-ci.

– *Le massage* précédant certaines activités sportives recherche les mêmes effets.

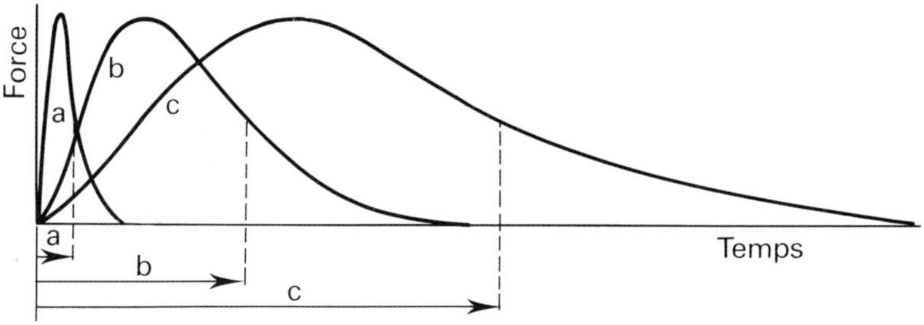

FIG. 38. — *Vitesse de contraction et nature du muscle.* Schéma de trois secousses musculaires obtenues sur deux muscles rapides : droit interne de l'œil (a), gastrocnémien (b), et sur un muscle lent : soléaire (c). Le temps de demi-relaxation est représenté pour chacun d'eux.

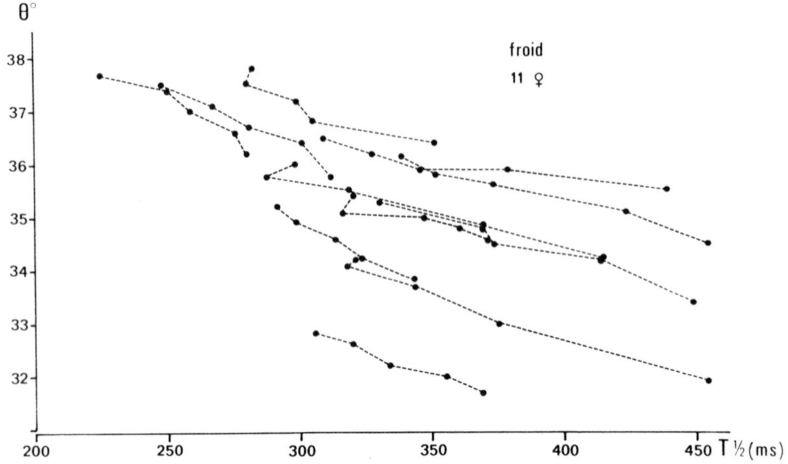

FIG. 39. — *Effet de la température sur la vitesse de contraction.* L'abaissement de la température des muscles du mollet, obtenu par application de vessies de glace, est accompagné d'un allongement des temps de demi-relaxation. Une activité soutenue ou un réchauffement des muscles du mollet produit des effets inverses.

c) **Les conditions biochimiques locales**, modifiées expérimentalement ou lors de l'installation de la fatigue dans sa composante périphérique, changent l'amplitude de la secousse. La caféine l'augmente, de même que l'ion K^+, lequel passe dans le milieu extracellulaire lorsque le muscle est activé ; l'acide lactique, la baisse du pH d'une façon plus générale, diminuent l'amplitude de la réponse et allongent le temps de la secousse. Cela correspond à la mise hors circuit d'un nombre croissant de myofibrilles dans une fibre, de fibres dans une unité motrice, et d'unités motrices dans un muscle.

d) **Les hormones thyroïdiennes** ont un rôle direct sur la vitesse de la secousse. Avec l'âge, la sécrétion thyroïdienne tend à diminuer (hypothyroïdie physiologique) : le sujet âgé a des contractions musculaires généralement plus lentes que le sujet jeune. Dans l'hyperthyroïdie, les temps de demi-relaxation se situent en dessous de 280 ms ; dans le myxœdème, ils dépassent 350 ms et peuvent atteindre 800 ou 900 ms.

e) **Sommation des secousses.** — Lorsque deux stimulations liminaires (c'est-à-dire capables d'activer la totalité des fibres nerveuses du nerf moteur sur lequel elles sont portées) sont suffisamment rapprochées l'une de l'autre, on observe une *secousse fusionnée*, réponse unique de durée et d'amplitude plus grandes que les secousses isolées obtenues précédemment. Il s'agit d'un phénomène de *sommation temporelle*, deux zones d'état actif coexistant sur chacune des fibres musculaires du muscle considéré.

☐ **Le tétanos.** — La réponse tétanique résulte de la fusion d'un très grand nombre de secousses élémentaires. Il convient de distinguer deux cas :

a) Le tétanos expérimental. — Il est obtenu en portant sur le muscle, ou mieux sur son nerf moteur, un train de stimulus liminaires. Il s'agit d'un tétanos *synchrone*, c'est-à-dire que toutes les unités motrices du muscle se trouvent activées en même temps. L'aspect mécanique de la réponse dépend de la fréquence des stimulus :

– à fréquence basse on obtient une tension fluctuante autour d'une valeur moyenne, dont le niveau s'élève avec la fréquence, cependant que les secousses élémentaires deviennent de moins en moins visibles; le tétanos est dit *imparfait*;

– à fréquence plus grande, une tension constante est atteinte; dans ce cas, le tétanos est dit *parfait*. La réponse mécanique, maximale, représente environ 3 à 4 fois en tension la valeur de la secousse.

La fréquence de stimulation pour laquelle un tétanos parfait est obtenu est *dénommée fréquence de fusion tétanique*. Celle-ci est d'autant plus basse qu'il s'agit d'un muscle lent, que sa température est basse, ou que le sujet est hypothyroïdien. Les chiffres suivants ont été donnés : respectivement 30, 100 et 350 par seconde pour les muscles oculomoteurs, gastrocnémiens et soléaires du Chat.

b) Le tétanos physiologique. — La contraction volontaire correspond à un tétanos physiologique qui est toujours parfait, quel que soit le niveau de force obtenu. L'étude des potentiels d'unités motrices a permis de montrer que celles-ci fonctionnent à fréquence peu élevée et ne sont pas activées simultanément, mais qu'il existe une rotation entre elles : il s'agit d'un tétanos *asynchrone*. Cependant, lorsque le muscle atteint sa force maximale, on note une tendance à la synchronisation.

Il a pu être montré expérimentalement par des stimulations portées sur un seul motoneurone qu'une réponse de caractère tétanique pouvait aussi être observée, alors qu'une seule unité motrice est activée. Comme pour la sommation temporelle, on doit admettre que les fibres musculaires sont alors le siège simultanément d'un grand nombre d'états actifs.

LES ANOMALIES DE LA CONTRACTION

☐ **Les courbatures.** — Douleurs localisées aux muscles des membres particulièrement sollicités dans une activité physique ou sportive, elles apparaissent avec un délai de plusieurs heures après la fin de l'exercice, voire le lendemain. Tout mouvement réveille la douleur, qui reste légère, de même que la palpation des masses musculaires. Les courbatures s'estompent en 2 ou 3 jours; la mobilité segmentaire hâte le retour à la normale. Les courbatures surviennent principalement chez le sujet non entraîné dont certains muscles supportent mal une mise en jeu intense et prolongée. Elles semblent pouvoir être expliquées par des modifications de perméabilité de la membrane des fibres musculaires induisant une augmentation du volume intra-cellulaire. Le gonflement léger du muscle stimulerait les fibres nerveuses de la douleurs (fibre IV).

☐ **Les crampes.** — Il s'agit de contractions non volontaires, paroxystiques, douloureuses, d'apparition spontanée, pouvant se prolonger plusieurs minutes. Plutôt décrites chez le sportif, elles prédominent aux membres inférieurs où elles peuvent être déclenchées par une contraction concentrique préalable du muscle qui en est le siège. La grande fréquence des crampes chez les sportifs se livrant à un entraînement intense a fait incriminer un rôle possible de l'acide lactique. L'intensité de la crampe peut être telle que les fibres musculaires, soumises à un raccourcissement trop important, s'en trouvent lésées, ce qui se manifeste par une élévation du taux de CPK sérique (v. p. 123). L'examen électromyographique montre l'existence de potentiel d'unité motrice de fréquence très élevée, de l'ordre de 100 s^{-1}, valeur dépassant ce qui est observé dans la contraction maximale volontaire. La crampe cède à l'allongement forcé du muscle.

Les crampes « de chaleur » sont observées chez le sportif réalisant un exercice prolongé à la chaleur, conditions entraînant une sudation abondante. Mais les crampes existent aussi en dehors de toute activité musculaire. Ainsi en est-il des crampes nocturnes du sujet âgé, rapportées au maintien d'une posture segmentaire. La crampe de l'écrivain, du musicien, du coiffeur, liée à l'utilisation habituelle de quelques muscles, n'a pas un caractère aussi douloureux.

Les mécanismes de survenue des crampes sont divers :

– co-activation de niveau anormal des agonistes et des antagonistes,

– modification de la teneur du sarcoplasme en Ca^{++}. Une insuffisance d'ATP ne permet pas le repompage du Ca^{++} dans le réticulum, la relaxation ne se fait pas (v. p. 124). Il n'y a pas de signes électriques à l'EMG.

☐ **L'hyperexcitabilité neuro-musculaire.** — Celle-ci se manifeste à un moindre degré, chez certaines personnes ou dans certaines circonstances, par des fasciculations limitées à quelques unités motrices ou faisceaux musculaires. Il s'agit de séries non durables de quelques secousses d'apparition spontanées.

Ailleurs, ce sont de véritables contractions non volontaires peu douloureuses, pouvant atteindre la totalité d'un ou plusieurs muscles. Elles ont été décrites initialement dans l'hypoparathyroïdie (maladie tétanique) et sont liées à une anomalie du métabolisme calcique. Elles réalisent la classique « main d'accoucheur ». Elles apparaissent plus facilement chez la femme enceinte dont le bilan calcique est déficitaire ou au cours d'un exercice musculaire général.

L'hyperexcitabilité musculaire fait également partie du syndrome de spasmophilie, dit encore de tétanie latente, survenant chez des sujets normocalcémiques mais hypomagnésémiques. Cette hyperexcitabilité peut être recherchée par une épreuve de garrot ischémiant. Posé au niveau du bras celui-ci est maintenu en place 10 minutes. Des signes électriques très particuliers, enregistrés par électrodes aiguilles ou par électrodes de surface, au niveau de l'adducteur du pouce, apparaissent 1 minute environ après la levée du garrot. Il s'agit de potentiels d'unité motrice de durée très brève (1 ms), groupés en bouffées plus ou moins fournies appelées doublets, triplets ou multiplets, suivant le nombre de potentiels, et régulièrement répétitives pendant quelques minutes. Leur apparition n'est pas déclenchée par la contraction volontaire. Une épreuve d'hyperventilation volontaire peut avoir le même effet que le garrot. Des études systématiques ont montré que ces signes électriques pouvaient être retrouvés chez l'adulte jeune, en dehors de toute pathologie, dans les proportions de 15 % chez l'homme et 30 % chez la femme. Ils n'ont donc pas en eux-mêmes, lorsqu'ils sont isolés, de significations pathologiques.

L'ÉTAT ACTIF ET LE MODÈLE MÉCANIQUE DU MUSCLE

Le physiologiste anglais A.V. Hill a montré que l'état d'activation du muscle, encore appelé *état actif*; débute bien avant qu'une réponse mécanique ne soit enregistrée. Cette conclusion résulte de l'expérience suivante.

On stimule par un choc unique un muscle fixé sur un myographe isométrique; on étire ensuite très rapidement ce muscle, pendant la seconde moitié de la phase de latence, ou encore au début de la phase de tension croissante; on observe alors l'apparition plus précoce d'une force supérieure à celle résultant d'un même étirement lorsque le muscle est au repos, supérieure à celle d'une secousse normale ou même, si l'étirement est suffisant, supérieure à la tension tétanique (fig. 40).

L'explication est aisée, si l'on admet le modèle simplifié du muscle. Celui-ci peut être représenté par des éléments élastiques et des éléments contractiles placés en série, auxquels s'ajoutent des éléments élastiques en parallèle. Au moment où les sarcomères sont activés, les éléments contractiles sont le siège d'une force qui tend à les raccourcir. Mais cette force ne peut être transmise aux sarcomères voisins, et finalement aux extrémités de la fibre, que pour autant que les éléments élastiques ont été mis au préalable sous tension.

Dans l'expérience de Hill, la force contractile s'exerce sur des éléments élastiques mis sous tension par l'expérimentateur lors de l'étirement. La présence des éléments élastiques amortit la force qui naît brutalement au

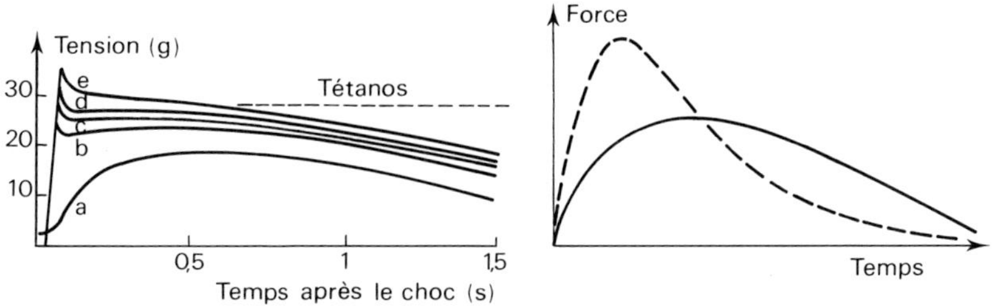

FIG. 40. — *Mise en évidence et rôle des éléments élastiques.* Dans l'expérience de Hill (*à gauche*) des étirements de valeur croissante (a, b, c, d, e) sont appliqués au muscle qui vient d'être stimulé par un choc unique. La réponse mécanique croît avec l'étirement. *A droite*, effet de la présence (—) ou de l'absence (– – –) d'éléments élastiques sur la secousse.

niveau des éléments contractiles. Une partie de l'énergie libérée est absorbée par les éléments élastiques, qui la restituent lors de la décontraction (fig. 40). La force enregistrée dans les conditions normales est d'apparition plus tardive, d'intensité moindre et plus étalée dans le temps que s'il n'y avait pas d'éléments élastiques. Les mouvements sont donc plus harmonieux, moins saccadés, et le muscle est en quelque sorte protégé par ces éléments élastiques contre des tensions excessives.

Au cours de certaines activités physiques, la conjonction d'une contraction particulièrement intense et d'un étirement extérieur énergique peut aboutir à une rupture d'un tendon ou de quelques fibres musculaires seulement. Ainsi par exemple, lors de la réception après un saut : le contact de l'avant-pied avec le sol détermine une flexion dorsale du pied, donc un étirement des muscles du mollet, au moment précisément où ceux-ci entrent en contraction pour assurer la réception au sol.

L'énergie contenue dans les éléments élastiques peut être récupérée dans certaines activités sportives : lors de l'armement du bras dans les lancers ou la frappe de la balle au tennis, dans la course, dans le saut,... les muscles concernés sont mis sous tension par un étirement préalable (action des muscles antagonistes) ; l'énergie élastique est alors restituée lors de l'exécution du geste.

Plusieurs modèles mécaniques du muscle ont été proposés. Le plus simple est celui de Sandow, ne comportant que des éléments élastiques (en série et en parallèle) et des éléments contractiles. D'autres, plus élaborés, ajoutent des éléments visqueux (fig. 41).

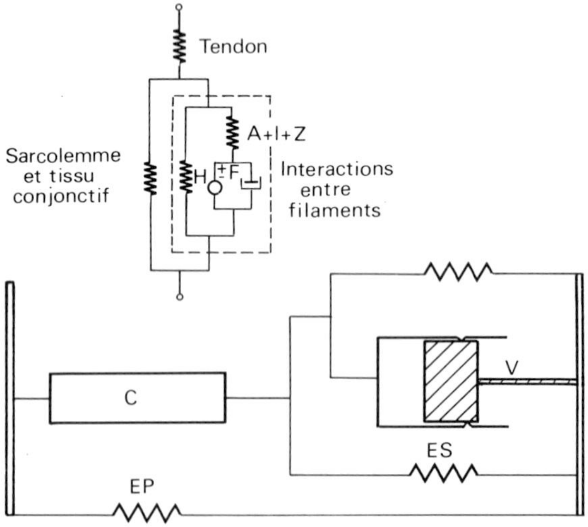

FIG. 41. — *Schémas mécaniques du muscle.* Ont été représentés : l'élément contractile (C), les éléments élastiques en série (ES) et en parallèle (EP) et l'élément visqueux (V). *En haut :* schéma de Pringle (*Symp. Soc. Exper. Biol.*, 1961, *14*, 41).

DIAGRAMME TENSION-LONGUEUR

Qu'il s'agisse d'une secousse, d'un tétanos expérimental, ou d'une contraction volontaire, le niveau de tension dépend de la longueur à laquelle se trouve le muscle au moment de son activation. Le diagramme tension-longueur du muscle strié squelettique, initialement établi sur une préparation nerf-muscle, a été retrouvé chez l'Homme : des mesures ont pu être réalisées chez des sujets amputés au-dessus du coude à la suite d'accidents, chez lesquels un dispositif spécial permettait de faire varier la longueur du biceps brachial. Un diagramme identique a été décrit pour le muscle cardiaque, et un autre assez voisin pour le muscle lisse.

☐ **Forme typique du diagramme.** — Lors d'un étirement progressif d'un muscle isolé au repos, une tension n'apparaît (fig. 42) que pour une longueur de celui-ci dénommée *longueur d'équilibre*. C'est la longueur que prend spontanément le muscle désinséré lorsqu'il n'est soumis à aucune force extérieure. La tension croît d'abord modérément, puis plus rapidement au-delà de la *longueur de repos* du muscle. Cette longueur correspond à environ 125 % de la longueur d'équilibre. La courbe tension-longueur du muscle au repos est encore appelée courbe de *tension passive*.

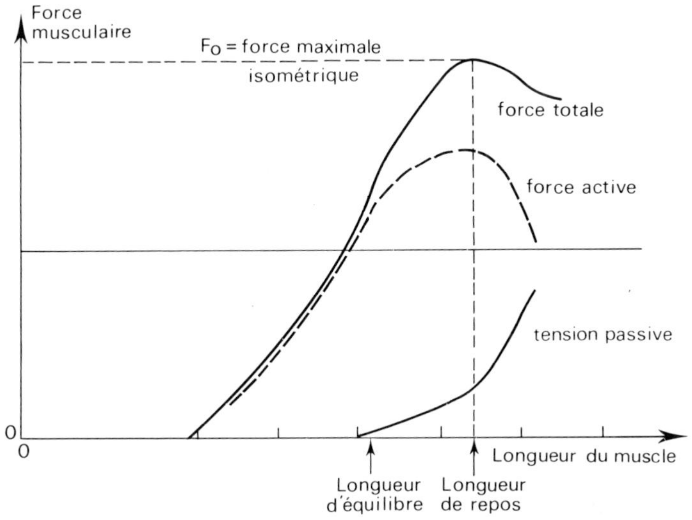

FIG. 42. — *Diagramme tension-longueur.* Le muscle développe sa force maximale la plus élevée lorsqu'il est à sa longueur de repos.

Si l'étirement est réalisé sur le muscle activé de façon maximale, ou, ce qui revient au même, si le muscle est activé dans des conditions isométriques à une longueur progressivement croissante, on voit apparaître une tension pour une longueur du muscle inférieure de 40 % environ à sa longueur d'équilibre. La tension croît ensuite rapidement, passe par un maximum et décroît enfin pour les valeurs élevées de la longueur du muscle. Lorsque l'on dépasse notablement la longueur maximale que peut avoir le muscle normalement inséré sur le squelette, il est possible d'observer une remontée de la tension, correspondant à une modification de structure des sarcomères. La courbe de force totale ainsi obtenue est encore dite de *tension active*.

En déduisant point par point la tension passive de la tension active, on obtient une troisième courbe de force active, dite encore de *tension utile*, mettant en évidence la force contractile nette utilisable pour la réalisation d'un travail musculaire. Cette courbe passe par un maximum pour une longueur du muscle que l'on peut considérer comme *optimale* et qui correspond à la longueur de repos du muscle. La chute de la force que peut développer un muscle de part et d'autre de cette longueur optimale correspond à des longueurs moins favorables des sarcomères, pour lesquels le nombre des ponts formés entre la myosine et l'actine est réduit. La longueur optimale du muscle peut être modifiée par un entraînement de celui-ci par des exercices réalisés en force dans une plage articulaire limitée.

La *longueur de repos* du muscle peut être définie de plusieurs façons ; elle correspond en effet :

– à un pourcentage donné de la longueur d'équilibre (125 %),

– à la longueur optimale du muscle, celle pour laquelle la force utile est maximale,

– à la position d'ouverture moyenne de l'articulation commandée par ce muscle,

– et, plus généralement, à une position articulaire résultant de l'équilibre des forces élastiques qui s'exercent au niveau des agonistes et des antagonistes commandant une même articulation.

En raison du diagramme tension-longueur, certains mouvements réalisés avec charges (haltérophilie, poulithérapie, ...) peuvent se trouver limités dans leurs courses, la force maximale disponible diminuant rapidement lorsque le raccourcissement est important. De façon plus générale, les mouvements avec charges sont plus difficiles à effectuer lorsque les articulations sont très ouvertes ou, au contraire, très fermées.

☐ **Forme atypique du diagramme.** — Le diagramme tension-longueur, généralement décrit est celui d'un muscle blanc, le diagramme d'un muscle rouge diffère notablement, excepté en ce qui concerne les propriétés élastiques (fig. 43). Le muscle rouge ne présente pas une longueur optimale mais une plage assez étendue à l'intérieur de laquelle la force maximale reste indépendante de la longueur du muscle. Les muscles rouges, principalement posturaux, sont donc capables d'exercer des forces élevées pour des

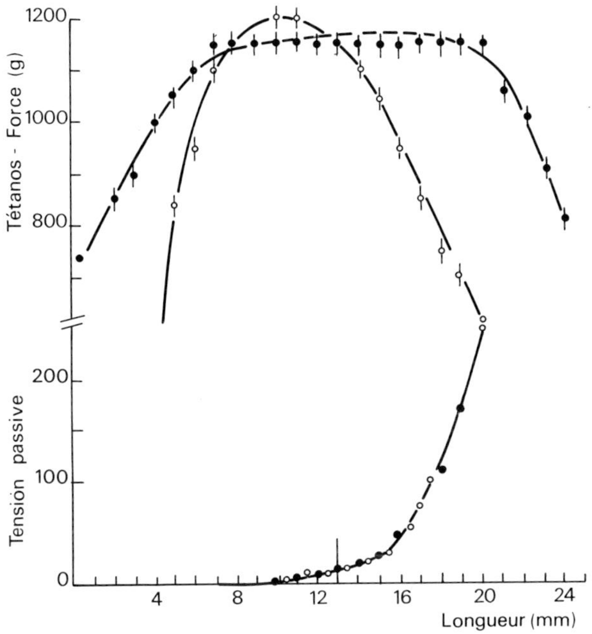

FIG. 43. — Variations du diagramme tension-longueur avec la nature du muscle. Muscle blanc (○) et muscle rouge (•). Les courbes de tension passive sont bien superposées; les courbes des muscles stimulés maximalement différent nettement l'une de l'autre. Résultats obtenus chez l'animal. La flèche indique la longueur de repos des muscles (d'après Buller, *Sci Basis Med.*, 1965, 186-201).

variations importantes de l'angulation de l'articulation qu'ils contribuent à fixer.

Chez l'Homme, la forme du diagramme tension-longueur s'écarte parfois du schéma général parce que les variations de positions articulaires comportent deux aspects : variation de *longueur* du muscle et variation *d'obliquité* du tendon par rapport aux bras de leviers osseux. Ce dernier élément n'intervient pas lorsque le muscle s'insère par un tendon se réfléchissant sur une poulie (quadriceps fémoral, ...).

Il faut penser aussi que certains muscles croisent deux articulations (biceps, jumeaux) et que la longueur du muscle peut être modifiée par la position des deux articulations. Ainsi par exemple, le diagramme tension-longueur du quadriceps fémoral diffère-t-il, lorsqu'il est déterminé en position couchée ou en position assise (fig. 44).

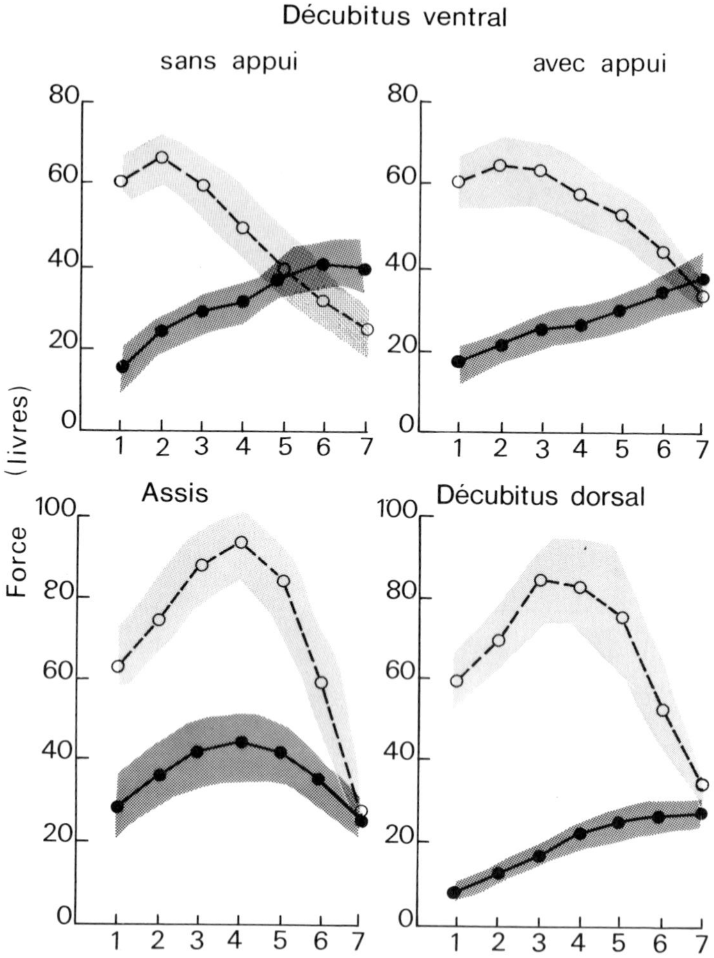

FIG. 44. — *Effet de la position du corps sur la force des muscles moteurs de la jambe.* La force des fléchisseurs (●) et des extenseurs (○) est exprimée en livres pour des ouvertures articulaires croissantes de 15° en 15°, de 75° à 165°, dans quatre situations différentes (d'après Houtz et coll., *J. appl. Physiol.*, 1957, *II*, 475-480).

DIAGRAMME FORCE-VITESSE

La vitesse maximale à laquelle un muscle peut se raccourcir dépend de la force qui lui est opposée. Lorsque la charge est nulle, une vitesse maximale absolue du mouvement peut être obtenue. Celle-ci est d'autant plus élevée que les segments corporels et les muscles qui les commandent sont petits : la vitesse maximale de mobilisation des doigts ou de la main dépasse largement celle du pied ou de la jambe. Il faut, en effet, tenir compte de la masse des segments corporels, même en l'absence de charge.

Le diagramme force-vitesse a été établi ainsi : un muscle, en conditions isométriques, est activé de façon maximale (stimulation électrique ou contraction volontaire) ; on laisse ensuite ce muscle se raccourcir contre différentes charges qui lui sont successivement opposées ; on mesure la vitesse initiale du mouvement qui, dans chaque cas, est maximale puisque toutes les unités motrices sont en jeu.

La vitesse maximale (V) diminue avec la force exercée suivant une relation mathématique diversement décrite, exponentielle ou hyperbolique suivant les auteurs :

pour Fenn : $F = F_O^{e-V/B} - KV$

pour Hill : $(F + a)\ (V + b) = K' = b\ (F_O + a)$

équations dans lesquelles F_O est la force isométrique maximale (correspondant à une vitesse nulle), F, la force au début du mouvement, a, b, B, K et K′ des constantes. Dans le cas d'une contraction avec allongement, la courbe force-vitesse peut être prolongée au-delà de l'axe des forces (fig. 45) ; les forces maximales exercées par le muscle subissant un allongement dépassent largement la force isométrique maximale du muscle.

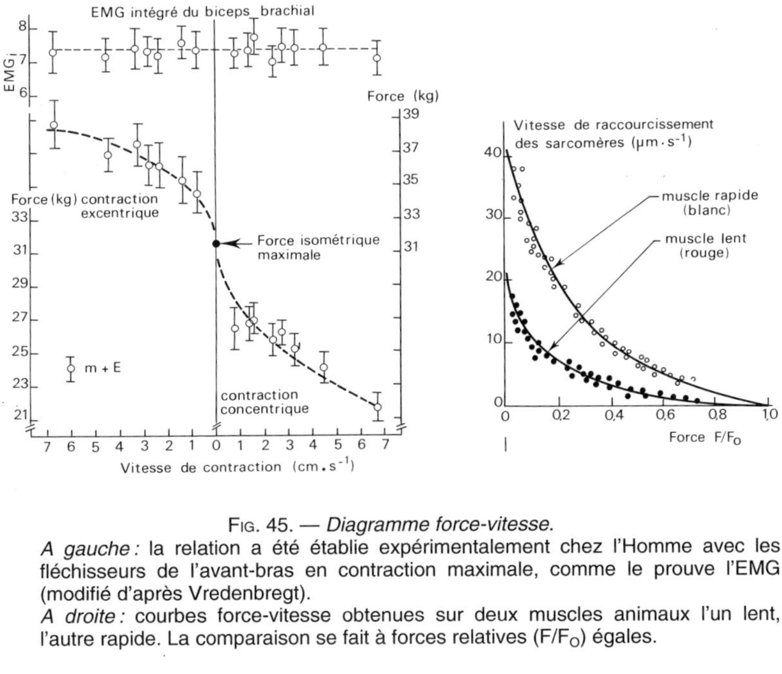

FIG. 45. — *Diagramme force-vitesse.*

A gauche : la relation a été établie expérimentalement chez l'Homme avec les fléchisseurs de l'avant-bras en contraction maximale, comme le prouve l'EMG (modifié d'après Vredenbregt).

A droite : courbes force-vitesse obtenues sur deux muscles animaux l'un lent, l'autre rapide. La comparaison se fait à forces relatives (F/F_O) égales.

La comparaison entre muscles blancs et muscles rouges montre que pour une fraction donnée de la force maximale, les premières ont des vitesses de contraction plus élevées que les secondes (fig. 45).

Dans les mouvements mono-articulaires simples dits balistiques (flexion ou extension du coude par exemple), la relation prend en compte la force et la vitesse initiales du mouvement dont la durée ne dépasse pas une ou deux secondes. Il n'en est pas de même dans les mouvements complexes, polyarticulaires et cycliques, tels ceux réalisés sur bicycle ou à la manivelle. Dans ce cas, l'activité peut être prolongée à puissance élevée pendant plusieurs secondes. La puissance maximale n'est alors atteinte que pour des vitesses correspondant à la moitié de la vitesse maximale, vitesse observée lorsque la résistance opposée aux muscles est nulle. La relation force-vitesse est, dans ce cas, linéaire. La détermination de la pente de cette relation peut, dans la pratique de l'exploration de l'aptitude physique du sportif, tenir lieu de mesure indirecte de la puissance anaérobie alactique maximale (voir p. 218).

La puissance du muscle pour des contractions non maximales est égale au produit de la vitesse par la force exercée. La puissance maximale n'est obtenue ni à vitesse, ni à force maximales, mais pour des valeurs sous-maximales de ces deux grandeurs, de l'ordre de 35 % (fig. 46). Les muscles blancs produisent leur puissance maximale pour des vitesses supérieures à celles des muscles rouges.

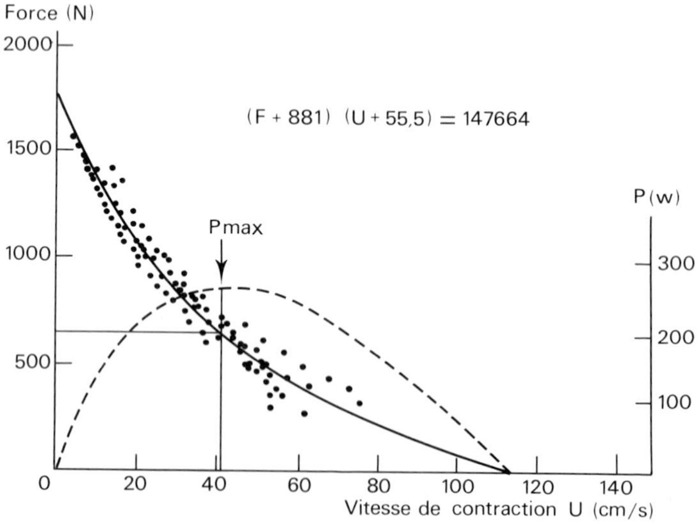

Fig. 46. – *Diagramme force-vitesse instantanée.* Contractions maximales du biceps brachial réalisées contre six inerties différentes. En pointillé, puissance calculée à partir de la force (F) et de la vitesse (U) (d'après Pertuzon et Bouisset, *in : Biomechanics* II, Karger éd., 1971, 1 vol.).

PRODUCTION DE CHALEUR PAR LE MUSCLE

La quantité de chaleur produite par le muscle au repos est relativement faible : elle est d'environ 1 kJ chaque minute (18 W environ), ce qui correspond à 25 % de la dépense de fond, l'ensemble de la masse musculaire étant évaluée à 40 % du poids corporel.

☐ **Chaleur initiale et chaleur retardée.** — Certains muscles particulièrement actifs dans des exercices de grande intensité voient leurs échanges énergétiques multipliés par 100, la chaleur produite l'étant elle-même par 75 à 80, compte tenu du rendement du travail musculaire. Différents dégagements de chaleur ont pu être identifiés sur la préparation nerf-muscle, au cours de la secousse ou de brefs tétanos. On distingue schématiquement deux phases :

– l'une de *chaleur initiale*, dégagement précoce débutant avant même la réponse mécanique, correspondant à l'activation du muscle et à l'utilisation des voies anaérobies de la contraction; cette phase ne disparaît pas, en effet, lorsque le muscle est placé en atmosphère d'azote ou lorsque les réactions d'oxydations sont bloquées par l'acide mono-iodacétique;

– l'autre de *chaleur retardée*, quantitativement un peu plus importante (+ 30 % environ), apparaissant dès la phase de décontraction de la secousse, ou à la fin d'un bref tétanos, mais persistant dans les deux cas lorsque le muscle est revenu à l'état de repos; la chaleur retardée correspond à des processus aérobies de restauration, car elle est réduite de 90 % lorsque l'oxygène ne peut plus être utilisé par le muscle.

Au cours de l'exercice musculaire, constitué de contractions alternant avec des périodes de repos même très brèves, il n'est plus possible de distinguer la répartition dans le temps de la chaleur initiale et de la chaleur retardée. Seul subsiste le phénomène global de la production de chaleur qui pose un problème de thermorégulation au sportif (voir p. 193).

☐ **Chaleur d'activation et chaleur de maintien.** — Lorsqu'un muscle est tétanisé à longueur constante, le débit de chaleur évolue en deux phases. Au tout début du tétanos, la chaleur produite est relativement élevée, mais diminue de façon exponentielle jusqu'à atteindre en quelques secondes une valeur constante dénommée *chaleur de maintien*. L'excédent de chaleur initiale constitue la *chaleur d'activation* (fig. 47).

La chaleur de maintien est proportionnelle à la force développée pour une longueur donnée du muscle; elle est maximale lorsque le muscle est tétanisé à sa longueur de repos (longueur optimale). Pour une longueur et une force données, la chaleur totale produite après la phase d'activation est proportionnelle au temps.

☐ **Chaleur de raccourcissement.** — Lorsque l'on permet à un muscle, initialement tétanisé en isométrie, de se raccourcir, on observe une augmentation importante de la chaleur produite, très supérieure à la chaleur de maintien. Il s'agit d'une *chaleur de raccourcissement*, encore appelée «effet Fenn», directement liée au travail mécanique réalisé par le muscle : la chaleur

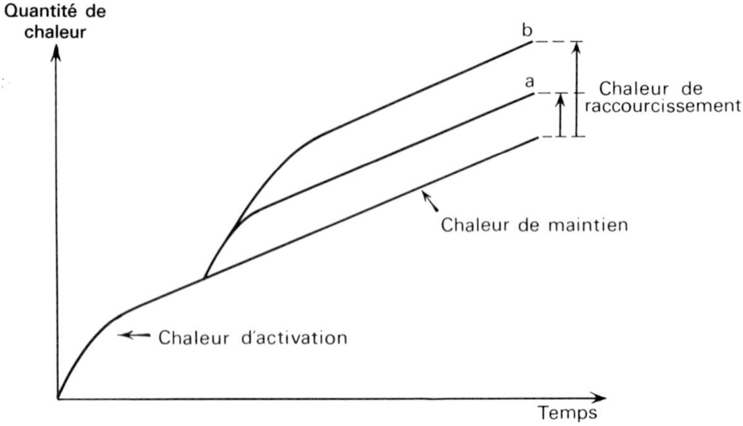

FIG. 47. – *Production de chaleur par le muscle.* La chaleur de raccourcissement, représentée ici pour deux variations de longueur du muscle (a et b), se surajoute à la chaleur de maintien.

produite augmente d'une part avec la force, d'autre part avec le raccourcissement (fig. 47).

On retrouve chez l'Homme l'équivalent de la chaleur de raccourcissement par la mesure des échanges respiratoires. Au cours de séries de contractions isométriques et de contractions anisométriques réalisées à vitesse très lente, la consommation d'oxygène est mesurée : le coût énergétique apparaît toujours plus élevé dans le second cas que dans le premier.

☐ **Chaleur de relaxation.** — Lorsqu'un muscle préalablement tétanisé se relâche, un dégagement supplémentaire de chaleur peut être observé, correspondant à la libération de l'énergie stockée dans les éléments élastiques du muscle. En raison de son origine, on qualifie encore cette chaleur de *thermo-élastique*.

Aucune preuve n'a pu être apportée d'une réversibilité des transformations de l'énergie chimique en énergie mécanique.

MANIFESTATIONS ÉLECTRIQUES DE LA CONTRACTION MUSCULAIRE

La réponse mécanique d'un muscle à la stimulation de son nerf moteur, ou lors d'une contraction volontaire, est provoquée par l'onde de dépolarisation qui parcourt chacune des fibres activées. Signal déclenchant, le potentiel d'action musculaire est aussi le témoin de l'activation de celles-ci. Dans l'analyse de mouvements segmentaires complexes, où la mesure des forces exercées n'est pas réalisable, la connaissance des relations entre caractéristiques mécaniques et électriques de la contraction s'est révélée très utile.

☐ **Méthodes d'études.** — *L'électromyographie* désigne la technique générale d'enregistrements des phénomènes électriques de la contraction du muscle *in situ*.

a) **L'électromyographie élémentaire** étudie l'activité d'une ou plusieurs unités motrices. Les variations de potentiels sont recueillies à l'aide d'aiguilles ou de fils fins. Pour l'étude de la contraction isométrique on utilise des *aiguilles de Bronk*, constituant des électrodes réceptrices bipolaires : la paroi de l'aiguille elle-même et un fil isolé, sauf à son extrémité, placé dans la lumière de celle-ci. Pour l'étude du mouvement, afin d'éviter l'irritation des fibres musculaires dues à leurs déplacements par rapport à la pointe de l'aiguille, on utilise deux *électrodes-fils* de très fin diamètre (0,25 µm), mises en place à l'aide d'une aiguille hypodermique, laquelle est ensuite retirée du muscle. Les fils, à la fois souples et résistants, peuvent être retirés par simple traction après enregistrement.

b) **L'électromyographie globale** étudie l'activité du muscle entier ou d'un très large secteur de celui-ci. Deux électrodes plates sont collées ou seulement fixées avec un lien sur la peau, en regard du muscle étudié. Une bonne préparation de la peau est nécessaire afin d'abaisser au maximum la résistance électrique de celle-ci.

Dans les deux cas, les électrodes réceptrices sont reliées à un amplificateur, et les variations de potentiels sont dérivées vers un oscilloscope, une bande magnétique, un inscripteur à plumes, ou encore un haut-parleur. Chez le sujet en mouvement, il est possible de recevoir à distance (par *télémétrie*) l'activité électromyographique des muscles les plus impliqués dans un exercice donné.

Différentes techniques dites *d'intégration* ont été mises au point afin de quantifier les variations observées (électromyogramme intégré).

☐ **Électromyographie de la contraction isométrique**

a) **Le potentiel d'unité motrice.** – Le potentiel de fibre musculaire, variation de potentiel d'une durée de l'ordre de la milliseconde et d'une amplitude de 90 mV, est rarement obtenu avec une aiguille de Bronk, en raison des dimensions réciproques de celle-ci et des fibres musculaires. Il faut en réalité avoir recours à des *micro-électrodes* dont la pénétration intra-cellulaire est assurée.

Le potentiel d'action d'unité motrice a une durée de 2 à 4 ms, plus étalé que celui de la fibre isolée, car l'activation des différentes fibres d'une même unité motrice n'est pas absolument simultanée. Il s'agit d'une variation de potentiel allant de un demi à quelques millivolts, suivant la distance de l'aiguille aux fibres de l'unité motrice, résultat de la sommation des potentiels de chacune de ses fibres. Si la position de l'aiguille est fixe dans le muscle, l'amplitude du potentiel ne varie pas. Il n'en est pas de même au cours de la myasthénie, maladie au cours de laquelle un défaut dans la transmission synaptique de l'excitation du nerf au muscle met hors circuit un nombre croissant de fibres musculaires à l'intérieur d'une même unité motrice.

L'électromyographie élémentaire a permis de connaître la vitesse de propagation du potentiel d'action musculaire, qui est comprise entre 5 et 6 $m.s^{-1}$, donc très inférieure à celle du potentiel de nerf. Dans les fibres musculaires les plus longues (30 à 40 cm), il peut exister un décalage non négligeable entre le moment où la partie centrale de la fibre est activée et celui où la dépolarisation correspondante atteint les extrémités de la fibre.

b) Mécanisme de gradation de la force. — L'électromyographie élémentaire permet d'identifier les unités motrices situées à proximité des électrodes de détection, et de comprendre les modalités de la gradation de la force musculaire :

– pour des contractions *faibles*, le rythme d'activité (on dit aussi de « battement ») des unités motrices est de l'ordre de 4 à 8 s^{-1} ; celles-ci battent par roulement (voir p. 83) ;

– pour des contractions *moyennes*, le rythme d'activité augmente (20 à 30 s^{-1}) et, de plus, on voit survenir des potentiels traduisant le *recrutement* de nouvelles unités motrices. Une relation, en première approximation linéaire, a été mise en évidence entre la force exercée et la fréquence des potentiels d'unités motrices (fig. 48) ;

– pour des contractions *maximales*, la fréquence de battement des unités motrices atteint 40 à 50 s^{-1} ; le tracé prend une allure interférentielle rappelant l'électromyogramme global.

c) L'électromyographie globale. — Les variations de potentiels observées concernent un très grand nombre d'unités motrices, elles sont très irrégulières,

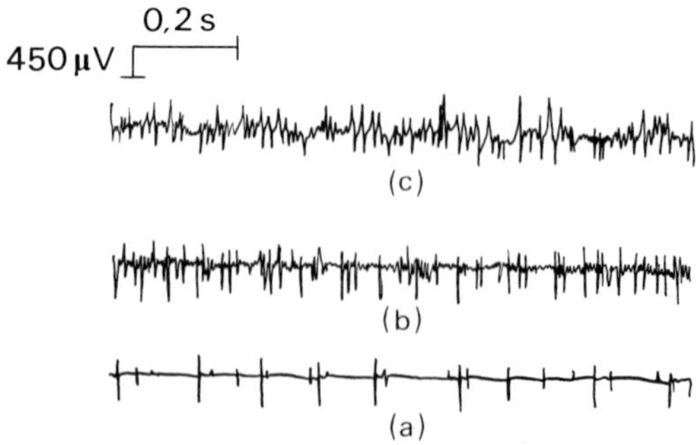

FIG. 48. — *Électromyogramme élémentaire.* Enregistrement réalisé dans le 1er interosseux dorsal lors de contractions d'intensité croissante (a, b, c) (d'après Scherrer et Métral, *in : Handbook of clinical neurology, 1969*, vol. I, Vinken éd.).

résultant de la superposition aléatoire des potentiels d'unités motrices, à tel point que ceux-ci ne sont plus identifiables.

L'amplitude moyenne de ces potentiels globaux est en relation linéaire avec la force exercée. Leur fréquence atteint 50 s^{-1} pour des forces maximales, limite constituant le *rythme de Piper*. Des variations plus faibles en amplitude, se superposant aux précédentes et dénommées *crochetages*, ont également fait l'objet de comptage, la fréquence maximale atteignant alors 200 ou 300 s^{-1} (*rythme de Wachholder*).

L'électromyogramme intégré de la contraction isométrique fait apparaître une relation plus complexe. La relation avec la force est probablement linéaire tant que la force reste modérée; pour des niveaux d'activation supérieurs, l'électromyogramme intégré croît plus vite que la force (fig. 49).

Il convient de remarquer que la relation ci-dessus n'est valable que pour une longueur donnée du muscle. En effet, alors que la force isométrique du

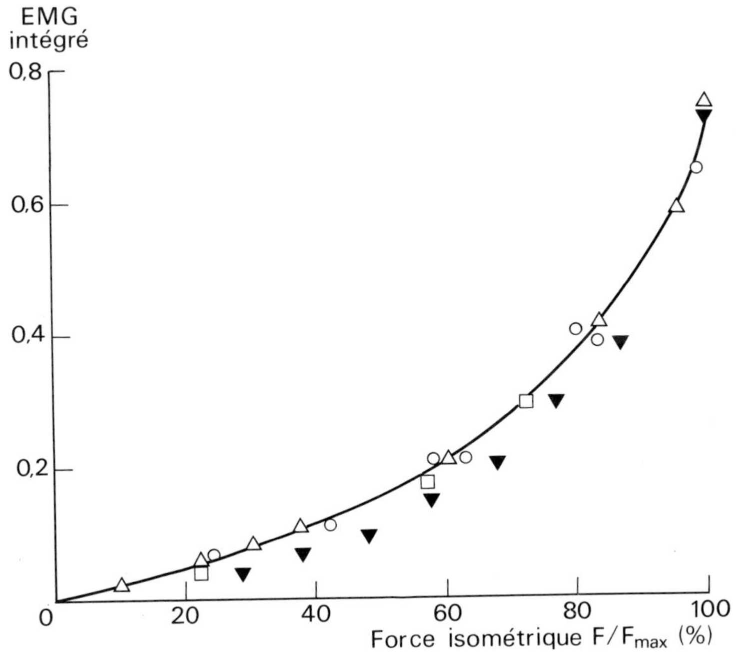

Fig. 49. — *Activité EMG et force.*

L'EMG intégré croît plus vite que la force.

Résultats de plusieurs auteurs sur le biceps brachii :

△ Vredenbregt, 1966, points moyens à diverses angulations du coude

▼ Zuniga et coll., 1969, points légèrement en dehors de la courbe de Vredenbregt

□ Rau, 1972

○ Vredenbregt, 1972, même sujet qu'en 1966.

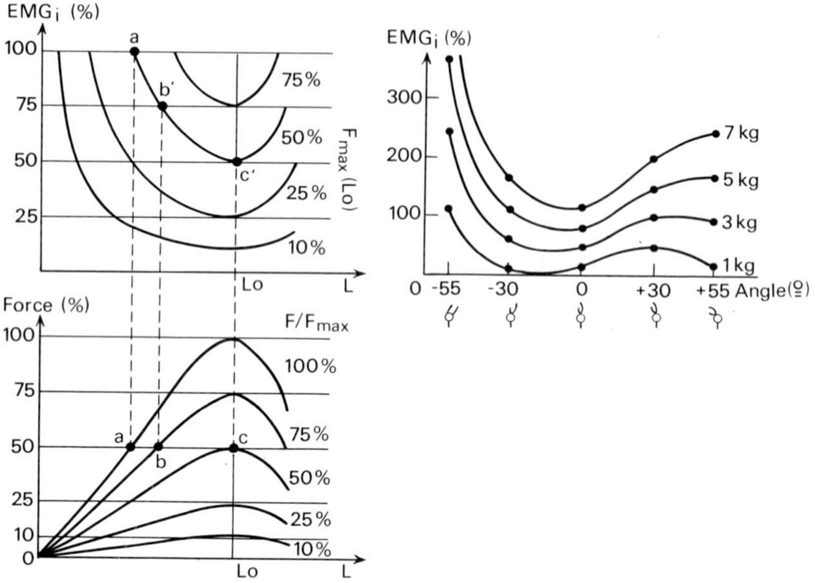

FIG. 50. — *Relations théoriques entre la longueur du muscle, la force isométrique et l'électromyogramme intégré.*

En bas et à gauche: variations de la force maximale (courbe supérieure) ou non maximale (4 courbes inférieures) avec la longueur du muscle; la force la plus élevée est observée à la longueur dite de repos du muscle (L_O). Chaque courbe concerne la mise en jeu d'un pourcentage fixe des unités motrices mobilisables (10, 25, 50 et 100 %).

En haut et à gauche: valeur théorique de l'électromyogramme intégré en fonction de la longueur du muscle. Chaque courbe concerne une activité permettant au muscle de soutenir une charge extérieure représentant une fraction fixe de la force isométrique maximale à la longueur de repos.

A droite: Variations de l'électromyogramme intégré avec la position du poignet. L'activité électrique pour des charges de 1 à 7 kg varie avec la longueur du muscle; elle est minimale pour chaque charge entre – 30° et 0°. On retrouve la forme générale des courbes théoriques de la figure de gauche (d'après Métral et coll., 1974).

muscle diminue de part et d'autre de sa longueur optimale, la production d'une force maximale est obtenue grâce à la mobilisation de toutes les unités motrices qu'il contient; quelle que soit la longueur à laquelle est placé le muscle, l'électromyogramme intégré sera à son maximum. Il résulte de cette constatation que le rapport EMG_i/F, entre l'électromyogramme intégré (EMG_i) et la force (F), est à son minimum à la longueur optimale du muscle (Lo) et s'élève de part et d'autre de celle-ci (fig. 50).

☐ **Électromyogramme au cours du mouvement.** — Le diagramme force-vitesse est obtenu lors d'une mise en jeu, en tous points, de la totalité des unités motrices. On admet que, pour une utilisation par le muscle d'une partie seulement de sa capacité maximale, l'électromyogramme global croît :

– avec la vitesse de contraction pour une force donnée mise en jeu;

– avec la force exercée pour une vitesse donnée du mouvement.

En tout état de cause, l'électromyogramme global de la contraction sous-maximale avec raccourcissement dépasse :

– celui de la contraction isométrique pour des charges identiques;

– celui de la contraction avec allongement, bien que dans ce cas, les niveaux de force soient toujours plus élevés, quelle que soit la vitesse des mouvements.

☐ **Électromyographie de la fatigue.** – Lorsqu'un muscle se trouve engagé dans une activité de faible niveau, le rapport entre la fréquence des potentiels d'unités motrices (UM) ou l'amplitude de l'électromyogramme global d'une part et la force développée d'autre part reste constant pendant un temps très long. Il n'en est pas de même si le muscle travaille au-dessus de son régime critique (v. p. 104). Très rapidement le signal électrique augmente avec le temps de façon d'abord linéaire, puis curvilinéaire, alors que la force extérieure mise en jeu reste la même. Au niveau d'un nombre croissant de fibres musculaires le couplage excitation-contraction ne se fait plus : le signal électrique ne déclenche plus la réponse mécanique. L'activation de nouvelles UM, permettant la poursuite de l'activité motrice, donne lieu à une activité électrique qui vient s'ajouter à celles des UM défaillantes. L'installation d'une fatigue progressive des muscles peut ainsi être réalisée à partir d'électrodes de surface.

☐ **Intérêt pratique de l'électromyographie**

a) Étude des mécanismes élémentaires. — L'électromyographie a permis de décrire le potentiel de fibre, le potentiel d'unité motrice, de mesurer la vitesse de propagation de celui-ci (6 $m.s^{-1}$) de comprendre le mécanisme de fonctionnement des unités motrices, leur déphasage pour des contractions faibles, leur recrutement et leurs variations de rythmes, lorsque la force augmente, la tendance à la synchronisation lorsque la force maximale est atteinte.

b) Connaissance et amélioration des gestes. – L'électromyographie est une aide précieuse pour l'analyse du mouvement. L'électromyogramme de surface permet de préciser dans le temps le début et la fin de l'activation d'un ou plusieurs muscles au cours d'un mouvement, l'alternance d'activité de deux muscles antagonistes mobilisant une même articulation, et d'analyser l'entrée en jeu successive de différents muscles concourant à une même action (fig. 51).

Au cours de l'entraînement à des activités sportives ou professionnelles l'électromyographie peut concourir à l'amélioration du geste, à une meilleure coordination du mouvement donc à une meilleure efficacité. Certains nageurs japonais ont pu améliorer leurs performances en exerçant particulièrement

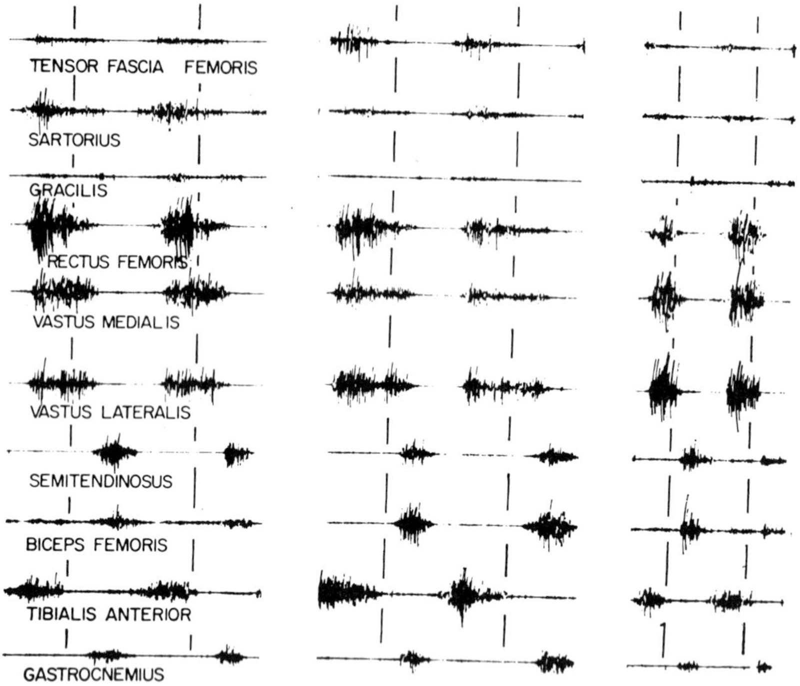

FIG. 51. — *Électromyogramme du pédalage sur bicycle.* Le passage de la manivelle est repéré à + 90° par un trait vertical (position horizontale pied en avant). Enregistrements sur 3 sujets. La mise en jeu simultanée ou décalée des muscles actifs apparaît clairement (d'après Houtz et Fischer, *J. Bone Joint Surg*, 1959, *41-A*, 123-131).

certains des muscles impliqués dans la natation ou travailler certaines parties du mouvement pour les rendre plus efficaces.

c) **Rééducation après lésion.** — Après immobilisation prolongée (alitement, plâtre,...) ou intervention comportant des transplantations tendineuses, les sujets traités suivent une période de rééducation. Ceux-ci peuvent être guidés dans leur rééducation fonctionnelle par des appareils comportant électrodes de surface, amplificateur et haut-parleur (biofeedback). Ils sont ainsi à même de mieux surveiller la durée et l'intensité des contractions qui leurs sont prescrites à titre d'exercice.

5

La contraction musculaire chez l'homme

LES DIFFÉRENTES MODALITÉS D'ACTIVITÉ

Marcher, courir, nager, rouler à bicyclette, frapper la balle, lancer le disque ou le marteau, immobiliser un adversaire au tapis…, toutes ces activités musculaires, tous ces *exercices*, résultent de la mise en jeu du système musculaire. L'action ou le geste final sont dus à la juxtaposition, à la combinaison de différentes formes d'expression de la force d'un grand nombre de muscles. L'analyse d'une activité physique ou sportive complexe doit tenir compte de la position dans laquelle les muscles sont sollicités, de la masse qu'ils représentent, de leur durée de contraction, de la répétition éventuelle de leur mise en jeu, de l'alternance entre les périodes de contraction et de repos. Qu'il s'agisse d'activités volontaires, semi-volontaires ou réflexes, les muscles sont le siège de tétanos et non de simples secousses.

☐ **Différents types de contractions élémentaires.** — Le résultat de la contraction d'un muscle, ou d'un groupe musculaire synergique, dépend du rapport entre la force de celui-ci (F_m) et la force qui lui est opposée, considérée au même point d'application. Les forces extérieures (F_e) mises en balance avec le muscle étudié, qui est dit *agoniste*, peuvent être : l'inertie du segment de membre mobilisé, la tension élastique ou la force contractile du muscle *antagoniste* dont l'action sur la même articulation est de sens opposé, l'action de la pesanteur.

a) Contraction isométrique. — La force musculaire est égale à la force extérieure : $F_m = F_e$. Il n'y a pas de raccourcissement ou d'allongement du muscle ; il n'y a pas de déplacement des bras de levier osseux. La contraction isométrique peut être *brève ou maintenue*. Elle résulte de la contraction du muscle contre un point fixe, contre son antagoniste (fixation articulaire), contre un poids.

b) Contraction anisométrique. — La force musculaire est différente de la force extérieure : il y a donc mouvement, mais deux cas sont possibles :

– $F_m > F_e$: la force musculaire prédomine : il s'agit d'une contraction avec *raccourcissement*; elle est dite *concentrique* (parfois : *myométrique*).

– $F_m < F_e$: la force extérieure est supérieure; la contraction qui se fait avec *allongement* du muscle, est dite *excentrique* (parfois : *pléiométrique*).

La contraction anisométrique peut être réalisée à vide, sans inertie additionnelle, ou au contraire contre une *charge*, mobilisée par l'intermédiaire d'un câble reliant celle-ci à un segment de membre (poulithérapie), maintenue dans les mains (haltérophilie), élevée par le geste (javelot), ou repoussée contre la pesanteur (musculation). La vitesse de la contraction dépend de l'excédent de force musculaire sur la force extérieure. Elle atteint un maximum défini par la relation force-vitesse (voir p. 90). Lorsqu'une masse constante est à déplacer, cela ne signifie pas qu'une force constante doive être appliquée à cette masse pour provoquer le mouvement, car la résistance offerte par la masse change avec la vitesse du mouvement. Sauf pour des mouvements extrêmement ralentis, la contraction anisométrique est aussi *anisotonique*.

Certains dispositifs (type « Cibex ») ont été conçus pour imposer au muscle une vitesse de raccourcissement ou d'allongement à peu près constante : il s'agit de contractions *isocinétiques*. En réalité, c'est la vitesse angulaire du mouvement qui est constante.

L'activation du muscle ne préjuge pas de la direction du mouvement : ainsi, la flexion du coude peut correspondre à une contraction concentrique du biceps brachial aussi bien qu'à une contraction excentrique du triceps brachial résistant à l'action d'une force extérieure de sens opposé.

Qu'il s'agisse de contractions isométriques ou anisométriques, celles-ci peuvent être *maximales*, mobilisant la totalité des unités motrices, ou *sous-maximales* n'intéressant qu'une partie de celles-ci.

☐ **Le travail musculaire.** — Le travail mécanique correspondant à une seule contraction concentrique peut être connu avec précision. Cependant, on entend généralement par *travail musculaire* une activité résultant de la répétition ou de la prolongation de contractions d'un ou de plusieurs groupes musculaires. Le travail musculaire constitue une réalité physiologique (voir p. 79) qu'il faut distinguer du *travail mécanique*. En effet, seule la contraction concentrique est susceptible de produire un travail au sens mécanique du terme; ni la contraction excentrique, ni la contraction isométrique n'en produisent.

a) Le travail statique. — Il correspond à des contractions isométriques brèves ou maintenues, éventuellement jusqu'à l'épuisement (*travail statique continu*) ou interrompues par des périodes de repos (*travail statique intermittent*). La quantification du travail réalisé après un temps t ne peut être faite qu'en prenant en compte la force développée (F), la durée du travail (t) et la proportion (p) du temps occupé par les contractions au cours de la période de travail. Dans le cas le plus général, le travail statique (W_s) est :

$$W_S = F \cdot t \cdot p$$

b) Le travail dynamique. — Il résulte d'une succession de contractions anisométriques comprenant des contractions concentriques et excentriques alternées, réalisées avec des forces identiques ou différentes. Le travail peut être réalisé lors de mouvements symétriques de flexion-extension autour d'une articulation (mouvements balistiques) ou de mouvements cycliques mettant en jeu plusieurs articulations.

Lors de contractions concentriques, levée de poids par exemple, le muscle réalise un travail *moteur*, dit encore *actif ou positif*. Le travail dynamique réalisé (Wd) est égal au produit de la charge déplacée (F) par la distance du déplacement dans un plan vertical (l) et par le nombre des déplacements successifs (n) :

$$W_d = F \cdot l \cdot n$$

Lors de contractions excentriques, le muscle qui s'oppose à une force extérieure, en ralentissant par exemple la chute d'un poids, réalise ce qu'il est convenu d'appeler un travail *résistant*, *passif*; ou encore *négatif*.

Dans le cas d'un travail mixte, associant travail positif et travail négatif, ce dernier n'est généralement pas comptabilisé. Au point de vue physiologique (coût énergétique, électromyogramme, chaleur dégagée, ...) il est démontré que le travail négatif représente *un tiers* du travail positif lorsque les contractions concentriques et excentriques sont réalisées à vitesse spontanée et en mobilisant les mêmes charges dans les deux parties du mouvement.

Le travail musculaire peut être considéré comme *maximal* s'il est poursuivi jusqu'à l'épuisement; il est dit *sous-maximal* dans le cas contraire.

☐ **Référence à la masse musculaire.** — Suivant la masse musculaire impliquée dans un exercice, J. Scherrer et H. Monod (1960) ont distingué : le travail local, le travail régional et le travail général. Cette classification est fondée sur la mise en jeu respectivement d'un tiers, de deux tiers, et de la quasi-totalité de la musculature du corps. Son intérêt est d'opposer deux types d'exercices.

– le *travail local*, est celui qui est réalisé par un petit nombre de groupes musculaires et de segments de membres (chaînons corporels); le travail effectué représente, par son coût énergétique, peu de chose par rapport aux capacités maximales d'adaptation de l'organisme; même lors d'un travail maximal celles-ci ne seront pas dépassées, de sorte que les facteurs limitants du travail ne peuvent qu'être confinés aux muscles actifs eux-mêmes;

– le *travail général* (sur bicycle ou tapis roulant par exemple), mais aussi le *travail régional* (à la manivelle par exemple), correspondent à des besoins énergétiques pouvant dépasser nettement les capacités d'adaptations végétatives de l'organisme; ainsi, l'arrêt des contractions peut être attribué, dans ces cas, aussi bien aux muscles eux-mêmes qu'à une défaillance cardiocirculatoire, respiratoire, thermolytique, ou nutritionnelle.

☐ **Différents régimes d'activité.** — Dans le cas du travail dynamique, la puissance est aisément définie comme le quotient du travail par le temps. Il s'agit d'une puissance moyenne calculée pour une période d'une ou plusieurs minutes comprenant des phases de contraction proprement dite et de décontraction du muscle, et des phases de repos. La puissance moyenne est donc très inférieure à celle qui pourrait être calculée pour une contraction unique. En se référant aux substrats utilisés par le muscle (voir p. 14 et 27) il serait possible de définir pour chaque muscle une puissance aérobie maximale et une puissance anaérobie maximale. Dans le cas du travail statique, l'équivalent de la puissance est la force utilisée, puisque le travail est évalué par le produit de la force par le temps.

Qu'il s'agisse de travail statique ou de travail dynamique, l'activité musculaire peut être poursuivie à *régime constant, ou* à régime *variable* croissant (mesure des capacités aérobies ou anaérobies), ou décroissant (épreuves de fatigue type Mosso). Afin de traiter indifféremment tous les types de contraction, on utilise le terme *régime*. Plusieurs régimes doivent être distingués (fig. 52) :

– le *régime de repos* est celui dans lequel le muscle, non activé, ne fournit aucun travail ;

– le *régime de crête* est, à l'opposé, celui au cours duquel le muscle peut développer en un temps assez court un travail maximal. Il se trouve réalisé dans les épreuves à épuisement rapide telles que détente verticale, pédalage contre charge à vitesse maximale, course de vitesse ;

– les *régimes de croisière* sont ceux qui permettent une activité théoriquement non limitée dans le temps (épreuves sportives de plusieurs heures sans impératif de temps) ;

– les *régimes exhaustifs* comportent un épuisement dû à l'intensité élevée des contractions ou à leur prolongation excessive dans le temps ; lorsque l'activité est réalisée à puissance constante, un *seuil d'épuisement local* est atteint, caractérisé par la durée du travail (*temps-limite*) et la quantité de travail fourni (*travail-limite*) ;

– le *régime critique* correspond au régime de croisière maximal : c'est le régime le plus élevé que le muscle peut maintenir sans fatigue ; il sépare les régimes exhaustifs des régimes de croisière. Ainsi peut-on définir une *force critique* (travail statique) et une *puissance critique* (travail dynamique). Cette

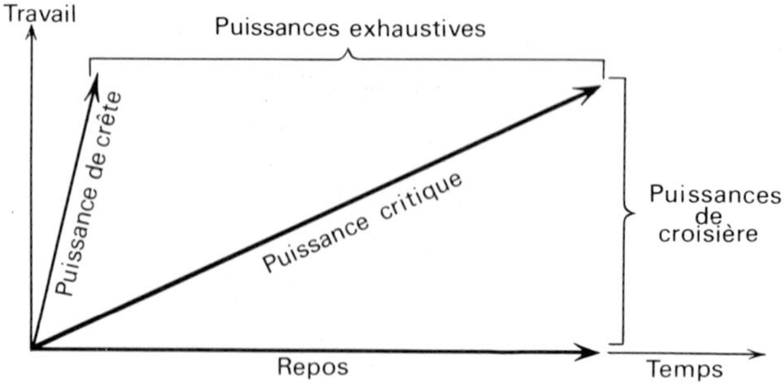

FIG. 52. — *Les différents régimes de travail musculaire.* Le terme régime englobe ceux de « puissance » pour le travail dynamique et de « force » pour le travail statique.

notion de puissance critique a pu être étendue au travail général et rejoint en fait celle de puissance aérobie de l'organisme (voir p. 21).

☐ **Effort et exercice.** — Le terme *effort* prête à confusion car il est utilisé dans des sens très différents.

A l'origine, l'effort, synonyme de *blocage thoracique*, a été défini comme la contraction des muscles expiratoires à glotte fermée, ce qui peut être observé au cours de la parturition, de l'émission des urines, de la défécation. S'en rapproche le jeu des instruments à vents. Au cours de certaines contractions particulièrement énergiques des muscles des membres supérieurs, la nécessité de fournir un appui correct pour l'action de ceux-ci conduit parfois à un blocage thoracique glotte fermée ou non. Par contre, un exercice musculaire réalisé à glotte fermée (course de 100 mètres, par exemple) ne peut être considéré comme un « effort statique ».

Effort est souvent utilisé à la place *d'exercice* ou de *travail.* On parle en effet parfois, à tort, d'efforts statiques, d'efforts dynamiques, d'épreuves d'effort. L'utilisation du terme effort n'est justifiée que si l'on ajoute à la composante physiologique de l'exercice musculaire une composante psychologique. L'effort est alors un engagement nécessaire du sujet qui lui permet de poursuivre l'exercice entrepris, qui comporte un certain degré de pénibilité pour lui, et requiert toute son attention et sa volonté. Ainsi, un exercice musculaire d'intensité donnée peut être réalisé avec ou sans effort par deux sujets dont les capacités de travail, le degré d'entraînement et la préparation sont différents.

Exercice désigne l'activité musculaire dans un sens très large : faire de l'exercice, faire des exercices... Les *tests ou épreuves* sont des exercices calibrés destinés à juger de la capacité de travail d'un sujet.

L'EXERCICE DE LA FORCE MUSCULAIRE

De nombreux sports exigent la mise en jeu d'une force maximale au niveau de certains groupes musculaires. Ainsi en est-il dans les mouvements de lancer, dans les sauts, dans différentes formes de lutte, en haltérophilie... La musculation comporte souvent des exercices répétés de forces maximales, ou de forces voisines de celles-ci. La pratique des contractions isométriques brèves a, par ailleurs, été préconisée en rééducation fonctionnelle. Quoiqu'il en soit, la référence à la force maximale est importante, et sa mesure systématique fait partie de certains examens d'aptitude physique (voir p. 210).

☐ **Les déterminants de la force musculaire.** — De nombreux facteurs sont impliqués, interagissant entre eux : musculaires, mécaniques et nerveux.

a) **Au niveau du muscle.** — La force d'un muscle dépend en premier lieu de la *densité des myofilaments* dans les sarcomères et du *nombre de myofibrilles* par cm^2 de section. A surfaces de sections égales, un muscle blanc exerce donc une force maximale supérieure à celle d'un muscle rouge. A l'étage du sarcomère on a pu distinguer, par chromatographie bidimensionnelle, plusieurs types de myosine. Mais on ne peut dire actuellement si ceux-ci ont par eux-mêmes des propriétés identiques ou différentes. Le tissu conjonctif intercellulaire (voir p. 63) joue un rôle important, accru par l'entraînement, dans la transmission des forces des sarcomères aux tendons.

L'orientation des fibres dans le muscle est aussi un facteur important : les muscles penniformes voient leur force considérablement augmentée par rapport aux muscles à fibres parallèles (fig. 53).

– Dans un *muscle penniforme*, la longueur des fibres est faible, mais le nombre de celles-ci est beaucoup plus grand que dans un muscle à fibres parallèles de longueur et de volume identiques. L'obliquité des fibres implique une perte de force pour chacune d'elles, puisque la force utile correspond à la projection de la force des fibres sur l'axe anatomique du muscle. Mais cette perte de force est très largement compensée par le nombre très élevé des fibres. Par contre, la capacité de raccourcissement de ce type de muscle est faible, puisque celle-ci correspond à un pourcentage donné de la longueur de repos de la fibre (qui est courte) et non du muscle (qui est plus long). Les muscles à fibres obliques interviennent principalement dans les maintiens posturaux.

– Dans les *muscles à fibres parallèles*, la force est exercée par celles-ci suivant l'axe anatomique du muscle. Deux muscles de ce type, de même

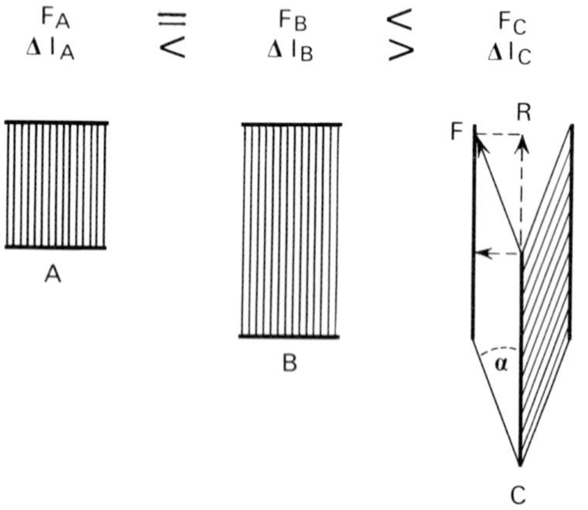

FIG. 53. — *Les différents types de muscle.* A et B : muscles à fibres parallèles de différentes longueurs. – C : muscle penniforme; dans ce cas la force résultante (R) d'une fibre dépend de la projection de la force (F) exercée par cette fibre sur l'axe du muscle, donc de l'angle α. Cette réduction de force est largement compensée par le nombre plus élevé de fibres.

surface de section mais de longueur différente, ont des forces identiques, mais leur capacité de raccourcissement est en proportion de leur longueur. Ces muscles sont essentiellement ceux du mouvement.

Au cours de l'entraînement musculaire, l'hypertrophie du muscle s'accompagne d'une augmentation de la force maximale. L'augmentation de la *surface de section* du muscle considéré (mesurée perpendiculairement à son axe anatomique) est un facteur important. L'échographie permet une bonne détermination de la surface de section de la plupart des muscles. A défaut, la mesure du périmètre d'un segment de membre donne une indication satisfaisante de cette hypertrophie.

La force maximale du muscle est également liée à la longueur à laquelle il est activé (voir p. 87).

b) Transmission des forces. — La force du muscle est transmise sans perte lorsque la direction de celui-ci (ou de son tendon) est perpendiculaire aux leviers osseux qu'il commande. Dans le cas contraire, une décomposition des forces du muscle suivant la *règle des parallélogrammes* permet de retrouver la force utile au point d'insertion et la composante dirigée vers le centre de rotation de l'articulation. La force utile diminue lorsque l'obliquité d'insertion du muscle augmente, en raison du sinus de l'angle formé avec le segment osseux (fig. 54). Celui-ci ne compte réellement que si l'angle est inférieur à 60° (sin 60° = 0,87).

Lorsque le muscle se contracte dans les conditions physiologiques, sa force s'exprime par l'intermédiaire des segments de membres; ceux-ci agissent comme des leviers du premier, du deuxième ou du troisième genre. Ce qui

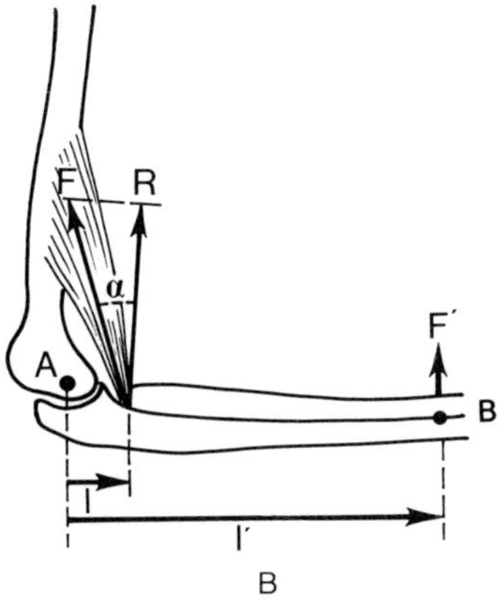

FIG. 54. — *Force exercée par le muscle.* Exemple du brachio-radialis; F. force du muscle. – R. force résultante. – F´. force transmise à l'extrémité du bras de levier osseux. – A. centre de rotation articulaire – B. point d'application de la force.

compte, en réalité, c'est le moment de rotation de l'articulation (M), produit de la force (F) au point d'insertion (A) par la distance de celui-ci au centre de rotation de l'articulation (l) et par le sinus de l'angle α :

$$M = F \cdot l \cdot \sin \alpha$$

La force (F′) transmise par le segment de membre en un point B, distant d'une longueur l' du centre de rotation articulaire, peut être calculée d'après la *règle des moments*, puisque M est aussi égal au produit : $F' \, l'$. Ainsi :

$$F' = (F \cdot l \cdot \sin \alpha) \cdot l'^{-1}$$

Inversement, connaissant la force exercée en un point B, il est aisé de calculer la force du muscle à son point d'insertion. Dans les deux cas, il faut tenir compte de la direction suivant laquelle est appliquée la force transmise par le segment de membre au milieu extérieur ou à l'instrument de mesure.

c) **Contrôle nerveux.** — Celui-ci s'exerce à partir des terminaisons sensibles des muscles, mais aussi des tendons et articulations, dont les informations proviennent soit aux centres médulaires, soit au niveau cérébral. La plasticité fonctionnelle du système de commande apparaît à travers plusieurs constatations : effets croisés de l'entraînement unilatéral (voir p. 74), déficit de force lors de la contraction volontaire simultanée de muscles homologues, croissance possible de la force par l'entraînement sans augmentation du diamètre des fibres. Mais une partie des voies de commande semble ne pas pouvoir être utilisée lors de la contraction maximale volontaire, puisque le niveau de force déterminée par celle-ci reste toujours inférieur à celui qui suit une stimulation supra-maximale du nerf moteur du muscle considéré.

☐ **Mesure de la force isométrique maximale.** — Par définition, la force maximale volontaire d'un groupe musculaire est la force maximale qui peut être maintenue au cours d'une contraction isométrique brève de 3 ou 4 secondes. Un pic de force légèrement supérieur peut être observé lors d'une contraction énergique et très rapide, ne comportant qu'une montée de force sans maintien du niveau atteint. Une telle *force explosive* est délivrée lors de sauts ou de lancers, au cours desquels les muscles actifs atteignent leur *puissance de crête*.

La force maximale volontaire (FMV) a été mesurée initialement par Graham, qui opposait à l'action des muscles des poids de valeur croissante. Généralement, on utilise des dynamomètres, dont le plus ancien est le *dynamomètre* elliptique à ressort d'acier de Régnier, conçu à la fin du XVIIIe siècle pour la mesure de la force manuelle (fig. 55). Le dynamomètre de Collin, basé sur le même principe, et le dynamomètre de Clarke, utilisant la tension d'un câble, permettent de mesurer la force isométrique de la plupart des muscles squelettiques, le sujet testé exerçant celle-ci contre un point fixe par l'intermédiaire de montages appropriés.

On peut très facilement mesurer la force développée par un groupe musculaire en demandant à celui-ci de se contracter contre un poids, dont la valeur excède sa force maximale et placé sur une balance au moment de la contraction, le poids se trouve allégé de la valeur de la force exercée.

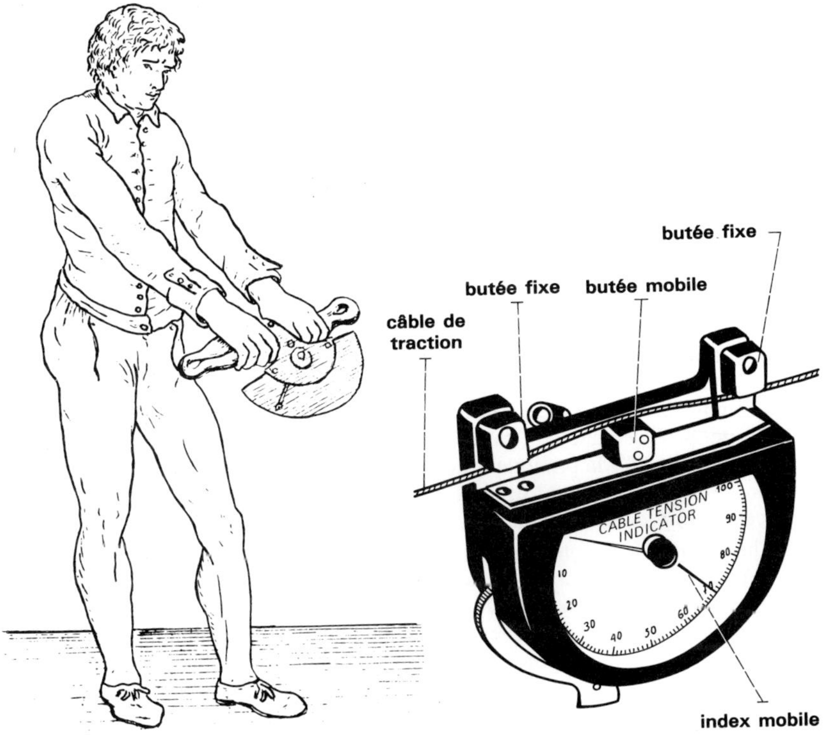

FIG. 55. — *Dynamomètres pour les mesures de force chez l'Homme.*
A gauche : dynamomètre de Régnier.
A droite : dynamomètre de Clarke.

Les méthodes les plus récentes utilisent les *jauges de contrainte*, pièces métalliques très légèrement déformées par la force musculaire, et sur lesquelles il est possible d'apprécier les microdéformations les plus fines. D'autres dispositifs utilisent comme capteurs des *quartz piézo-électriques*. Dans les deux cas, les variations de force sont enregistrées en fonction du temps. Ces capteurs de forces peuvent être inclus dans des bâtis, plaçant le sujet examiné dans une position de référence bien standardisée et donnant à celui-ci une bonne assise pour l'exercice de sa force.

Pour être comparables d'un sujet à l'autre, ou chez le même sujet lors d'examens successifs, les mesures de force doivent, en effet, être réalisées dans des positions strictement standardisées, les angles articulaires jouent un rôle important (voir fig. 44, p. 90). Le sujet examiné doit être en bonne condition physique et suffisamment motivé. Les consignes doivent être données dans des termes identiques et le sujet ne disposera pas de plus de 2 ou 3 essais.

☐ **Mesure des forces dynamiques.** — En dehors des conditions isométriques, la force maximale d'un muscle dépend de la vitesse avec laquelle il se raccourcit ou résiste à une force extérieure (voir fig. 45, p. 91). Pour un angle articulaire donné, en contraction concentrique les forces dynamiques sont toujours inférieures aux forces isométriques, en contraction excentrique elles leur sont toujours supérieures. Les forces segmentaires peuvent être mesurées lors de mouvements articulaires réalisés à vitesse constante à l'aide de dispositif type «Cibex» (voir p. 102). La résultante des forces transmises au centre de gravité du corps peut être connue en plaçant le sujet sur une *plateforme de force*.

☐ **Principales variations de la force maximale.** — La force maximale croît de façon linéaire avec *l'âge* jusqu'à la puberté. Elle s'élève ensuite à un rythme moindre jusqu'à l'achèvement de la croissance et atteint son maximum vers 25 ans. Au-delà, elle tend à décroître et n'est plus que de 75 % du maximum vers 60 ans. En réalité, l'évolution de la force dépend du type d'activité professionnelle (travail de force ou emploi sédentaire), ou de l'entraînement lié à la pratique d'un sport (de force ou d'adresse). La chute de la force musculaire avec l'âge est généralement moins importante que celle des capacités d'adaptation végétative au travail musculaire.

Chez *la femme*, la force maximale est comprise, à âge identique, entre 55 et 80 % de celle de l'homme, suivant les muscles. Là encore joue le degré de sollicitation de ceux-ci dans la vie courante. Par ailleurs, il a été montré que les différences intersexes s'annulent si les valeurs de force sont rapportées au carré des dimensions corporelles ou à la masse maigre des sujets.

Chez l'adulte jeune, il est admis que la force rapportée à la *surface de section droite* des fibres musculaires est en moyenne de 40 $N.cm^{-2}$, avec des extrêmes allant de 20 à 60 $N.cm^{-2}$ (1 newton (N) correspond à environ 0,1 kg). Deux causes d'erreur sont possibles dans le calcul des chiffres avancés, liées à un même phénomène ; d'abord le raccourcissement du muscle lui-même : en effet, le muscle contracté en anisométrie présente une surface de section plus grande que lorsqu'il est au repos ; ensuite, l'obliquité des fibres diminue dans les muscles penniformes lorsqu'ils se contractent. Quoi qu'il en soit, une erreur importante peut être faite dans l'évaluation de la section droite dans ce dernier type de muscle.

Il a pu être montré, par exemple, que la force maximale des muscles fléchisseurs de l'avant-bras est constante entre 12 ans et l'âge adulte confirmé, et serait égale à 63 $N.cm^{-2}$, la surface de section des muscles étant déterminée sur l'avant-bras en extension complète. Dans la même étude, un entraînement de 3 mois, comportant chaque jour 3 contractions isométriques maximales de 10 secondes, séparées par 1 minute de repos, a provoqué un gain de force de 91,7 % mais seulement un gain dans la surface de section de 23 %, de sorte que la force était passée de 63 à 100 $N.cm^{-2}$. Si l'on peut considérer qu'une partie du gain de force est due à l'augmentation du nombre des myofibrilles, il faut admettre que l'entraînement augmente aussi la capacité du sujet à mieux mobiliser ses unités motrices (Ikai et Fukunaga). Ainsi pourrait s'expliquer les gains de force controlatéraux après entraînement unilatéral d'un groupe musculaire. Les chiffres ci-dessus sont probablement excessifs, compte tenu des erreurs d'estimation de la surface de section du muscle, mais un gain de force de l'ordre de 50 % signalé dans cette expérimentation est vraisemblable.

Il n'existe vraisemblablement pas une méthode unique d'entraînement de la force musculaire, mais de nombreuses combinaisons prenant en compte un niveau élevé de force (plus de 60 ou 70 % de FMV), une durée de maintien ou une vitesse de raccourcissement, un nombre de mouvements dans une série, un rythme et une fréquence des répétitions. L'entraînement par contractions excentriques a pu être préconisé, afin d'obtenir des niveaux de force élevés sans solliciter outre mesure les fonctions végétatives de l'organisme (dépense énergétique, fréquence cardiaque).

☐ **Diminution de la force maximale avec le travail.** — L'exercice de la force maximale volontaire ne peut être répété plus de 4 ou 5 fois sans que l'on assiste à une baisse progressive de la performance (fig. 56). Celle-ci survient même pour des fréquences de contraction basses, très inférieures à 1 par minute. Il semble que la baisse observée dépende plus du nombre de contractions réalisées que de leur fréquence, ce qui témoigne de la lenteur des processus de restauration de la capacité initiale du muscle.

Pour des fréquences de contractions élevées (6 à 30 min^{-1}), FMV se stabilise après quelques minutes à des niveaux d'autant plus bas que la fréquence est élevée (50 à 60 % de FMV à 30 min^{-1}).

Une constatation identique peut être faite lors d'une contraction isométrique mettant en jeu d'emblée la totalité des unités motrices. Malgré l'effort de volonté du sujet, la force maximale chute inexorablement. La décroissance de la force est plus rapide que dans une série de contractions isométriques

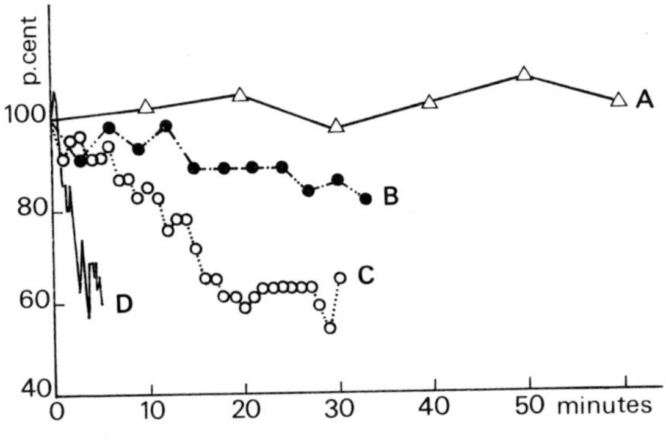

FIG. 56. — *Chute de la force maximale avec la répétition.* Quatre épreuves comportant l'exercice répété de la force maximale volontaire ont été réalisées par un même sujet aux fréquences de 6 (A), 20 (s), 60 (C) et 360 (D) par heure. La force est exprimée en valeur relative par rapport à la valeur initiale (d'après Bourguignon, Marty et Scherrer, *J. Physiol.*, Paris, 1959, *51*, 93-110).

brèves, car la contraction statique maintenue provoque dans le muscle une *ischémie* plus complète.

La diminution de FMV apparaît implicitement dans les premières études ergographiques de Mosso, qui comportent une réduction de la course des mouvements successifs réalisés à fréquence constante contre une charge initialement fixée. Au cours du travail dynamique à puissance constante, FMV diminue rapidement, d'environ 15 % de sa valeur initiale, puis doucement dans une phase plus prolongée précédant une chute terminale et l'arrêt des contractions.

La *récupération* de la force maximale volontaire, après arrêt des contractions, est rapide dans un premier temps, plus lente ensuite, suivant une courbe exponentielle. La phase initiale correspond à l'élimination des déchets, la seconde phase à la restauration des réserves énergétiques du muscle. Dans certains cas un phénomène de « sur-récupération » a été observé : après une série de contractions isométriques brèves rapprochées, la mesure de FMV au cours de la récupération montre que certains sujets arrivent à dépasser le niveau initial. Il peut s'agir d'une facilitation périphérique, évoquant la potentiation post-tétanique, ou centrale, traduisant un meilleur recrutement et une meilleure synchronisation des unités motrices.

LA CAPACITÉ DE TRAVAIL STATIQUE

La contraction isométrique intervient au premier chef dans la fixation des articulations nécessaires à l'exécution de certains gestes, ou des membres inférieurs et du tronc pour des activités effectuées par les membres supérieurs (haltérophilie, lutte, lancers, ...).

☐ **Méthode d'étude.** — Un travail statique *continu* peut être réalisé lors du maintien d'une charge dans une position donnée que le sujet doit s'efforcer de maintenir. Il peut l'être aussi par traction ou pression sur une jauge de contrainte. Il s'agit alors de maintenir un niveau de force donnée, qui, dans les épreuves à régime constant, ne peut être que sous-maximal. Ces deux méthodes sont équivalentes. En général, pour tenir compte des différences de force des sujets, on choisit d'imposer une fraction donnée de la force maximale volontaire. Dans certains cas, un travail statique *intermittent* est réalisé par l'introduction de périodes de repos au cours desquelles aucun mouvement des segments de membres n'est autorisé.

☐ Relation entre la force et le temps de maintien

a) Cas du travail statique continu. — C'est une donnée de l'expérience individuelle que plus une charge (F) est élevée, moins long est le temps maximum, ou *temps-limite* (t_{lim}), pendant lequel elle peut être portée. La relation entre le temps-limite et la force est de type hyperbolique (fig. 57). On admet généralement que le temps de maintien pour un travail statique continu devient infini si

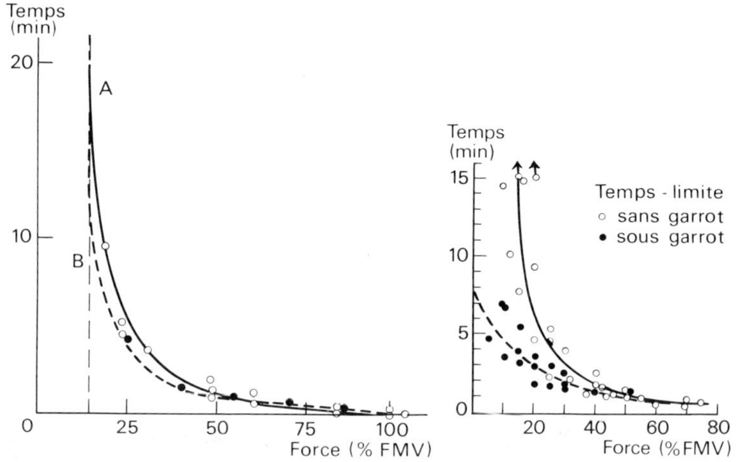

FIG. 57. — *Relation force/temps-limite pour le travail continu.*
A gauche : résultats obtenus par divers auteurs : Monod et Scherrer, 1957 (courbe A), Rohmert, 1960 (courbe b), Caldwell, (1963) (○), Phuon, 1963 (•).
A droite : réduction du temps-limite après pose d'un garrot (d'après F. Bonde-Petersen, 1969).

la force ne dépasse pas 15 à 20 % de FMV ; cette limite est dénommée *force critique* (f). Gollnick a montré, par l'étude de la déplétion glycogénique sur prélèvement biopsique, que celle-ci atteint sélectivement les fibres de type I lorsque la force musculaire ne dépasse pas 20 % de FMV, alors qu'au-delà les fibres de type II sont les plus touchées.

Si la force mise en jeu est égale à 50 % de FMV, le temps-limite est de l'ordre de 1 minute. Dans les conditions normales, les muscles assurant la posture debout ou assise n'utilisent pas plus de 10 % de leurs forces maximales, ce qui explique la capacité à maintenir ces postures immobiles pendant des temps très longs. La relation entre le temps-limite et la force s'écrit ainsi :

$$t_{lim} = k/(F-f)^n \text{ avec } n = 2,4$$

L'existence d'un exposant n supérieur à 2 dans la formule ci-dessus permet de supposer que la force de maintien intervient d'au moins deux façons dans la limitation des temps de travail :

– en épuisant les réserves énergétiques du muscle ;

– comme facteur d'ischémie, limitant l'apport énergétique au muscle.

La relation ci-dessus a été vérifiée pour un grand nombre de muscles, chez l'homme et chez la femme, chez le sujet jeune ou âgé. Elle reste la même, à condition que la force soit exprimée comme une fraction de la force isométrique maximale. Des courbes identiques ont été obtenues pour des activités plus complexes à composante statique prédominante, telle que le transport de charges à bras (Faria).

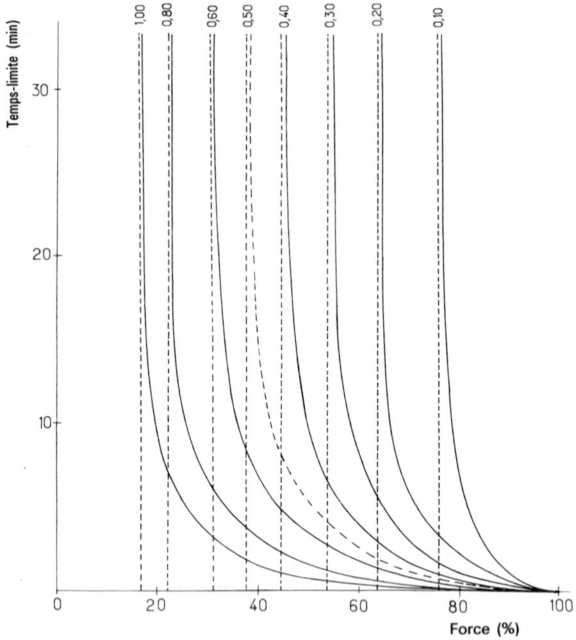

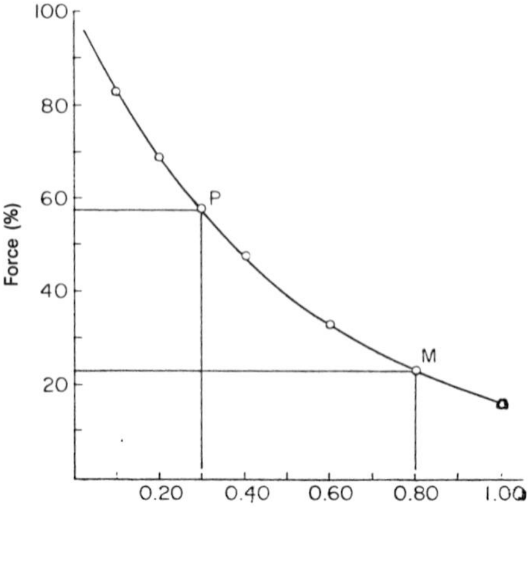

FIG. 58. — *Relation force/temps-limite pour le travail statique intermittent.*

En haut : temps-limite en fonction de la force pour des durées relatives de contractions variées. La durée relative du travail va de 1 (travail statique continu) à 0,10. Une plus grande quantité de travail peut être réalisée lorsque la durée des repos intercalaires croît, en raison d'une meilleure irrigation du muscle.

En bas : force critique en fonction de la durée relative de contraction allant de 10 à 100 %.

M : une force de 22 % du maximum (FMV) peut être maintenue sans fatigue si la durée des contractions ne dépasse pas 80 % du temps total (20 % de repos).

P : Si la durée relative de travail est fixée à 30 % (70 % de repos), celui-ci ne peut être poursuivi sans fatigue que si la force ne dépasse pas 57 % de FMV (Pottier et coll., *Le Travail humain,* 1969, *32,* 271284).

☐ **Cas du travail statique intermittent.** — L'ischémie musculaire limite la durée du travail statique continu. A l'inverse, celui-ci peut être poursuivi, à force égale, pendant des temps beaucoup plus longs s'il est intermittent, la circulation sanguine s'effectuant librement pendant les périodes de repos intercalaires. L'élément déterminant est la proportion du temps de travail (p) dans un cycle comprenant une période de travail et une période de repos. En partant du travail statique continu pour lequel p est égal à 100 % par définition, il est possible de suivre l'effet de l'introduction de périodes de repos de durée croissante : 10, 20, 30... et 90 %. Au fur et à mesure que le travail diminue et ne représente plus, inversement, que 90, 80, 70... et 10 % du temps total, la force critique du muscle augmente. Ainsi par exemple, elle est respectivement de 40 % et 83 % pour des valeurs de p de 50 % et 10 % de la force isométrique maximale (fig. 58). La relation entre le temps-limite et la force devient alors :

$$t_{lim} = K/(F-f)^{np}$$

Le régime critique maximal (Ws max) du travail statique intermittent peut être défini comme la quantité maximale de travail statique pouvant être réalisé par unité de temps (t) sans fatigue. A chaque valeur de p correspond une valeur de la force critique (f) et une valeur du régime critique, tel que :

$$W_{s\,max} = f \cdot t \cdot p$$

Le régime critique maximal est obtenu lorsque chaque contraction du travail statique intermittent n'excède pas 30 s, et que le temps de travail ne

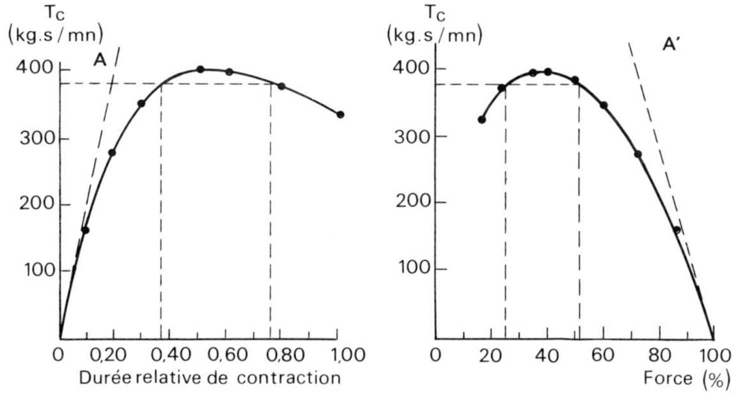

FIG. 59. — *Régime critique du travail statique du biceps brachii.* La capacité maximale de travail statique réalisée en une minute sans fatigue définit le régime critique, qui s'exprime en kg.s/min. Il est fonction de deux facteurs : la durée relative de contraction et la force. Le régime critique maximal est obtenu pour un temps relatif de travail de 0,50 et pour une force égale à 40 % de la force maximale. Entre les lignes discontinues verticales, le travail statique correspond à au moins 95 % du régime critique maximal. Les droites A et A′ correspondent à des limites absolues : utilisation de la force isométrique maximale pour différentes durées relatives, ou du temps total pour différents niveaux de force. (Pottier et coll., *Le Travail humain*, 1969, *32*, 271-284).

dépasse pas 50 % du temps total, ce qui correspond à une force de 40 % du maximum. Mais on remarque (fig. 59) que le régime critique ne diffère pas de plus de 5 % pour des combinaisons de p comprises entre 80 et 35 % de travail dans le temps total, et de f se situant inversement entre 25 et 50 % de la force maximale volontaire. Ce n'est donc pas par l'utilisation des forces les plus élevées qu'une grande quantité de travail statique peut être faite.

☐ **Restauration de la capacité de travail statique.** — Après arrêt des contractions isométriques, le muscle retrouve sa capacité de travail de façon exponentielle, comme pour la force maximale, que celles-ci aient abouti ou non à l'épuisement. Le temps nécessaire à une restauration à 90 % de la capacité de travail varie comme le logarithme du temps pendant lequel la force a été maintenue. Pour Rohmert, la restauration quasi complète survient après un temps de repos (t_r) rapporté à la durée de la contraction statique (t) correspondant à la formule suivante :

$$t_r\,(\%) = 18\ t/t\ \text{max})^{1,4} \cdot (F/F\ \text{max} - 0,15\ \text{Fmax})^{0,5} \cdot 100$$

Cette formule, où le nombre 0,15 représente la force critique du travail statique intermittent, permet de calculer par exemple que le temps de récupération est d'environ 6 minutes, après exercice d'une force de 70 % de FMV maintenue pendant 24 secondes.

LA CAPACITÉ DE TRAVAIL DYNAMIQUE

La production de mouvements joue un rôle plus grand dans la vie quotidienne que le simple maintien postural. Même si une composante statique peut y être mêlée, le travail dynamique se retrouve dans toutes les activités de base de l'organisme, dans le travail professionnel et dans la pratique de tous les sports. Parmi les causes de variations de la dépense énergétique, c'est de loin le travail dynamique qui occupe la première place. L'évaluation du travail réalisé en unités physiques n'est pas toujours possible, notamment dans les activités complexes. Il est par contre toujours possible de comptabiliser les opérations élémentaires ou les séquences plus complexes (distance parcourue, charge transportée, ...) dont chacune est, à un facteur près, proportionnelle au travail mécanique.

☐ **Méthodes d'étude.** — Divers types *d'ergomètres* sont utilisés pour la réalisation d'un travail général ou d'un travail local.

a) Travail général. — Il est souvent réalisé en laboratoire sur *tapis roulant*, permettant la marche ou la course ; le travail réalisé est proportionnel à la distance parcourue, la puissance à la vitesse. Il l'est plus généralement sur *ergocycle* (cyclo-ergomètre), utilisé avec les jambes (pédalage) ou avec les bras (manivelle) ; ce type d'ergomètre est directement étalonné en watts. Le travail positif est seul comptabilisé. Pour les besoins de certaines études, d'autres types d'ergomètres ont été conçus, rappelant la roue des carriers : montée d'escalier, nage, aviron…, le but étant de pouvoir graduer le travail dynamique imposé.

b) Travail local. — Le premier *ergomètre à poids* (ou ergographe) est celui de Mosso destiné aux études de fatigue du fléchisseur du médius. Le même principe a été repris pour un très grand nombre de groupes musculaires. Le sujet doit soulever une charge sur une certaine hauteur. Si ces deux éléments sont constants, et si la fréquence des mouvements l'est aussi, le travail est donc réalisé à *puissance constante*.

L'accélération d'un volant permet d'étudier les effets d'une contraction unique, mais non d'un travail répétitif. Le travail peut par contre être effectué par traction sur un ressort, mais la force de réaction de celui-ci n'est pas constante au cours du mouvement. Certains dispositifs ergométriques ont été conçus pour séparer le travail positif du travail négatif lors de soulevés de poids.

□ **Relation entre travail-limite, temps-limite et puissance.** — On doit à J. Scherrer d'avoir proposé, à propos du travail dynamique local, un mode de raisonnement qui a été ensuite repris pour d'autres types d'activités musculaires (travail statique, travail général, …). Il s'agit de la détermination de la puissance critique d'un muscle.

a) Relation entre travail-limite et temps-limite. — Lorsque l'on demande à un sujet de faire un travail dynamique local à des puissances constantes et suffisamment élevées, un épuisement du muscle survient en un temps-limite (t_{lim}) au bout duquel un travail-limite (W_{lim}) a été réalisé. Le quotient de ces deux grandeurs définit la puissance (P) de l'exercice :

$$(P = W_{lim}) \cdot t_{lim}^{-1}$$

On conçoit aisément que plus la puissance est grande, plus précoce est l'épuisement et moindre la quantité de travail fourni.

Si l'on examine la distribution des points correspondant à des épuisements constatés lors d'une gamme assez large de puissance, il apparaît que travail et temps-limite sont reliés par une fonction linéaire (fig. 60), telle que :

$$W_{lim} = a + b\, t_{lim}$$

Cette relation a été vérifiée pour des temps-limites allant de 2 à 60 min pour un nombre élevé de groupes musculaires. Elle constitue la droite des épuisements pour un groupe musculaire donné.

b) Interprétation de la relation. — La quantité de travail mécanique qu'un muscle peut faire est nécessairement liée à l'énergie dont il dispose, qu'elle provienne du métabolisme aérobie ou du métabolisme anaérobie. Tout se passe donc comme si la quantité de travail devait être attribuée à la somme de deux termes :

– une *réserve énergétique* disponible dans le muscle lui-même, rapidement mobilisable, correspondant aussi bien à l'énergie contenue dans les composés phosphorés, qu'à celle provenant de la dégradation anaérobie du glycogène ou de l'utilisation de ce substrat dans des réactions aérobies au contact de l'oxygène de la myoglobine. Cette réserve énergétique serait représentée par le facteur *a*.

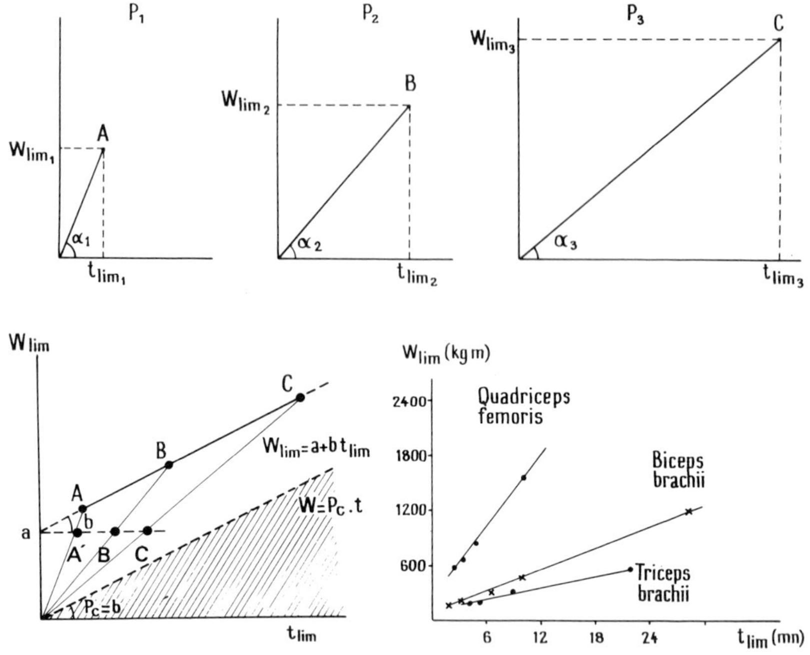

FIG. 60. — *La puissance critique du travail dynamique.*
En haut : trois épreuves P_1, P_2, P_3, réalisées à des puissances α_1, α_2 et α_3 aboutissent à un seuil d'épuisement local, respectivement A, B et C. Pour chaque épreuve, on a porté le travail-limite (W_{lim}) en fonction du temps-limite (t_{lim}).
En bas, à gauche : les trois points A, B et C s'alignent sur une même droite dont la pente *b* correspond à la puissance critique du muscle. Lorsqu'un travail dynamique est réalisé sous garrot, la quantité de travail effectuée est toujours la même (A´, B´, C´). L'épuisement de la réserve énergétique (*a*) est plus rapide lorsque le muscle travaille à puissance élevée. La zone hachurée englobe les travaux dynamiques effectués normalement sans fatigue.
En bas, à droite : exemples de détermination de la puissance critique pour différents groupes musculaires.
(D'après Monod et Scherrer, *Ergonomics*, 1965, 329-338.)

– un *apport énergétique* s'établissant à un rythme constant pendant le travail musculaire, cet apport est proportionnel à la puissance de l'exercice, tant que le muscle fonctionne à un rythme de croisière, mais ne peut dépasser un niveau maximal représenté par le facteur *b* dans l'équation ci-dessus.

On remarque sur la figure 60 que les facteurs *a* (ordonnée à l'origine) et *b* (pente de la droite) ont des valeurs d'autant plus élevées que les masses musculaires considérées sont volumineuses. Mais le meilleur argument à l'appui de l'interprétation ci-dessus est d'ordre expérimental. Lorsque l'on demande à un sujet de réaliser des travaux dynamiques à diverses puissances *sous garrot*, le travail-limite est le même dans tous les cas et égal au facteur *a*. L'arrêt circulatoire supprime tout apport énergétique au muscle et empêche l'évacuation des déchets de la contraction : le facteur *b* devient égal à zéro.

c) **Puissance critique d'un groupe musculaire.** — Le facteur b correspond à la puissance critique du muscle. Dès lors que la puissance mécanique imposée la dépasse ($P > b$), le muscle doit faire appel à ses réserves énergétiques ; en fait, il les entame dès le début du travail, lorsque les adaptations cardiorespiratoires n'ont pas encore atteint leur palier. L'épuisement du muscle survient lorsque les réserves mobilisables (*a*) ont été consommées, et ce en un temps d'autant plus bref que la différence est grande entre l'apport énergétique maximal (b) et la puissance de l'exercice (P). Ce temps peut être calculé en égalant les deux expressions du travail-limite :

$$W_{lim} = P\ t_{lim} \text{ et } W_{lim} = a + b\ t_{lim}$$

il vient alors :

$$t_{lim} = \frac{a}{P - b}$$

A l'inverse, lorsque la puissance de l'exercice (P) est inférieure ou égale à b, le travail peut être poursuivi sans fatigue pendant un temps très long, théoriquement infini ($P \leq b$).

Sur le plan pratique, on voit que trois ou quatre épreuves de travail musculaire poursuivies à l'ergomètre jusqu'à l'épuisement suffisent pour déterminer la puissance critique d'un muscle. Il n'est d'ailleurs pas nécessaire de pouvoir exprimer le travail réalisé en unités physiques pour déterminer la puissance critique d'une activité complexe mettant en jeu plusieurs groupes musculaires et plusieurs articulations. Tout geste, tout mouvement peut être réalisé à une puissance croissante par augmentation de la charge déplacée, de la fréquence des répétitions ou éventuellement de l'amplitude de la course articulaire, ou d'une association quelconque de ces facteurs.

d) **Analogie avec le travail statique.** — La relation linéaire entre travail-limite et temps-limite mise en évidence pour la contraction dynamique est retrouvée dans le cas de la contraction isométrique. Le travail statique réalisé s'exprime par le produit de la force par le temps de maintien :

$$W = F \cdot t \quad \text{et} \quad W_{lim} = F \cdot t_{lim}$$

En portant W_{lim} au lieu de F en fonction de t_{lim} une relation linéaire apparaît (fig. 61), ce qui autorise à étendre au cas du travail statique la signification des paramètres *a* et *b* admise ci-dessus pour le travail dynamique.

Inversement, le temps-limite du travail dynamique peut être représenté en fonction de la puissance d'exercice et non plus du travail-limite réalisé, d'après la relation $t_{lim} = a/P - b$. Il apparaît ainsi que le temps-limite du travail dynamique est une fonction hyperbolique de la puissance (fig. 61), *b* étant l'asymptote de l'hyperbole correspondante. L'analogie de représentation

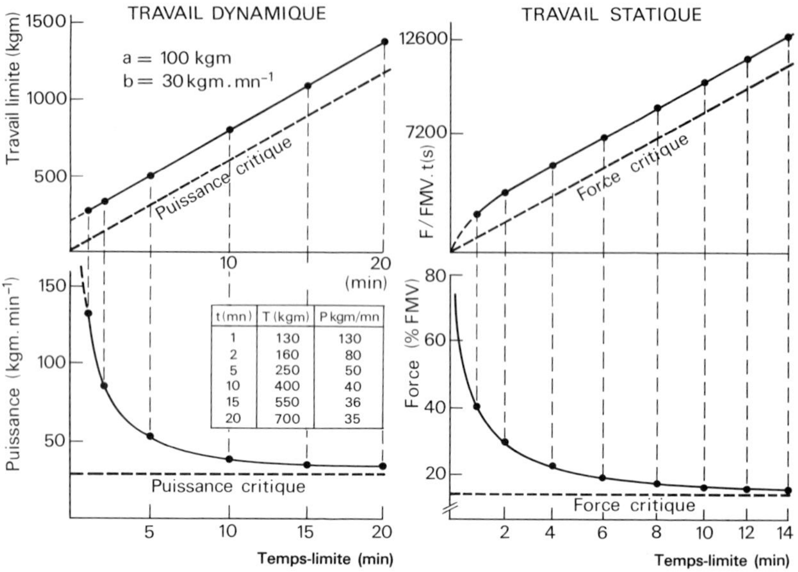

FIG. 61. — *Transformation d'ordonnée montrant l'analogie entre le travail statique et le travail dynamique.* Cas particulier du biceps brachii, dont la force isométrique maximale est de l'ordre de 32 kg. Au cours du travail statique, la force a la dimension d'une puissance.

amène à conclure que la *force* du travail statique a la même signification que la *puissance* du travail dynamique.

e) **Analogie avec le travail général.** — A.V. Hill avait montré en 1927 que la vitesse moyenne de course (équivalent d'une puissance) est liée aux records enregistrés (équivalents du temps-limite) sur différentes distances (équivalents du travail-limite) par une relation de type hyperbolique. La même constatation ressort de l'examen des données du tableau II (voir chap. 1, p. 8).

Le «travail» réalisé au cours d'épreuves sportives de vitesse est donc en relation linéaire avec le meilleur temps de celles-ci. L'exercice réalisé est rendu possible grâce à l'énergie fournie par le métabolisme aérobie dont la limite est $\dot{V}_{O_2}$ max et par le métabolisme anaérobie apprécié par la dette d'oxygène (D_{O_2}). Ainsi pour le travail général :

$$W_{lim} = D_{O_2} + k\dot{V}_{O_2}\,\max \cdot t_{lim}$$

Les chiffres de capacité aérobie indiqués dans le chapitre 1 p. 23 pour des exercices épuisants permettent de retrouver effectivement une relation linéaire (fig. 62). Dans ce cas particulier, l'ordonnée à l'origine est d'environ 12 litres d'oxygène et la pente de la droite de 2 l.min^{-1}.

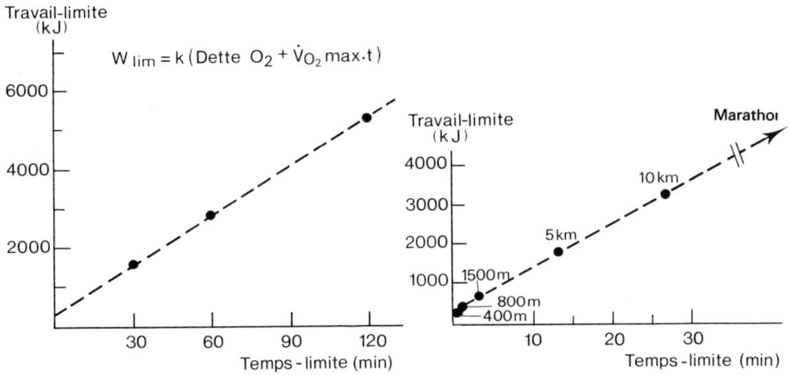

FIG. 62. — *Relation travail-limite/temps-limite dans le cas d'un travail général.*
A gauche : relation établie d'après 3 épreuves sur tapis roulant poursuivies jusqu'à l'épuisement complet. La dette d'O_2 est d'environ 12 litres et $\dot{V}_{O_2}$ max d'environ 2 l.min^{-1}.
A droite : relation établie pour les courses de vitesse et de fond (v. tableau II, p. 8).

LA FATIGUE MUSCULAIRE

On englobe sous le terme de fatigue musculaire l'ensemble des phénomènes qui limitent la poursuite d'une activité motrice ou qui retardent la restauration de la capacité de travail en un temps normal.

☐ Concept et définition

Le terme de fatigue est ambigu et même en restant dans le domaine de la physiologie du muscle et de l'exercice, il doit être précisé.

– *La fatigue objective* est celle dont les signes sont perçus par un observateur impartial et fait l'objet d'enregistrements ; l'intensité de ces signes est mesurable. Elle s'oppose donc à la *fatigue subjective* dont l'analyse passe par les dires du sujet, avec toute la diversité et l'imprécision des termes utilisés, tels que : malaise, épuisement, lassitude, crampes ou douleurs musculaires ou articulaires, dont la gradation est difficilement appréciée.

– *La fatigue locale* est celle qui survient au cours d'une activité locale, c'est-à-dire, réalisée par un petit nombre de muscle (classiquement, moins d'un tiers de la musculature générale — v. p. 103). *La fatigue générale* intéresse un exercice impliquant la mise en jeu d'un très grand nombre de muscles. Son siège peut être musculaire, mais il implique le plus souvent toutes les grandes fonctions qui sous-tendent l'adaptation à l'exercice : respiration, circulation, thermorégulation, nutrition, etc.

La fatigue musculaire a été définie comme étant « la chute de la performance attendue ». Un sujet exerce une force de niveau élevé ; assez rapidement la contraction ne peut-être poursuivie : on dit que le ou les muscles en cause sont fatigués; une nouvelle contraction de même force ne peut-être réalisée qu'après un temps de repos. Il en est de même à l'issue d'une course de 3 000 m; le sujet, épuisé, ne peut pas continuer, la durée de la récupération est plus longue que dans le cas de l'exercice local. La prise en compte du seul critère de la performance est insuffisante; elle néglige les phénomènes adaptatifs de l'organisme qui témoignent de la résistance à l'installation de la fatigue et se trouvent dépassés (accroissement de FC, de l'EMG, déshydratation cellulaire, etc.).

La définition proposée par Scherrer et Monod (1960) est plus satisfaisante : la fatigue musculaire peut en effet être décrite comme « une baisse transitoire de la capacité de travail du muscle, consécutive à l'activité musculaire, survenant pour un niveau constant d'incitation des centres moteurs et réversible par le repos ». Ce qui est dit pour un muscle est aussi vrai pour l'organisme entier engagé dans un exercice général. Cette définition en quatre points élimine donc toutes formes de *fatigue pathologique* souvent désignée sous le terme d'*asthénie*, liées à une affection médicale, à un accident traumatique, de même qu'une baisse de la capacité de travail liée au vieillissement de l'organisme.

☐ **Conditions d'apparition et mécanismes.** — La fatigue musculaire s'installe insidieusement, d'abord au niveau de quelques sarcomères ou myofibrilles, touchant en nombre croissant les fibres des unités motrices initialement mobilisées. Les éléments défaillants sont peu à peu relayés par d'autres unités motrices, comme en témoigne l'accroissement d'amplitude de l'électromyogramme global (v. p. 99), avant que celles-ci ne soient à leur tour touchées par le même phénomène. C'est alors que survient le seuil d'épuisement local (v. p. 112 et 117) : la performance musculaire ne peut plus être poursuivie à son niveau initial. Au cours du travail local l'augmentation spatio-temporelle du niveau d'activation musculaire s'accompagne d'une élévation progressive de la fréquence cardiaque et de la pression artérielle qui retarde l'installation de l'ischémie. Peu de temps avant la survenue de l'épuisement on peut observer une modification du rythme respiratoire, une diffusion des contractions aux groupes musculaires voisins, une diminution du contrôle de la position segmentaire et des tremblements se traduisant par de grandes bouffées de potentiel à l'électromyogramme.

La fatigue physiologique peut-être d'origine *centrale*, liée à un défaut de la commande motrice, et/ou *périphérique*, correspondant à une défaillance du mécanisme contractile. Dans les deux cas, il s'agit toujours d'une rupture d'équilibre entre les réactions biologiques diverses au stress que représente l'exercice musculaire et les capacités de restauration lorsque celui-ci est arrêté. La fatigue normale est un phénomène aigu, d'apparition immédiate. La fatigue pathologique d'origine sportive est une fatigue chronique. La fatigue s'observe toujours lorsque l'activité musculaire est trop intense, trop longtemps soutenue ou trop fréquemment répétée.

☐ **La fatigue du moteur musculaire.** — Trois ordres de mécanismes sont généralement invoqués pour expliquer une baisse de performance du moteur musculaire : l'un est central, les deux autres périphériques, donc plus facilement observables. Ils concernent les différentes phases de l'activation musculaire.

a) L'activation corticale

La fatigue centrale met en cause la volonté du sujet à poursuivre le travail entrepris, sa motivation, sa capacité à mobilier un maximum d'unités motrices, de façon aussi synchrone que possible, mais aussi de phénomènes d'inhibition à l'étage médullaire, dus par exemple à des afférences douloureuses. La comparaison entre niveaux de force maximales obtenus par contraction volontaire et par stimulation électrique du nerf moteur met en évidence une dégradation plus rapide avec la répétition dans le premier cas. La transmission neuro-musculaire n'est pas en cause. Il est admis qu'un muscle fonctionne au voisinage de son régime critique avec une fréquence d'impulsions de l'ordre de 6 s^{-1}. Or l'expérimentation animale montre que la transmission de l'excitation du nerf au muscle au niveau de la plaque motrice s'effectue coup pour coup à des fréquences très supérieures à 6 s^{-1}. Le niveau d'activation du muscle atteint d'ailleurs un maximum au moment où survient une baisse de la réponse mécanique du muscle. Cette même dissociation entre réponses mécanique et électrique a été démontré chez l'Homme (Merton).

b) Le couplage excitation contraction. — Le *signal déclenchant* (potentiel d'action propagé détecté par l'électromyographie) ne parvient plus au point où s'effectue le couplage entre l'excitation et la contraction. Lorsque le système tubulaire traverse (v. p. 67) n'assure plus la propagation de l'excitation à l'ensemble des sarcomères d'une même myofibrille, d'une même fibre ou d'une même unité motrice, il s'en suit une baisse progressive de la capacité de travail.

– Le rôle du *potassium* est particulièrement important. Au cours de la contraction celui-ci quitte le milieu intracellulaire pour la lumière tubulaire, diminuant le gradient électronique des tubules, dont les parois ne conduisent plus la dépolarisation. La baisse du pH intracellulaire active en effet les canaux potassiques en réduisant l'inhibition qu'exerce normalement sur eux une concentration élevée en ATP.

– L'apparition de *radicaux libres* pourrait également modifier la conductibilité de la membrane musculaire.

– Enfin, dans les exercices mettant en jeu les forces élevées la structure des sarcomères se trouve altérée par suite de contraintes mécaniques excessives. En témoigne l'élévation dans le plasma de la *créatine phosphokinase* (CPK). Au cours de l'entraînement un bon programme se manifeste par une baisse de CPK, alors qu'un mauvais programme, sollicitant trop de muscles, détermine une élévation de CPK.

c) La resynthèse de l'ATP. — Même en présence du signal électrique le couplage peut ne plus survenir pour des raisons métaboliques. Il ne s'agit pas de l'épuisement du glycogène, ni *a fortiori* des acides gras, dont les réserves sont considérables. Mais en cas de mise en jeu d'une puissance mécanique élevée faisant appel au métabolisme anaérobie, l'accumulation des lactates provoque une *chute du pH intracellulaire*, qui entraîne en chaîne la diminution de la concentration de la phosphocréatine, donc de la resynthèse de l'ATP par rephosphorylation de l'ADP et une accumulation d'ADP et d'AMP. La baisse du pH est également responsable d'un ralentissement du repompage du Ca^{++} du sarcoplasme vers le réticulum et d'une accumulation de celui-ci dans les mitochondries.

Ces mêmes effets sont observés lors d'une insuffisance du débit sanguin local. L'ischémie limite la durée du travail local, dynamique ou statique. Une réduction de la capacité de travail est observée lorsque le muscle travaille sous garrot artériel (voir fig. 57, p. 113 et 60, p. 118). L'ischémie ainsi provoquée ne permet plus au muscle d'éliminer les déchets de la contraction : il est fait davantage appel au métabolisme anaérobie lactique, l'accumulation d'ions H^+ est alors responsable d'un blocage des réactions enzymatiques, notamment de celles intervenant dans la dégradation de l'ATP. Il a été mentionné que l'alcalose induite préalablement à un exercice général augmente la durée de la performance, alors qu'une acidose induite la diminue. La baisse du pH est également rendu responsable d'une diminution de concentration du calcium ionisé dans le sarcoplasme.

Dans le cas d'un exercice de type général bref, réalisé à puissance maximale (sprints répétés) la durée respective de l'exercice et des repos intercalaires est importante. La vitesse de restauration de l'ATP peut devenir inférieure à celle de son hydrolyse. L'accumulation d'AMP entraîne, par suite de sa désamination, la diminution du pool des nucléotides. L'ATP n'est plus formée en quantité suffisante et la performance motrice diminue de qualité. La formation d'hypoxanthine et d'acide urique, qui résulte de ce processus, est facilement décelée dans le sang.

La spectroscopie RMN du phosphore 31, introduite depuis quelques années en physiologie musculaire, permet d'observer les molécules phosphorylées *in situ*, de façon non agressive. L'analyse des spectres de résonance est faite en prenant comme référence celle de la phosphocréatine. La position des différents pics pour l'ATP, l'ADP et le phosphate inorganique (Pi) est exprimée en partie par million (ppm). La concentration intracellulaire de l'ATP peut être déduite de la surface du pic du phosphate B de l'ATP. Lorsqu'un muscle, placé dans un champs magnétique d'intensité suffisante entre en contraction, on observe une modification des concentrations des diverses molécules par rapport à l'état de repos : diminution du pic de PC, augmentation du pic de Pi. Le rapport Pi/PC est lié à la puissance de l'exercice et à la dépense énergétique correspondante. La stabilité de ce rapport indique que le muscle dispose des quantités d'ATP suffisantes; son augmentation témoigne d'une formation d'ATP devenant insuffisante qui vient limiter la capacité de travail du muscle. Le pH cellulaire peut, par ailleurs, être déduit du déplacement du pic de phosphate inorganique.

□ **La fatigue de l'organisme entier.** — Lorsque l'intensité de l'exercice n'est pas trop élevée, un état d'équilibre s'établit entre les besoins énergétiques du muscles et la couverture de ces besoins, faisant d'abord appel à la glycogénolyse hépatique, puis à la néoglucogenèse (v. p. 30).

Lorsqu'à l'inverse l'exercice est réalisé à une vitesse (ou puissance) élevée, supérieure à ce qu'il est convenu d'appeler la vitesse critique (ou puissance critique) et que de plus le niveau en est maintenu pendant plusieurs dizaines de minutes, les ajustements végétatifs se trouvent dépassés. Les causes possibles de l'arrêt de l'activité sont beaucoup plus diffuses et variées que dans le cas d'un exercice local. Peuvent en effet être invoqué :

– L'*épuisement du glycogène musculaire* constaté par la valeur basse du quotient respiratoire et l'analyse des fragments de muscle prélevés par biopsie ; malgré le relais pris par la lipolyse et la néoglucogenèse, il est un facteur limitant de l'exercice.

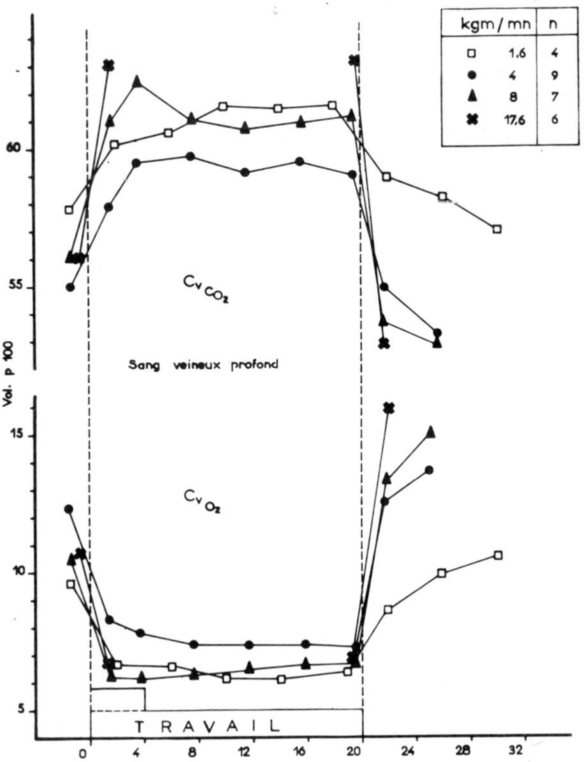

FIG. 63. — *Contenu du sang en O_2 et CO_2.* Travail local réalisé avec les muscles de l'avant-bras. Le sang veineux profond est recueilli par un cathéter introduit par la veine communicante du pli du coude. La désaturation en oxygène n'est pas accentuée dans les épreuves avec épuisement (Monod et coll., *J. Physiol.*, *Paris*, 1961, *53*, 697-717).

– Certains facteurs hormonaux d'adaptation métaboliques intervenant dans les épreuves sous-maximales prolongées pourraient être eux-mêmes défaillants, puisqu'une baisse du taux de la testostérone dans le sang a été mise parfois en évidence le lendemain de compétitions prolongées.

– La *fourniture d'oxygène* aux muscles et l'élimination du CO_2 formé peuvent être entravées par une défaillance de la chaîne de transport des gaz (v. p. 33). Ainsi par exemple, aux puissances d'exercice les plus élevées, la fréquence cardiaque tend vers une valeur maximale, mais le rendement mécanique du cœur, et donc de son efficacité, tend à diminuer. De même la diffusion alvéolo-capillaire atteint un maximum, la *respiration devenue moins rapide et moins ample* est alors moins efficace.

Il n'apparaît pas que le muscle, dont les contractions cessent par suite de la fatigue, manque d'oxygène, lorsqu'il s'agit d'une *activité locale et* que la circulation du sang s'effectue librement dans le muscle. Deux arguments peuvent être donnés :

– *La désaturation du sang veineux musculaire* en oxygène s'effectue toujours au même niveau (5 à 7 vol. p.100) quelle que soit la puissance d'exercice; elle est la même, que le muscle atteigne ou non l'épuisement local (fig. 63). On sait par ailleurs que le muscle, chez le cardiaque, est capable de désaturer complètement le sang veineux.

– *L'hypoxie aiguë sévère* (8 à 10 % d'O_2 dans l'air inspiré) ne modifie pas la capacité de travail statique ou dynamique du muscle.

Il n'en est pas de même pour l'*exercice général* : la diminution de l'oxygène dans l'air inspiré provoque une chute de la capacité de travail dynamique comme l'a montré récemment Nagata (fig. 64).

– La *déshydratation*, liée à la nécessité d'éliminer par la voie de l'évaporation sudorale les quantités de chaleur considérables produites par l'exercice, est responsable de la baisse de la capacité physique (voir p. 201).

– L'élévation du taux des *lactates sanguins* met l'organisme en acidose.

– La *production d'azote* par désamination de l'AMP et dégradation des acides aminés branchés (leucine, isoleucine, valine) est à l'origine de la formation d'ions NH_3; une *ammoniémie* élevée serait impliquée dans la fatigue centrale, car elle freinerait la captation du tryptophane par le cerveau et donc la synthèse de la sérotonine.

Chez le sportif bien entraîné, quel que soit le degré d'épuisement dans les épreuves intenses et de longue durée, l'organisme dans son entier retrouve en 24 ou 48 heures toutes ses capacités physiques. Il s'agit bien de la fatigue physiologique. Par contre, dans ce même type d'épreuve, réalisée par des sujets insuffisamment préparés, ne sachant pas organiser leur prestation, insuffisamment réhydratés, l'épreuve sportive peut très bien se terminer par un collapsus cardio-circulatoire, s'inscrivant ou non dans un syndrome d'hyperthermie maligne d'effort.

Si l'on compare l'exercice général et le travail local, il faut donc admettre que la capacité de travail général est bridée par une insuffisance d'apport en oxygène, tandis que la capacité de travail local l'est par l'insuffisance du débit sanguin dans le muscle. Ces deux mécanismes aboutissent en fin de compte à une baisse du pH intracellulaire.

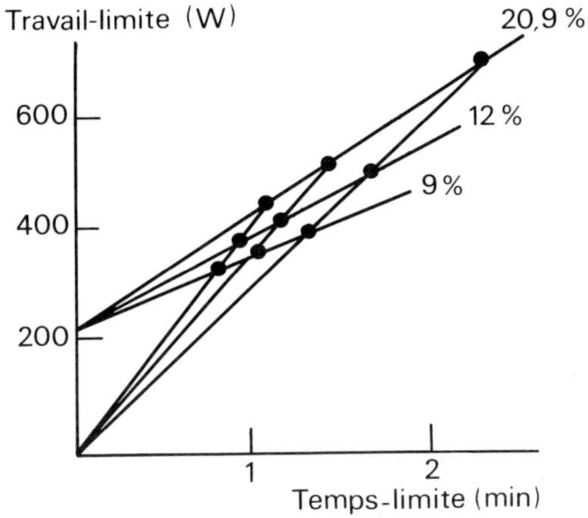

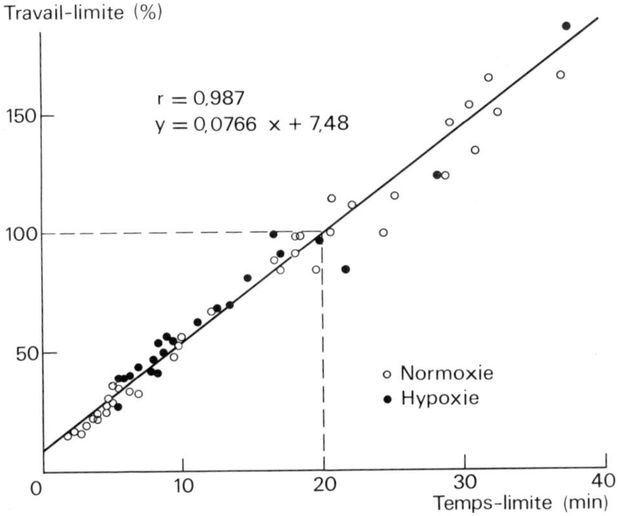

FIG. 64. — *Hypoxie et capacité de travail.*
En haut : travail général poursuivi jusqu'à l'épuisement; le sujet respire un mélange normoxique (20,9 % d'O_2) ou hypoxique (12,0 et 9,0 % d'O_2). La capacité de travail est diminuée en hypoxie (d'après Nagata et coll., *Ergonomics*).
En bas : travail local allant jusqu'à l'épuisement, réalisé en normoxie (○) et en hypoxie à 8 %-10 % (•). L'hypoxie est sans effet sur la capacité de travail local.

FATIGUE ET ASTHÉNIE CHEZ LE SPORTIF

La sollicitation excessive de l'appareil squelettique, des fonctions cardio-circulatoire et respiratoire, et des mécanismes de régulation hormonale qui interviennent lors de l'exercice est à l'origine d'une fatigue (au sens d'une usure) soit locale soit générale dont le caractère est donc pathologique.

☐ Les atteintes locales

– *Les frottements* répétés peuvent atteindre la peau, les bourses séreuses (bursites) et les tendons (tendinopathie : épiphysites, tendinites, téno-synovites).

– *Les forces élevées* répétées aux points d'insertion des tendons sont cause de douleurs invalidantes (tennis elbow, etc.). Lorsqu'elles sont, de plus, appliquées dans des conditions biomécaniques défavorables, elles sont à l'origine de claquages musculaires, de ruptures tendineuses ou ligamentaire, ou d'entorses. Les fractures «de fatigue», comme d'autres, peuvent être favorisées par des modifications de l'état général entraînant par elles-mêmes un bilan calcique négatif.

– *Les troubles circulatoires* périphériques sont enfin redoutables. Le syndrome ischémique de la loge antéro-externe de la jambe, observée notamment dans les marches forcées, résulte d'un blocage circulatoire; l'augmentation de la pression locale oblige parfois à une incision d'urgence de l'aponévrose de la loge. L'altération par microtraumatismes de la membrane des fibres musculaires est responsable de troubles de la perméabilité membranaire, de la destruction des filaments contractibles (rhabdomyolyse) accompagnée d'une myoglobinurie avec blocage de la fonction rénale.

☐ Les atteintes générales

Au cours d'une saison sportive, l'athlète de compétition suit un programme qui comporte des séances d'entraînement d'intensité croissante, alternant avec des périodes de repos ou de petites compétitions. Il s'agit d'un jeu de poursuite mené par l'entraîneur, parfois par le sportif lui-même, consistant à dépasser, de séance en séance, le niveau d'activité de la période précédente. Les capacités d'adaptation de l'organisme sont sollicitées à leur maximum; la capacité de l'athlète croît progressivement; celui-ci se trouve conduit au meilleur de sa forme, juste au-dessus de ce qui est nécessaire pour réussir dans ses compétitions officielles. C'est ce que la terminologie américaine appelle l'*overreaching*.

Mais parfois la récupération après entraînement ou compétition devient incomplète et les signes de fatigue s'accumulent. C'est le *surentraînement*, résultat d'une activité sportive menée à un rythme *trop soutenu* pendant *trop longtemps*, se manifestant par une diminution des performances motrices et un cortège de signes discrets, sub-cliniques, d'intensité variable. Différents degrés existent dans le surentraînement (*overtraining*).

La terminologie américaine est ambiguë. Pour certains, *overtraining* désigne un même processus qui se développe en deux étapes de gravité croissantes. Pour d'autres, il convient de séparer la première étape *overtraining*, de la seconde, *staleness*, que d'autres encore désignent sous le terme d'*overtraining syndrom*. D'où quelques quiproquos entre spécialistes qui décrivent les mêmes signes sous des termes différents. Le terme *staleness* signifie littéralement « manque fraîcheur », il se dit du pain rassis ou de la bière éventée. C'est bien d'un manque de fraîcheur que souffre alors le sportif. Dans cette pathologie, deux états peuvent être distingués :

– *Une fatigue passagère (overtraining)* ou fatigue à court terme, marquée par une récupération incomplète, une fatigue journalière (objective et subjective) croissante, une diminution de la capacité de travail. En témoignent une fréquence cardiaque plus élevée au repos (de quelques pulsations par minute le matin au réveil) mais aussi à l'exercice, une récupération plus lente, un rendement énergétique moins bon, des signes d'adaptation cardio-respiratoires plus marquées, une modification de la qualité de sommeil. Après réduction du programme d'activité, le retour à un état normal survient dans un délai de 1 à 2 semaines. Cette fatigue passagère peut également être la conséquence de déplacements transméridiens répétés, à l'occasion de compétition, qui cassent les rythmes biologiques (*Jet lag*). *Une fatigue chronique (overtraining syndrom ou staleness)*, observée lorsque la fatigue passagère n'a pas été détectée et dont les acteurs allemands ont contribué à isoler deux formes, correspondant à un déséquilibre neurovégétatif, à prédominance sympathique ou parasympathique :

– Dans un premier cas on note, outre les signes ci-dessus, une diminution de l'appétit, du poids corporel, une pression artérielle de repos plus élevée, un sommeil perturbé, une instabilité émotionnelle, des troubles du comportement, une réduction de la tolérance aux lactates, une diminution des défenses immunitaires, une rescrudescence des accidents. Cet ensemble de signes est plus fréquemment observé dans des sports exigeant de la force, de la vitesse d'exécution, des pointes de vitesse, des pointes d'activité, des efforts de coordination.

– Dans le second cas, la chute des performances s'accompagne d'une fréquence de repos basse, d'un retour très rapide de celle-ci après l'exercice, d'une hypoglycémie mal contrôlée à l'effort.

Dans les deux cas, la durée du retour à la normale est de l'ordre de *plusieurs mois*. En effet, les explorations biologiques ont montré l'existence d'un dysfonctionnement hormonal et neurovégétatif au niveau périphérique (thyroïde, cortic-surrénale, gonades), résultant d'un déficit primaire hypothalamo-hypophysaire. Le terme *d'asthénie neuro-physiologique* a, par ailleurs, été utilisé, mettant en cause une altération de fonctionnement de la formation réticulée, avec un continuum de signes observés à des intensités diverses et se situant entre l'asthénie et la dépression.

Le diagnostic de cet état de surentraînement qui, outre la mise au repos, peut-être l'objet d'un traitement hormonal, nécessite un sens clinique développé de la part de l'entraîneur ou de médecin du sport et un effort d'observation constant, pour juger de l'état physique ou mental du sportif. Le sportif lui-même est mauvais juge. Les signes de fatigue qu'il ressent sont généralement mal interprétés : sa tendance est de les attribuer à un entraînement insuffisant. En accroissant le niveau de celui-ci, il ne fait qu'accroître le déséquilibre entre exercice et récupération.

Le tableau de surentraînement n'est pas spécifique au domaine sportif : il peut en effet être observé en rapport avec une surcharge de travail en milieu professionnel.

6

Alimentation et activités physiques

Il y a dans ce domaine beaucoup de croyances, beaucoup de coutumes dont les fondements expérimentaux sont légers ou même inexistants. Mener à bien chez l'Homme une recherche expérimentale se heurte, en effet, à plusieurs difficultés : contrôle total des entrées et des sorties d'énergie sur un nombre suffisant de sujets, durée prolongée — plusieurs semaines — de la période d'observation, variations systématiques du contenu de la ration alimentaire, mise en relation directe de celle-ci avec les performances du sujet. En grande majorité, les études dont les résultats sont positifs concernent l'observation de sujets placés dans les conditions d'alimentation et d'exercice physique donnés, chez lesquels on tente moins de saisir la relation entre ces deux variables que les mécanismes d'adaptation de l'organisme à l'exercice.

Le Centre d'études et de recherches sur la nutrition et l'alimentation (CERNA) exprime très simplement quelques idées de bon sens, en disant : « l'alimentation est un facteur de santé ; il convient d'avoir une alimentation suffisante mais non excessive ; l'alimentation doit être variée ; il y a une infinité de façons de réaliser un menu équilibré, il n'y a pas d'aliments miracles et presque jamais d'aliments complets ou indispensables ».

S'agissant du sportif (de compétition ou de loisir), rien n'est à retirer des affirmations ci-dessus. Sur le plan des besoins énergétiques globaux, le sportif ne se distingue en rien du travailleur de force. Si la diététique du sportif peut concourir à l'amélioration des performances, en assurant le maintien d'une bonne condition physique, elle évite surtout à celui-ci les contre-performances dues, souvent, à des erreurs alimentaires. Les problèmes réels sont ceux de l'interférence de la digestion avec l'activité musculaire, des difficultés éventuelles de mobilisation des réserves énergétiques au cours du travail et du contrôle pondéral à court ou à moyen terme.

COUVERTURE DES BESOINS ÉNERGÉTIQUES ET PLASTIQUES

☐ Aspects quantitatifs de la ration alimentaire

Dans les pays à économie riche, les besoins sont couverts automatiquement sans recherche particulière. Les réserves énergétiques de l'organisme sont toujours suffisantes et peuvent être reconstituées facilement. Le danger vient plutôt de la surconsommation. En cas de restriction alimentaire, à l'inverse, la capacité de travail peut être menacée et l'entraînement physique compromis.

a) **Niveau énergétique de la ration.** — Il est déterminé comme pour le non-sportif, par la somme des dépenses : dépense de fond, dépenses liées aux activités végétatives de l'organisme au repos (digestion, thermorégulation), ou aux activités générales (déplacements et postures) et l'activité musculaire spécifique du sportif. Ce dernier poste peut varier dans des limites considérables en fonction du sport pratiqué (saut en hauteur ou course de fond) mais aussi du type d'entraînement suivi.

La consommation moyenne en France serait comprise entre 3 000 et 3 500 kcal (12,5 à 14,5 MJ) chez l'homme et entre 2 200 et 2 800 kcal (9 à 11,5 MJ) chez la femme. Chez le sportif jeune de sexe masculin, le chiffre de 6 000 kcal (25 MJ) peut être atteint ou même dépassé, notamment s'il s'agit de sportifs de très haut niveau (fig. 65). Sauf exception (haltérophile, lanceur de poids, ...), le sportif, relativement hyperphage, équilibre ses entrées et ses sorties et maintient son poids, contrairement à l'obèse.

Les effets de l'exercice musculaire sur la prise alimentaire spontanée sont difficiles à cerner, car dépendant de nombreux facteurs : types et durées

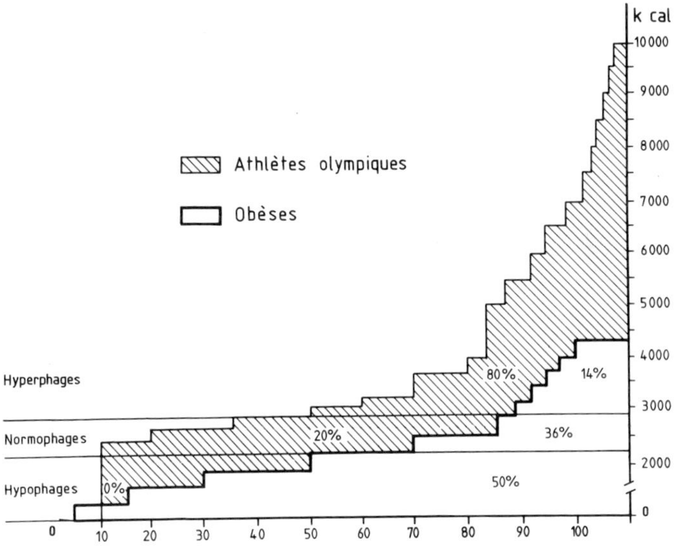

FIG. 65. — *Niveau de la dépense énergétique et sport.* Résultat d'une enquête sur une centaine d'athlètes olympiques. Comparaison avec une population d'obèses. Superposition de deux histogrammes de fréquences cumulées (inspiré de Creff et Bérard, Masson, I vol., 1980).

d'exercice, caractéristiques des sujets, modes alimentaires, environnement physique, psychologique et social. En général, l'exercice détermine une augmentation de la prise alimentaire, celle-ci demeurant inférieure à l'accroissement de la dépense énergétique, ce qui conduit à un bilan négatif, donc à une réduction du poids corporel; l'exercice entraîne donc une réduction de l'appétit. Lors de la cessation d'activité (entraînement, compétition), la prise alimentaire diminue, mais moins que la dépense énergétique, d'où établissement d'un bilan positif et reprise de poids. L'exercice musculaire n'a pas d'effet univoque sur la composition de la ration alimentaire individuelle.

b) Effets des restrictions alimentaires. — Un régime hypocalorique transitoire est, généralement, bien supporté. Le travailleur de force a une ration alimentaire légèrement insuffisante les jours de travail, mais le déficit qui en résulte est aisément comblé pendant les jours de repos. Des observations réalisées en milieu militaire ont montré qu'un régime apportant 7 800 kJ, administré pendant deux semaines, n'entraînait pas de chute de la capacité physique par rapport à une situation de référence comportant l'administration de 16 300 kJ (Crowdy).

Il faut des temps plus longs pour observer une baisse de la capacité de travail. Il est classique de citer la baisse des performances physiques et sportives dans les populations observant scrupuleusement le jeûne du Ramadan. L'administration, pendant six mois, d'un régime réduit à 50 % de sa valeur normale entraîne une chute du temps maximal et de la quantité maximale de travail, dont les effets se font sentir plus de trois mois après la reprise d'une alimentation suffisante (tableau VII).

TABLEAU VII. — *Réduction de la capacité de travail en régime hypocalorique*

Valeurs moyennes du temps maximal de travail (temps-limite) et du travail fourni (travail-limite) lors d'une marche sur tapis roulant (11 km.h^{-1}, pente 8,6 %) après 12 et 24 semaines d'un régime alimentaire réduit à 50 % des besoins énergétiques, et au cours des 12 semaines de réalimentation normale (d'après Keys, 1950).

Régime alimentaire	**Normal**	**Hypo-énergétique**		**Normal**			
Temps (semaine)		12	24	3	6	9	12
Temps avant épuisement (min) .... (%) du contrôle	242 100	106 44,3	50 20,9	59 24,8	78 32,4	104 43,5	116 48,4
Travail fourni (kgm) ..... (%) du contrôle	4 501 100	1 628 36,4	707 15,8	851 19	1 074 24,1	1 386 31,1	1 831 40,9

La sous-alimentation chronique au cours de l'adolescence constitue un frein au développement morphologique et spécialement à celui des masses musculaires. Ultérieurement, le sujet, hyponutris, ne peut constituer les réserves glucidiques et lipidiques qui lui permettraient d'effectuer des travaux intenses et prolongés. En revanche, l'absence d'un surpoids, qui serait dû à des graisses de réserves, lui donne l'avantage de la maigreur dans toutes les épreuves de vitesse.

c) Effets d'une ration excessive. — Dans les pays riches, la régulation très fine des entrées sur les dépenses échappe souvent aux mécanismes physiologiques de base. En sont responsables les habitudes alimentaires (banquets, cuisine élaborée, prise d'alcool) et la sédentarité. La prise de poids est inéluctable, sauf chez les sujets qui savent compenser leur suralimentation par un exercice physique bien conduit. Mais, le rapport entre les entrées et les sorties est mal perçu par le non-spécialiste ; il n'est pas évident, par exemple, qu'il faille marcher pendant quatre minutes à la vitesse de 4,5 $km.h^{-1}$ en terrain plat et parcourir ainsi 300 mètres pour perdre l'énergie potentielle contenue dans un morceau de sucre de 4 grammes.

La prescription d'un exercice de puissance et de durée plus élevée, dans le but de favoriser l'amaigrissement d'un sujet présentant un léger surpoids, n'est pas toujours efficace. En effet, un exercice trop bref (moins de 30 minutes) stimule l'appétit et favorise la prise alimentaire, ce qui amène à conclure que, finalement, la durée de l'exercice compte plus que son intensité.

☐ Composition de la ration alimentaire

a) Équilibre entre glucides, lipides et protides. — On enseigne, depuis des décennies, que la ration alimentaire normale se compose (ou doit se composer), en moyenne, de glucides, lipides et protides dans les proportions respectives de 4/7ᵉ, 2/7ᵉ et 1/7ᵉ (tableau VIII). A l'intérieur de cette très classique règle, dite des 7ᵉ, les protides animaux et végétaux doivent être à égalité ; les lipides animaux et végétaux, dans les proportions respectives de 60 % et 40 %, et les sucres raffinés à assimilation rapide, inférieurs à 10 % du total des glucides.

TABLEAU VIII — *Composition moyenne de la ration alimentaire*

La ration donnée dans ce tableau est celle d'un sujet sédentaire. Les mêmes proportions peuvent être conservées lorsque les besoins énergétiques globaux sont accrus.

	Apport énergétique		Poids
	%	kJ	g
Glucides	55	5 500	323
Lipides	30	3 000	81
Protides	15	1 500	88
Total	100	10 000	492

Les données ci-dessus ne constituent en rien des impératifs absolus. Les individus, pour la plupart, s'écartent des valeurs moyennes pour des raisons de goût ou d'habitudes, des populations entières, également, pour des raisons de ressources alimentaires. Les enquêtes, réalisées par Creff en 1958, avaient montré que 14 % seulement des sportifs tout venant observaient une *alimentation équilibrée*, correspondant au profil moyen ci-dessus ; en 1979, la proportion s'élevait à 30 %. Il est intéressant de rappeler que cette alimentation équilibrée était déjà celle des athlètes français participant aux Jeux olympiques de 1958.

Pour l'ensemble de la population, la tendance est actuellement à une diminution de la part des glucides (46 à 48 %) avec prépondérance des sucres rapides et à un renforcement de la part des lipides (42 à 44 %). Les recommandations vont donc dans le sens d'un retour à l'alimentation équilibrée du début du siècle.

b) Renforcement de la ration en lipides. — La mesure du quotient respiratoire au cours d'un exercice soutenu de plusieurs heures montre la part décroissante des glucides dans la fourniture d'énergie, de sorte qu'après un exercice de 2 heures 30 à plus de 60 % de $\dot{V}_{O_2}$ max, 80 % des besoins sont couverts par les lipides.

Certains exercices d'entraînement, type commando, comportant une dépense de l'ordre de 30 à 40 MJ, sont répétés plusieurs jours consécutifs. Un apport calorique élevé freine la chute de la glycémie et l'élévation de la cétogenèse que l'on peut alors redouter. Dans ces cas particuliers, le renforcement de l'apport en lipides en cours d'exercice a un effet d'épargne sur les réserves glucidiques, ce qui rend plus facile le maintien prolongé d'une glycémie normale. L'ingestion de caféine à la dose de 3 à 4 $mg.kg^{-1}$ une heure avant le début d'un exercice stimule le métabolisme lipidique (Costill). Par contre, la prise d'un régime enrichi en lipides dans les jours précédant l'exercice a pour effet de réduire la charge glucidique de l'organisme et ne peut donc avoir un effet bénéfique sur la capacité de travail.

c) Place des protides dans la ration. — La consommation de viande est inséparable de l'idée d'une usure de l'organisme livré aux travaux de force, d'une nécessaire restauration de la capacité de travail, et, chez certains athlètes, du développement de la masse musculaire.

Les expériences de jeûne protéique menées chez l'animal ont montré que la quantité de protéines catabolisée chaque jour est de l'ordre de 0,25 $g.kg^{-1}$; elle serait estimée à 0,5 $g.kg^{-1}$ dans les conditions d'alimentation normale. Les pertes azotées journalières sont ainsi comptabilisées par Durnin pour un sujet sédentaire.

Urines	37 N_2	$mg.kg^{-1}$
Fèces	12 N_2	$mg.kg^{-1}$
Peau et phanères	5 N_2	$mg.kg^{-1}$
Divers	2 N_2	$mg.kg^{-1}$
Total	56 N_2	$mg.kg^{-1}$

Pour un sujet de 70 kg ce total correspond à environ 25 g de protéines catabolisées ($0{,}056 \times 70 \times 6{,}25$), ce qui conduit à un besoin de remplacement de 0,35 $g.kg^{-1}$. A l'exercice, il faut tenir compte d'une perte supplémentaire d'azote par voie sudorale, estimée à 1 g pour une dépense d'énergie supplémentaire de 2 000 kcal (8 MJ), nécessitant un supplément de protéines de 0,10 $g.kg^{-1}$. En tout état de cause, une ration de 0,50 $g.kg^{-1}$ paraît suffisante.

Depuis longtemps, les standards nutritionnels ont considéré que la ration devait apporter 1 g de protéine par kg de poids corporel et par jour, soit au total 70 g. Les rations inférieures à 25 g sont mal acceptées car elles sont insipides ; certaines observations font état d'une diminution de la capacité de travail physique lorsque la ration est inférieure à 50 g par jour, mais peut-être n'est-ce vrai que si la ration énergétique globale est par ailleurs insuffisante.

Le minimum quotidien raisonnable actuellement conseillé est de 0,8 $g.kg^{-1}$, chiffre largement suffisant, mais cependant dépassé dans les pays riches, puisqu'il existe une relation linéaire entre la ration protidique et la ration énergétique, soit environ 1 g de protéine pour une dépense de 133 kJ.

L'analyse de la ration alimentaire de certains haltérophiles montre l'existence d'un renforcement de la part des protides qui peut atteindre 2,8 $g.kg^{-1}$ pour une dépense totale de 24 MJ. Dans des cas extrêmes, la consommation peut être de plusieurs centaines de grammes de protéines par jour. Il est possible qu'un tel supplément soit utile en période de croissance du tissu musculaire, ou pour la constitution d'une «réserve protéique»; mais il n'y a aucune preuve que cette supplémentation améliore le niveau des performances.

Il faut rappeler par ailleurs que si la viande constitue la meilleure source de protéine, elle n'est pas la seule. Les végétariens se nourrissent de lait et d'œufs et trouvent également certains acides aminés indispensables dans les légumes, à condition que ceux-ci soient suffisamment variés.

Dans les pays occidentaux, les besoins pratiques sont largement couverts du fait de la grande variété des aliments. Bayliss disait à ce propos : «*occupez-vous des calories, les protéines s'occuperont d'elles-mêmes*».

d) Variété dans la composition de la ration. — Creff considère, malgré l'aphorisme de Bayliss, qu'il convient d'inciter le sportif à prendre une nourriture variée, et à ne pas céder aux caprices du moment. Il propose pour cela une formule dite «421 GPL». Il faut entendre par là qu'à chacun des 3 ou 4 repas quotidiens le sportif doit trouver 1/3 ou 1/4 de sa ration, répartis entre les éléments suivants :

4 portions de *glucides*, *sous* forme de :

– une crudité	(salade verte, carotte râpée, ...)
– une cuidité	(haricots verts, épinards, ...)
– un glucide à digestion lente	(pain)
– un glucide à digestion rapide	(sorbet)

2 portions de *protides*, *sous* forme de :

– protides lactés	(lait, fromage, ...)
– protides non lactés (ou lactés)	(viande, yaourt)

1 portion de *lipides* :

– moitié animaux	(beurre)
– moitié végétaux	(huile)

On peut reprocher à cette présentation de ne pas définir ce que l'on appelle une *portion*, en laissant à chacun le soin de consommer ce qu'il prend d'habitude, ce qui revient à laisser faire des mécanismes physiologiques souvent en défaut. Par ailleurs, elle introduit une confusion regrettable avec la règle ancienne des septièmes (voir p. 133) qui s'applique *au contenu calorique* de la ration alimentaire, et devrait alors s'écrire : 4G + 2L + lP.

LES BESOINS HYDROMINÉRAUX DU SPORTIF

☐ **L'eau.** — Les besoins en eau sont de l'ordre de 1,5 à 2,5 l par jour chez le sujet sédentaire vivant en climat tempéré. Ils augmentent considérablement dans les épreuves de longue durée, en fonction de l'intensité de l'exercice et des conditions ambiantes (exposition au chaud, à l'air sec...).

Le réchauffement du noyau central déclenche des réactions de thermorégulation dont la plus efficace est l'évaporation de la sueur produite à la surface de la peau (v. p. 193) et de l'eau dans les voies respiratoires. L'énergie perdue par le corps est de 2,5 kJ par gramme d'eau évaporée. Mais une partie de la sueur formée ruisselle sur la peau et imbibe les vêtements et n'est pas évaporée; le rendement évaporatoire (sueur formée/sueur évaporée) est généralement inférieur à 1. Ainsi peut-on fixer les besoins en eau à 1 ml pour 4 kJ (1 kcal) de dépense énergétique.

Dans le cas de sudation importante et prolongée, il convient de remplacer au fur et à mesure les pertes d'eau, sous peine de voir diminuer la capacité de travail (fig. 66). L'eau perdue provient d'abord du compartiment sanguin, mais l'hémoconcentration crée un appel sur les liquides interstitiels; ultérieurement survient une déshydratation cellulaire, qui implique une utilisation rapide des réserves glucidiques. Or, la conservation d'une masse sanguine suffisante est indispensable au transport des gaz du sang.

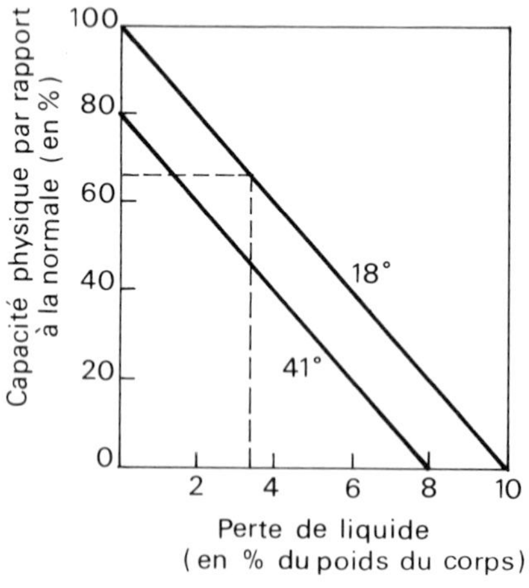

FIG. 66. — *Diminution de la puissance de travail avec les pertes d'eau.* Une perte non compensée de 3,5 litres d'eau (5 % du poids du corps), volume correspondant au volume plasmatique, entraîne une chute de la puissance de travail de 35 % environ pour une température d'air de 18 °C, supérieure à 50 % pour une température de 41 °C (d'après Hermansen, *Liv. Helse*, 1971, *38*, 121-124).

La régulation des mouvements de l'eau est imparfaite au cours de l'exercice musculaire. La prise spontanée de liquide est toujours inférieure aux besoins réels de l'organisme et l'écart augmente avec le volume d'eau perdu. Ainsi pour une perte sudorale de 200 et de 800 $g.h^{-1}$, le remplacement se fait à 95 % dans le premier cas, mais seulement à 50 % dans le second (Adolph).

Il faut donc forcer le sportif à boire pour compenser ses pertes d'eau. La pesée avant et après exercice permet de connaître le degré de spoliation hydrique maximale; une petite partie seulement de la perte de poids est attribuable à l'oxydation des substrats. La formation d'un litre de sueur correspond à une perte d'environ 2,3 % du poids corporel; à ce stade, des signes de déshydratation apparaissent (tachycardie, hyperthermie, sécheresse des muqueuses, ...), les accidents de déshydratation sont observés à partir d'une perte de 5 %, le collapsus circulatoire aux environs de 10 %. Dans les conditions extrêmes, les pertes d'eau peuvent atteindre ou même dépasser 2 l ou 2,5 l en 1 heure. L'estomac ne peut ingérer en une fois un volume supérieur à 1 litre, ce qui invite aux prises fractionnées.

Il n'est donc pas raisonnable de programmer une compétition de longue durée si les conditions climatiques sont défavorables, telles que définies à la fois par la température sèche et l'humidité relative (v. chapitre 10). Si cela doit être, il convient alors de prévoir un apport en eau (tous les deux kilomètres pour un marathon) pour ingestion (200 à 250 ml) ou aspersion.

☐ **Les sels minéraux.** — L'organisme trouve dans une alimentation variée la totalité des éléments minéraux dont il a besoin, si bien qu'en règle générale, il n'est pas nécessaire de supplémenter la ration du sportif. Il n'en est pas de même chez certaines sportives suivant un régime hypocalorique conduisant à une déminéralisation osseuse, une diminution de la masse grasse et des troubles des règles (voir p. 163). L'adjonction d'éléments minéraux, préconisée par certains, repose sur des bases parfois fragiles et n'est pas suivie de façon évidente par une amélioration des performances.

La dépolarisation de la fibre musculaire s'accompagne d'une sortie de *potassium* dans le milieu extra-cellulaire. Il est donc normal d'observer au cours d'exercices, même légers, une hyperkaliémie. Mais celle-ci doit être interprétée en fonction de l'hémoconcentration éventuelle qu'accompagne la sudation. De même l'hypokaliémie qui suit l'arrêt de l'exercice est le résultat à la fois de la recharge du muscle en potassium, de la fuite rénale de celui-ci (hyperkaliurie), et de l'hémodilution consécutive à une prise hydrique de compensation. Lors d'exercices de longue durée, l'hypokaliémie peut être telle que l'électrocardiogramme en soit perturbé (élargissement de l'espace QT, dépression du segment ST, ...); l'administration de potassium prend alors une signification thérapeutique dans la période de récupération.

L'exercice musculaire, notamment s'il est réalisé en ambiance chaude, comporte une perte en *chlorure de sodium* par voie sudorale en rapport avec la thermorégulation. La sueur contient 15 à 60 $mEq.l^{-1}$ de ClNa, davantage, jusqu'à 150 $mEq.l^{-1}$, chez le sujet non entraîné et notamment en cas d'exercice réalisé à la chaleur (v. p. 198). La production d'un litre de sueur peut donc entraîner une sortie de ClNa de l'ordre de 1 à 3,5 g (éventuellement jusqu'à 8 ou 9 g). Mais une alimentation normale apporte en moyenne 200 mEq (12 g) de ClNa. Même en cas de sudations très abondantes (travailleurs des mines de potasse), il faudrait plusieurs jours pour voir apparaître des signes de déficit, le Na échangeable représentant plus de 3 000 mEq. Il est connu par ailleurs que l'exercice détermine une rétention de Na plasmatique. La survenue de crampe de chaleur en ambiance défavorable est plutôt attribuée à la spoliation en chlore.

Il est généralement admis que le *magnésium* se trouve en quantité insuffisante dans la ration alimentaire. En pathologie, le déficit magnésien s'accompagne parfois d'une asthénie, éventuellement de fasciculations ou de contractures. Celles-ci ont une traduction électromyographique inconstante sous forme d'une activité répétitive (doublets, multiplets), mais non pathognomonique comme on le croit généralement, puisque l'adulte jeune normal présente également ces signes d'hyperexcitabilité dans la proportion d'environ 16 % chez l'homme et de 30 % chez la femme. Ces chiffres sont légèrement plus élevés chez les sujets sportifs. L'hyperexcitabilité constatée chez le sujet jeune est le plus souvent liée à une hypermagnésémie ; les biopsies musculaires n'ont pas mis en évidence de déficit intracellulaire en magnésium (Costill), bien que le taux sérique soit diminué peut-être en rapport avec une perte sudorale accrue. La supplémentation en magnésium a été préconisée chez le sportif. Aucune évidence d'une amélioration de performance n'a été trouvée. La prise de magnésium jusqu'à 500 mg par jour n'a pas d'effet négatif. Au-delà le métabolisme du phosphore peut être perturbé.

L'exercice musculaire interfère moins avec le métabolisme du *calcium* ; cependant il peut être le contexte révélateur d'une hypocalcémie, notamment chez le jeune et chez la femme enceinte, chez lesquels les besoins calciques supplémentaires ne sont pas satisfaits.

L'étude des courbes d'excitabilité neuromusculaire a connu une grande vogue menant à des interprétations parfois hasardeuses sur les déséquilibres ioniques à la suite d'un exercice, ou sur l'état de forme avant celui-ci. Il est douteux que la connaissance de ces déséquilibres et les tentatives pour les corriger aient été pour quelque chose dans l'amélioration de l'aptitude physique du sportif, ou dans la réussite lors de compétition. L'organisme équilibre vraisemblablement mieux ses besoins que ne peut le faire la diététique.

☐ **Les micronutriments métalliques.** — Les besoins en *fer* peuvent être augmentés chez les marathoniens et les athlètes de grande endurance. Ce qui a été décrit comme l'anémie du sportif ne relève pas seulement d'un trouble du métabolisme du fer (absorption réduite, pertes urinaires et sudorales augmentées), mais aussi d'une destruction des hématies et de saignement gastro-intestinaux. Au vu du dosage de l'hémoglobine, ou mieux de la ferritine, un supplément de 100 à 400 mg/j de sulfate ferreux peut s'avérer utile.

Il convient d'être beaucoup plus prudent en ce qui concerne d'autres éléments dont l'élimination accrue a été signalée au cours d'exercices intenses ou prolongés ou en période d'entraînement : chrome, zinc, cuivre. Il n'est pas démontré qu'une supplémentation ait des effets sur la performance. Tout au plus peut-on admettre une action préventive chez le sujet carencé. Les doses seraient de l'ordre de 5 µg/1 000 kcal pour le chrome, 3 mg/j pour le cuivre,

20 mg/j pour le zinc, en sachant qu'à dose pharmacologique le zinc freine l'absorption du cuivre et s'oppose à l'effet bénéfique de l'entraînement sportif sur l'augmentation du HDL-cholestérol.

☐ **Les vitamines.** — Le nombre des travaux consacrés aux relations entre l'exercice musculaire et la prise de vitamines, notamment B1, B2, C et E, est considérable. Les résultats ne sont concluants qu'en ce qui concerne les états de carence. Une supplémentation en vitamine est donc un acte thérapeutique. C'est un non-sens lorsqu'il s'agit d'une prescription qui croit pouvoir augmenter la capacité des individus. Paraphrasant Bayliss, C. Soula disait d'ailleurs : «*occupez-vous des protéines, les vitamines s'occuperont d'elles-mêmes*». Il est possible, cependant, qu'une accélération des oxydations cellulaires au cours des activités physiques les plus intenses rende nécessaire l'adjonction de vitamines du groupe B aux boissons prises par les sportifs au cours même de certaines compétitions.

La supplémentation en *carnitine*, co-facteur majeur intervenant dans le catabolisme lipidique, a été suggérée chez les sportifs de grande endurance. Si l'idée est séduisante, on doit reconnaître qu'aucune amélioration de performance n'a pu être démontrée.

PARTICULARITÉS DE LA PRISE ALIMENTAIRE

☐ **Activités physiques et digestion.** — L'activité du tube digestif se déroule suivant un rythme très lent; elle est, de plus, rythmée par la prise des repas et par le cycle veille-sommeil. Le plus souvent, les horaires d'activités physiques ou d'épreuves sportives risquent de briser des rythmes végétatifs bien établis et de mettre en compétition le travail musculaire et le travail de digestion.

Dans la période post-prandiale, le tube digestif est le siège d'une activité métabolique et circulatoire intense. La digestion s'accompagne d'une baisse d'activité spontanée, d'une diminution de la vigilance et de l'aptitude immédiate à l'exercice. A l'inverse, un travail physique entrepris pendant cette période contrarie le travail de digestion, ralentissant l'évacuation gastrique; le débit sanguin diminue alors dans les territoires splanchniques au profit des masses musculaires actives. Il est donc normal de ne pas surcharger l'estomac par un repas trop proche du début d'un exercice musculaire. Un temps libre de 3 à 4 heures est généralement admis.

Les déplacements à l'occasion de compétition ou de championnats sont, par eux-mêmes, source possible de troubles digestifs retentissant secondairement sur l'aptitude physique. Indépendamment du lieu, la grande distance parcourue joue par l'inconfort des moyens de transport et les divers maux qu'ils engendrent, les temps d'attente... Le changement brutal d'habitudes alimentaires peut imposer au tube digestif un effort d'adaptation trop rapide. Enfin, les décalages horaires imposés par les rencontres internationales introduisent des ruptures dans les rythmes biologiques et justifient, à la fois, le délai de plusieurs jours entre le voyage et le début des épreuves sportives et l'apport avec soi des principaux composants habituels de sa ration alimentaire.

□ **Données concernant la préparation à la compétition.** — La recherche d'une meilleure condition physique pour aborder un type d'épreuves donné conduit à des pratiques dont le but est de changer temporairement certaines caractéristiques constitutives de l'individu.

a) Le régime dissocié scandinave. — L'épuisement des réserves glucidiques au cours des exercices intenses et prolongés oblige à une mobilisation accrue des lipides. D'où, l'idée d'augmenter les réserves de glycogène dans les jours précédant les compétitions. La charge musculaire en glycogène peut être doublée : après un exercice intense, les sujets sont soumis pendant 3 jours à un régime presque exclusivement lipido-protidique accentuant la déplétion glycogénique. Au cours des 3 jours suivants, le régime est exclusivement glucidique (tableau IX). La fixation, plus importante en quantité, du glycogène sur le muscle, est attribuée à un phénomène de surcompensation dû à une augmentation de l'activité de la glycogène-synthétase dans la première phase du régime.

TABLEAU IX — *Organisation du régime dissocié scandinave*

Jour de compétition	Alimentation	Entraînement
J – 7	Normale	Prolongé (3 h)
J – 6 à J – 4	Lipido-protidique L 70 % P 20 % G 10 %	1/2 h à 1 h
J – 3 à J – 1	Glucidique (pain, riz, pommes de terre, semoule, pâtes) G 75 % P 17 % L 7 %	Repos
J – 1	Normale	Repos
Jour J Compétition	Petit déjeuner normal 3 h avant la compétition	

Certains sportifs de haut niveau ont attribué leur succès à ce type de préparation; il s'agit, probablement, d'un élément favorable parmi d'autres, puisqu'il comporte effectivement une augmentation du taux de glycogène musculaire dans les jours précédant la compétition. Le même effet peut être obtenu uniquement par un entraînement intense. Il est donc un peu aberrant de vouloir imposer à l'organisme un changement d'alimentation aussi brutal. C'est peut-être la raison pour laquelle ce régime est très souvent rejeté dans sa forme initiale par ceux qui tentent de s'y soumettre.

La tendance est actuellement à ne conserver que l'exercice épuisant du début et la phase de régime hyperglucidique. Ainsi, un repas pris 3 heures avant un marathon, constitué principalement de glucides, augmente la réserve de glycogène hépatique, source essentielle du glucose circulant.

La consommation de glucose dépend de l'aptitude : un coureur effectuant un marathon en plus de 3 h 30 min utilise plus de glucose circulant qu'un autre coureur plus rapide.

b) La recherche du poids idéal. — Le bon poids n'est pas le même pour tout le monde. Dans les sports comportant des catégories de poids, l'intérêt du sportif de compétition est d'être le plus lourd dans la catégorie de poids immédiatement inférieure à son poids habituel. D'où la nécessité de perdre, par sudation intensive, par exemple en judo, jusqu'à 5 kg immédiatement avant la pesée de vérification, quitte à reprendre entre celle-ci et le début de l'épreuve une partie de l'eau perdue pour éviter une déshydratation excessive.

A l'inverse, dans les catégories de poids les plus élevées, l'intérêt est d'être le plus lourd possible. C'est le cas, par exemple, de l'haltérophile, qui augmente non seulement sa masse musculaire mais aussi sa masse lipidique. Il faut rappeler, par ailleurs, que la force musculaire est liée à la surface de section du muscle, c'est-à-dire, à $P^{2/3}$ et non au poids lui-même. Le poids corporel croît donc plus vite que la force musculaire.

Il est intéressant, pour le sportif, de garder un poids aussi stable que possible. Une prise de poids peut comporter, comme inconvénient, la nécessité d'un changement d'équipement sportif (vêtement, combinaison de plongée) mais impose aussi, à l'organisme, des modifications de la position du centre de gravité, obligeant à un réapprentissage des régulations posturales.

c) La période précompétitive. — Un délai de l'ordre de 3 heures doit séparer le dernier repas du début de la compétition. Ce repas doit être équilibré, apportant 55 % de glucides dont 10 % de saccharose et 45 % de sucres variés pour un apport total de l'ordre de 1 200 à 1 500 kcal. La prise de glucides dans les 20 à 30 minutes précédant l'activité sportive n'est pas recommandée ; elle peut être dangereuse, en ce qu'elle détermine une hyperglycémie, à laquelle répond une élévation de l'insulinémie (voir p. 148). Le sujet risque de se trouver en hypoglycémie au moment où débute l'exercice. Dans le cas de repos bref (mi-temps), la prise de glucides ne présente plus cet inconvénient. Chez les coureurs de grand fond, la prise de sucres lents (pâtes, riz) 3 heures avant le départ permet à ceux-ci de disposer à l'issue de ce délai d'une source de calories immédiatement utilisables.

☐ **L'alimentation en cours d'épreuve.** — Elle est pratiquée de tous temps : bidon des cyclistes, postes de ravitaillement dans les épreuves de longue durée. Elle consiste surtout à fournir, à l'organisme, deux éléments dont il a besoin en cours de travail : l'eau et les glucides. La prise ne peut être massive, ni pour l'une, ni pour les autres. En effet, l'estomac évacue mal de grandes quantités d'eau et ce, d'autant plus que la concentration en sucre est élevée et que la puissance d'exercice est intense.

Il est démontré, expérimentalement, que les prises fractionnées sont préférables en ce qu'elles permettent de maintenir plus facilement un niveau moyen d'oxydation du glucose exogène et d'augmenter la part des glucides dans les oxydations cellulaires pendant un temps plus long (fig. 67).

Les recommandations les plus simples sont les suivantes :

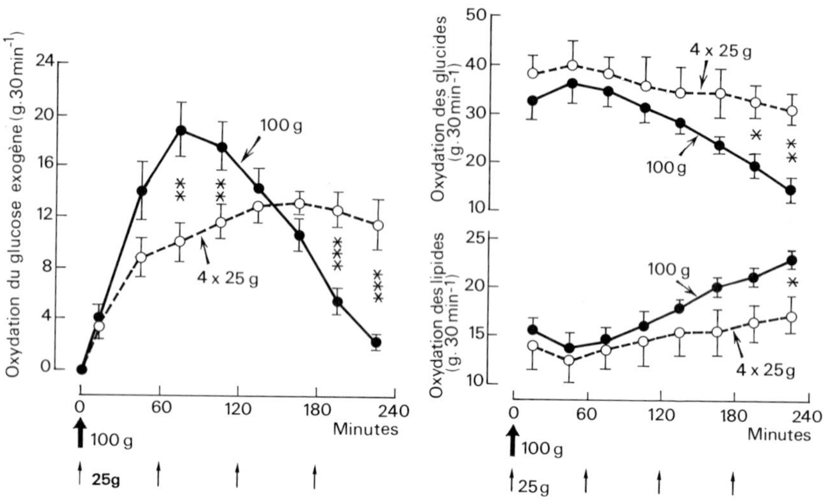

FIG. 67. — *Effets de prises fractionnées.*
A gauche : oxydation du glucose au cours d'un exercice de 4 heures; le fractionnement des prises (25 g × 4) permet une oxydation plus régulière qu'une prise unique (100 g).
A droite : le fractionnement permet de maintenir plus longtemps le niveau d'oxydation initial des glucides et des lipides. Moyennes pour 4 sujets : * $p \leq 0,05$, ** $p \leq 0,02$, *** $p \leq 0,001$ (d'après Pirnay et coll., *in : Exercice and Hormone Regulations*, Bruxelles, 1979).

– la boisson doit être hypotonique, contenant moins de 2,5 % de glucose, froide (10 à 15°), de goût agréable ; les boissons trop concentrées séjournent dans l'estomac au lieu d'être évacuées, trop diluées pour un apport calorique faible, elles sont sources de gastralgies ;

– prise par petits volumes (100 à 400 ml) : 400 ml 30 minutes avant l'épreuve, puis 100 à 200 ml toutes les 15 minutes ; l'apport calorique peut être établi entre 40 et 60 kcal/h.

– la concentration en glucides peut être renforcée (jusqu'à 40 %) si l'exercice est réalisé au froid ;

– l'effet n'est manifeste que pour les épreuves dont la durée dépasse 1 heure (Costill).

☐ **La diététique sportive.** — Une fois les grands principes admis (éviter les troubles digestifs, la déshydratation et l'hyperthermie, la déplétion glycogénique excessive), il reste les conseils diététiques qui s'appuient sur ces grands principes, en introduisant une dose utile de variété, de mystère et de préparation psychologique. Il faut, en effet, dire quelque chose au sportif qui demande, et ce que dit un entraîneur ou un coéquipier ayant de l'expérience est souvent écouté avec beaucoup de respect par le néophyte, même si ces conseils ne reposent sur aucune base scientifique.

Mais, s'agissant d'un domaine ou interviennent le plaisir, le goût et les habitudes personnelles, il ne faut pas s'étonner de deux réponses faites à des questions de fond sur la meilleure façon pour le sportif de se nourrir (Costill) : « Ma technique personnelle consiste à manger le régime mixte que ma femme me prépare et à y ajouter environ 1 000 kcal (4,2 MJ). » « J'ai un ami qui recommande de consommer de la bière, mais je crois que c'est surtout parce qu'il aime lui-même en boire. »

7

Rôle des sécrétions hormonales au cours des activités physiques

L'exercice musculaire s'accompagne d'une adaptation des diverses fonctions impliquées dans le métabolisme énergétique. Les hormones jouent un rôle important mais encore mal connu dans la régulation de ce dernier. En effet, les études expérimentales sont très souvent effectuées chez le Rat, quelquefois chez le Chien, animaux qui, sur le plan du métabolisme d'exercice comme sur le plan endocrinien, sont quelquefois assez différents de l'Homme. Les difficultés techniques de ces études, en particulier chez l'Homme, sont telles que l'on est le plus souvent réduit à ne considérer que les *concentrations* d'hormones dans le plasma. Or l'assimilation des variations de celles-ci à des changements dans la sécrétion est incertaine car plusieurs facteurs peuvent intervenir pour faire varier une concentration : les conditions de l'exercice (le moment où il est effectué, la puissance, la durée, la masse musculaire impliquée, ...), le degré de l'entraînement, les modifications circulatoires au niveau du foie et du rein, organes clefs dans le catabolisme des hormones, la contrainte (stress) liée à l'exercice, le niveau des stocks métabolique et hydrique au début de l'exercice, le taux de renouvellement des hormones. Enfin, les hormones se fixent sur des récepteurs cellulaires dont le nombre peut varier, en particulier sous l'effet de l'entraînement, ce qui peut influencer la réponse d'un tissu à une même concentration hormonale.

LES CATÉCHOLAMINES

Les catécholamines sont sécrétées par les glandes médullosurrénales ou par les terminaisons nerveuses sympathiques. Elles exercent une action sur la fonction cardio-vasculaire par l'intermédiaire des α et β récepteurs. Elles augmentent le débit cardiaque grâce à une élévation de la fréquence cardiaque et de la puissance contractile du myocarde. Elles exercent aussi une action vasomotrice, variable selon les territoires vasculaires.

Les catécholamines ont aussi des effets métaboliques importants. Au niveau du muscle et du foie, elles favorisent la glycogénolyse en activant la phosphorylase par l'intermédiaire de l'AMPc (voir fig. 7, p. 17) ; au niveau des adipocytes elles stimulent l'adénylcyclase, point de départ de l'hydrolyse des triglycérides. Les catécholamines ont également un effet anabolisant : elles augmentent la surface des fibres à contraction rapide et elles favorisent la croissance musculaire. Ainsi un traitement à l'isoprotérénol induit une hypertrophie musculaire (Dehaies).[1]

☐ **Évolution au cours de l'exercice**. — La sécrétion de catécholamines varie avec le type d'exercice, statique ou dynamique, la puissance et la durée. Elle varie aussi avec le degré d'entraînement.

Au cours de l'exercice dynamique (course à pied, pédalage), la concentration plasmatique de *noradrénaline* augmente en fonction de la puissance relative d'exercice, d'abord modérément jusqu'à une puissance correspondant à 75 % de la puissance maximale aérobie (PMA, voir p. 18) puis plus rapidement. D'une valeur de 0,20 $ng.ml^{-1}$ au repos, elle peut atteindre ensuite 2 à 3 $ng.ml^{-1}$ environ à la PMA (fig. 68). L'augmentation avec la puissance d'exercice est encore plus rapide quand celle-ci est supérieure à la PMA. La concentration plasmatique *d'adrénaline*, qui au repos est d'environ 0,10 $ng.ml^{-1}$, commence normalement à s'élever à partir d'une puissance correspondant à 50 % de la PMA, pour atteindre 0,40 $ng.ml^{-1}$ environ à la PMA (fig. 68). La concentration de *dopamine* suit à peu près celles de l'adrénaline et de la noradrénaline, elle est trois fois plus élevée à l'exercice maximal qu'au repos.

Le délai du retour aux concentrations basales de repos après l'exercice est de 10 minutes si celui-ci a été sous-maximal. Ce type de récupération peut être très différent après un exercice maximal effectué dans les conditions naturelles : ainsi

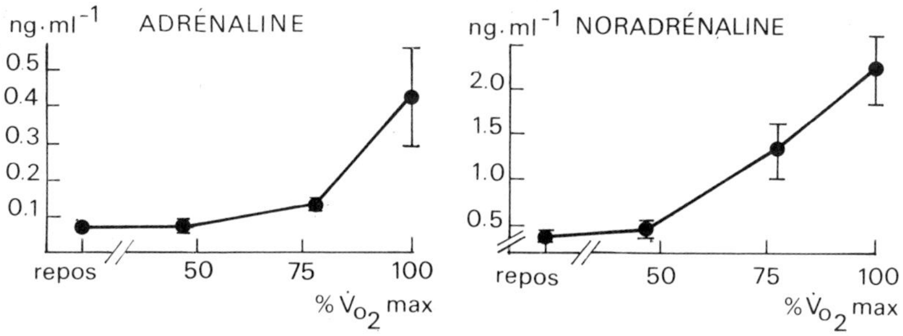

FIG. 68. — *Concentrations plasmatiques moyennes des catécholamines.* Moyennes et écarts types pour 8 sujets au repos et lors d'exercices d'intensité croissante (modifié d'après Galbo et coll., *J. appl. Physiol.*, 1975, *58*, 70-76).

1. Un B_2 mimétique, le Clenbuterol, connu pour lever le spasme bronchique, a aussi la propriété d'augmenter la masse musculaire. Ceci a conduit certaines athlètes à l'utiliser mais cette substance est bien sûr considérée comme dopante.

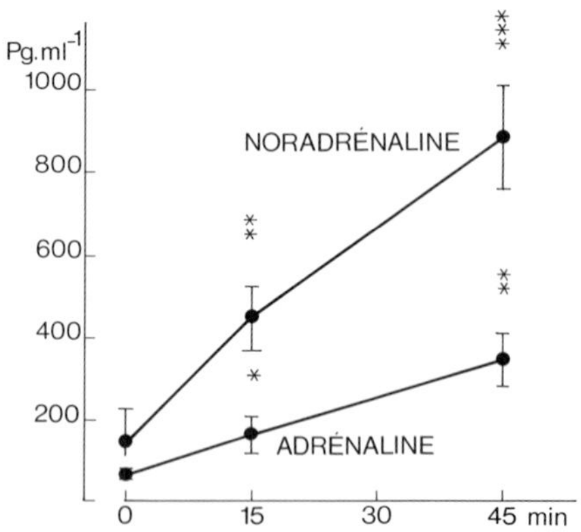

FIG. 69. — *Durée de l'exercice et concentration plasmatique des catécholamines.* Exercices musculaires dynamiques à 80 % de $\dot{V}_{O_2}$ max. Moyennes et écarts types observés sur 7 sujets (d'après Péquignot et coll., *Europ. J. appl. Physiol.*, 1979, *40*, 117-135).

l'adrénalinémie peut-elle encore représenter le double de sa valeur témoin le lendemain d'une course de marathon, et 10 % de plus trois jours après la course.

Lorsque l'exercice est de longue durée et suffisamment intense, les concentrations de catécholamines augmentent progressivement (fig. 69). L'entraînement en endurance modère l'élévation liée à la puissance et à la durée de l'entraînement

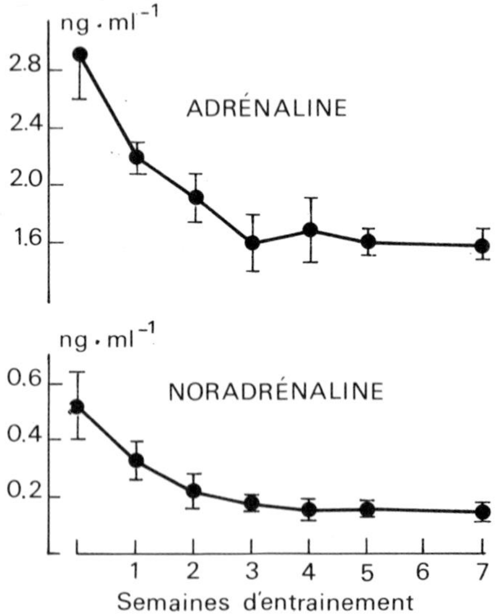

FIG. 70. — *Effets de l'entraînement sur la concentration plasmatique des catécholamines.* Les concentrations de A et de NA sont notées à la 5e minute d'exercices réalisés à la puissance de 250 watts; moyennes et écarts types chez 6 sujets de sexe masculin (d'après Winder et coll., *J. appl. Physiol*, 1978, *45*, 370-374).

pour se stabiliser après 3 à 4 semaines (fig. 70). A même niveau métabolique, l'exercice isométrique provoque une augmentation plus marquée des catécholamines que l'exercice dynamique. Les variations sont moins importantes chez la femme que chez l'homme.

☐ **Facteurs de variation des catécholamines à l'exercice.** — L'évolution qui vient d'être décrite peut être modifiée dans plusieurs circonstances. Ainsi, la concentration de noradrénaline est plus élevée lorsque l'exercice est effectué en position debout qu'en position couchée. La différence observée est identique à celle existant entre les deux positions au repos. De même, la concentration de catécholamines augmente lorsque la pression partielle d'oxygène diminue (exposition à l'altitude), lorsque la température corporelle tend à baisser (nage en eau froide), à l'occasion d'une déplétion sodée ou, enfin, lors de toute réaction émotionnelle (dans ce cas principalement l'adrénaline). L'anticipation de l'exercice peut augmenter légèrement la noradrénaline mais pas l'adrénaline.

Pour une même puissance relative d'exercice, les concentrations plasmatiques de catécholamines sont identiques pendant l'exercice dynamique chez l'homme et chez la femme.

Cependant, la sécrétion des catécholamines lors d'un exercice isométrique à 30 % de la contraction volontaire maximale est moins élevée chez la femme que chez l'homme (fig. 71). Chez la femme les variations physiologiques durant le cycle menstruel doivent être prises en compte : on sait, ainsi, que pour un même exercice, l'adrénaline et, avec moins de certitude, la noradrénaline sont plus élevées pendant la phase folliculaire que pendant la phase lutéinique. La concentration de noradrénaline augmente avec *l'âge*. Cependant, pour une même

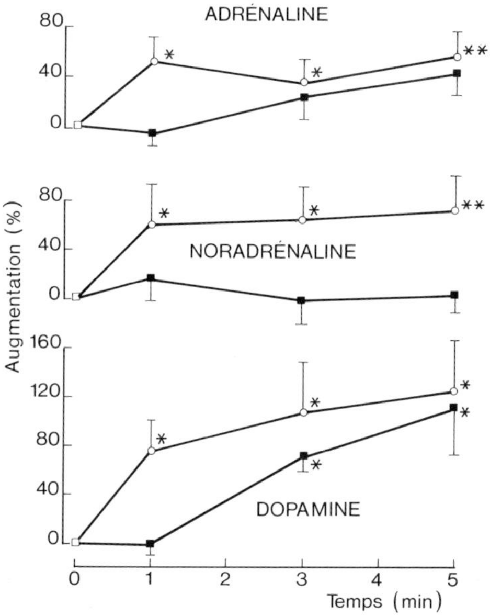

FIG. 71. — *Concentration plasmatique de catécholamines et exercice musculaire statique.* La force exercée est de 30 % de la force maximale volontaire. Les augmentations par rapport au repos sont exprimées en % de la valeur basale chez l'homme (○, n = 9) et chez la femme (■, n = 6). Moyennes et écarts types, différence significative à 0,05 (*) et à 0,01 (**) (d'après Sanchez et coll., *Europ. J. appl. Physiol.*, 1980, *45*, 147-154).

consommation d'oxygène ramenée à l'unité de poids corporel, les garçons ont des concentrations d'adrénaline et de noradrénaline plus élevées que les adultes.

☐ **Signification fonctionnelle.** — Lors de l'exercice, l'augmentation des catécholamines participe à l'adaptation cardiaque et circulatoire qui permet d'assurer les besoins d'échanges gazeux. Elle favorise la fourniture de substrats énergétiques aux muscles actifs grâce à une augmentation de la production hépatique de glucose et de la libération d'acides gras libres par les adipocytes. Elle accélère également la glycolyse musculaire. La diminution de la sécrétion de catécholamines qui fait suite à l'entraînement n'implique pas une moindre action tant circulatoire que métabolique. Les tissus sont alors plus sensibles à ces hormones grâce à une augmentation de la densité des β-récepteurs, une augmentation concommittante de la concentration en AMP cyclique et des enzymes mitochondriaux.

☐ **Facteurs de mise en jeu.** — L'activité des centres bulbaires adrénalinosécréteurs est déterminée par des facteurs nerveux liés au stress physique ou émotionnel. Le simple fait de suggérer l'exercice physique provoque une élévation de la concentration plasmatique des catécholamines. Des facteurs métaboliques interviennent certainement; la tendance à l'hypoglycémie est un facteur de stimulation centrale du système adrénergique. Chez l'Homme traité par des agents ß-bloquants une hypoglycémie se manifeste par suite du détournement du métabolisme énergétique vers les glucides; elle s'accompagne d'une élévation de la sécrétion des catécholamines; en revanche, la perfusion de glucose, qui rétablit la glycémie, réduit la sécrétion de catécholamines (Galbo). Cette sécrétion pourrait être liée à une stimulation des *glucorécepteurs* du système nerveux central par l'hypoglycémie. Cependant, en l'absence d'hypoglycémie, comme c'est le cas lors d'exercices d'intensité élevée, l'augmentation des catécholamines pourrait s'effectuer grâce à la mise en jeu de chémorécepteurs musculaires en réponse à une baisse de la saturation veineuse en oxygène ou des réserves énergétiques locales; ainsi s'expliquerait l'augmentation de la concentration plasmatique d'adrénaline et de noradrénaline lors d'un exercice sous-maximal réalisé après un jeûne d'une quinzaine d'heures (Péquignot).

LES HORMONES PANCRÉATIQUES

Le pancréas endocrine, par les actions de deux de ses hormones, l'insuline et le glucagon, joue un rôle majeur dans la régulation du métabolisme des glucides et à un moindre degré dans le contrôle du métabolisme lipidique. L'*insuline* favorise la resynthèse du glycogène. Elle inhibe la glycogénolyse en activant les phosphatases (qui inhibent la phosphorylase) et les phosphodiestérases (qui détruisent l'AMPc); son action s'oppose à celle des catécholamines et du glucagon, elle est hypoglycémiante. Elle agit également sur le captage cellulaire du glucose par les transporteurs spécifiques [2] ($GLUT_4$

2. Ces transporteurs peuvent se lier par affinité chimique à des molécules de glucose d'un côté de la membrane et faire passer celles-ci de l'autre côté où elles sont libérées.

pour le muscle et le tissu adipeux et $GLUT_2$ pour le foie), sa présence augmente le passage transmembranaire du glucose. Au niveau des adipocytes l'insuline favorise la synthèse de triglycérides en stimulant les phosphodiestérases et elle inhibe la lipolyse par son action négative sur l'adénylcyclase. Le *glucagon* favorise surtout la néoglucogenèse en inhibant la phosphofructokinase et en stimulant la fructose biphosphatase; il a une action hyperglycémiante. Il augmente la lipolyse en stimulant l'adénylcyclase.

☐ **Évolution au cours de l'exercice.** — Chez le sujet non entraîné, la concentration plasmatique d'insuline diminue légèrement pour des exercices de faible intensité (fig. 72). Elle augmente en revanche pour des puissances

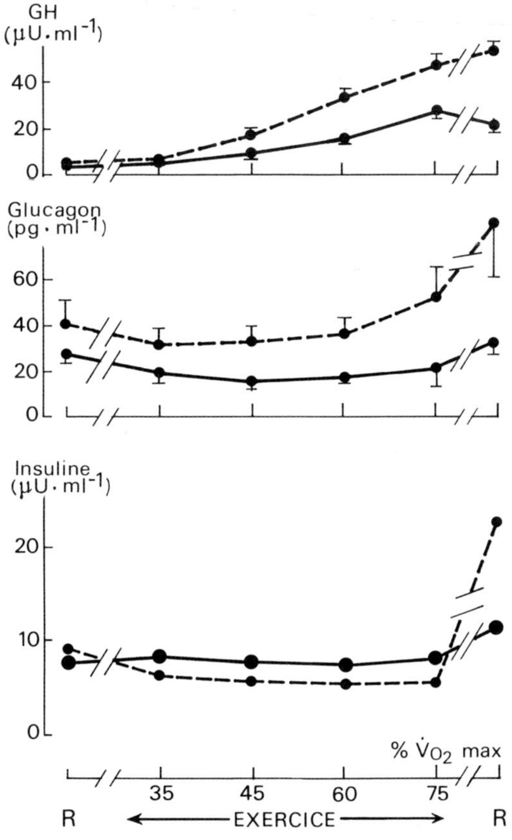

Fig. 72. — *Concentrations plasmatiques d'insuline, de glucagon et d'hormone de croissance lors d'exercices d'intensité croissante.* Moyennes et écarts types (----- sujets peu actifs [n = 6]; —— sujets entraînés [n = 6]) (d'après Bloom et coll., *J. Physiol. London, 1976, 258*, 1-18).

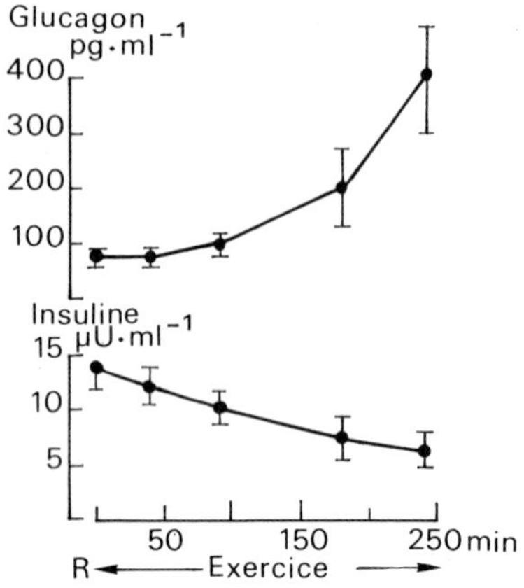

FIG. 73. — *Durée de l'exercice et concentrations plasmatiques de glucagon et d'insuline.* Effet d'un exercice de 250 min après une période de repos (R) (d'après Wahren, in *Endocrinology, 1979*, vol. III, Grune éd.).

proches de, ou supérieures à la puissance maximale aérobie : elle peut atteindre alors 3 fois sa valeur de repos. La prolongation d'un exercice sous-maximal provoque une nouvelle baisse de la concentration d'insuline dans le plasma, mais uniquement si la puissance relative d'exercice est faible (fig. 73). Elle n'a pas d'effet, en revanche, pour des intensités proches de la PMA.

Chez le sujet entraîné on observe une discrète diminution de l'insulinémie de repos, sans variations notables de celle-ci lors d'exercices d'intensité croissante, sauf au voisinage de la PMA, où elle augmente mais en restant inférieure à celle du sujet non entraîné.

La concentration plasmatique de glucagon diminue très légèrement en fonction de la puissance relative jusqu'à 75 % de la PMA. Si l'exercice se prolonge, elle s'élève pour une puissance donnée en fonction du temps pour atteindre des valeurs de 50 à 300 % plus élevées qu'au repos (fig. 73).

☐ **Signification fonctionnelle.** — Lors de l'exercice de durée prolongée, la diminution de l'insulinémie et l'augmentation de la glucagonémie agissent de façon complémentaire pour favoriser la néoglucogenèse comme la glycogénolyse et augmenter ainsi la production de glucose par le foie. Pourtant, on a pensé initialement que l'hypo-insulinémie pouvait limiter la consommation de glucose par le muscle. En effet, chez le diabétique non insulino-dépendant, le maintien, lors de l'exercice, d'une insulinémie normale provoque une hypoglycémie. En fait, au cours de l'exercice, la pénétration du glucose dans la cellule musculaire n'est pas insulino-dépendante. Ainsi, les malades diabétiques insulino-dépendants, n'ayant pas reçu d'insuline depuis 24 h, ont une utilisation normale du glucose par le muscle actif. Cette pénétration du glucose dans la cellule musculaire est un phénomène local : par exemple, lors d'un exercice avec un seul membre, seuls les muscles de celui-ci captent le glucose. La captation n'est pas changée pour les muscles au repos.

Au cours de l'exercice, la consommation musculaire de glucose peut être plus de 10 fois supérieure à sa valeur de repos. La vasodilatation locale permet, en fait, d'assurer un approvisionnement suffisant en insuline malgré la baisse de l'insulinémie. Celle-ci, associée à l'augmentation de la concentration de glucagon va au contraire exercer ses effets au niveau du foie où règne une vasoconstriction intense : elle favorise la gluconéogénèse, laquelle se renforce progressivement au cours de l'exercice (Wahren) et la glycogénolyse hépatique : en effet, l'administration d'anticorps antiglucagon chez l'animal réduit la glycogénolyse hépatique de façon importante et entraîne une hypoglycémie.

La baisse de l'insulinémie favorise aussi la lipolyse : en effet, celle-ci augmente lors de l'exercice chez le diabétique insulinoprive.

L'hyperinsulinémie observée au début d'une récupération à l'arrêt de l'exercice favorise la resynthèse des glycogènes musculaire et hépatique à partir du glucose et, éventuellement, du lactate. Cette resynthèse est liée également à l'activation de la glycogène-synthétase par la déplétion des réserves de glycogène musculaire (p. 140).

L'entraînement augmente la sensibilité à l'insuline et améliore la tolérance au glucose. En effet, le pic d'hyperglycémie provoquée est plus bas chez le sujet entraîné que chez le sédentaire. Il diminue l'insulinémie de base. L'insuline agit mieux sur les tissus cibles par une augmentation du nombre et une activation des récepteurs sur le tissu adipeux. On peut, en conséquence, conseiller l'exercice musculaire comme traitement de l'état prédiabétique.

L'entraînement, atténuant l'augmentation de la concentration plasmatique du glucagon lors de l'exercice, limite de ce fait la glycogénolyse hépatique.

☐ **Facteurs de mise en jeu.** — Deux facteurs interviennent pour contrôler la sécrétion d'insuline, la tendance plus ou moins nette à l'hypoglycémie qui tend à freiner la synthèse et l'action du système adrénergique : la stimulation des α récepteurs diminue la synthèse d'insuline. L'animal médullo-surrénalectomisé et traité par α-bloquant n'a aucune variation de l'insulinémie d'exercice, contrairement à l'animal normal.

Chez l'Homme, le blocage des récepteurs α-adrénergiques atténue l'hypoinsulinémie d'exercice. Au cours de l'exercice prolongé c'est encore l'augmentation progressive de la concentration plasmatique de catécholamines qui agit pour diminuer l'insulinémie.

L'augmentation de sécrétion du glucagon relève également d'un mécanisme adrénergique. Chez l'individu médullo-surrénalectomisé l'exercice s'accompagne d'une moindre augmentation de la concentration plasmatique de glucagon. Cependant, si la sécrétion de glucagon paraît liée à celle des catécholamines, elle peut également en être dissociée : ainsi, à l'arrêt d'un exercice, la concentration plasmatique de glucagon reste à un niveau élevé pendant plusieurs minutes alors que celle des catécholamines diminue très rapidement. Par ailleurs, le blocage des α-récepteurs ne modifie pas la concentration de glucagon dans le plasma lors de l'exercice.

L'hypoglycémie, quand elle survient, peut constituer un facteur de sécrétion : le blocage des β-récepteurs par le propranolol chez l'Homme, s'accompagne d'une hypoglycémie et d'une augmentation de la glucagonémie d'exercice (Galbo).

L'HORMONE DE CROISSANCE

L'hormone de croissance (GH, *growth hormone*) a une puissante action sur la synthèse protéique au niveau de tous les tissus. Elle agit aussi sur le métabolisme lipidique en faisant libérer les acides gras. Elle augmente ainsi leur teneur dans le plasma. Un certain nombre de faits indique enfin que la GH diminue la tolérance de l'organisme au glucose et que ses effets s'opposent en ce domaine à l'insuline.

□ **Évolution au cours de l'exercice.** — La concentration plasmatique de l'hormone de croissance augmente au cours de l'exercice en fonction de la puissance relative de celui-ci (voir fig. 72, p. 149); cette évolution peut s'inverser lorsque l'exercice est effectué à une puissance proche ou supérieure à la PMA. Pour une intensité donnée, la concentration de GH dans le plasma s'élève progressivement avec la durée de l'exercice, mais moins chez le sujet entraîné que chez le sédentaire.

Après l'arrêt d'un exercice sous-maximal, la concentration plasmatique de l'hormone de croissance diminue régulièrement pour se retrouver au niveau de sa valeur basale après une heure. Après un exercice supramaximal, une diminution de GH plasmatique de repos peut se manifester entre les 1re et 3e heures, elle est maximale après 24 heures et encore présente le 3e jour.

L'exercice résistant augmente la concentration de GH plasmatique. L'importance de la charge et de la fréquence des mouvements sont les facteurs déterminants de cette augmentation.

□ **Signification fonctionnelle.** — Les effets de l'élévation de l'hormone de croissance dans le plasma restent actuellement discutés, tout au moins en ce qui concerne l'effet sur le métabolisme glucidique puisqu'une augmentation de GH a des effets immédiats et transitoires de type insulinique, il est actuellement admis qu'à l'exercice elle ne peut intervenir pour stimuler la production de glucose. L'action sur la mobilisation des lipides est moins incertaine. En effet, le maintien d'une lipolyse après le blocage des β-récepteurs s'explique, au moins en partie, par une action de la GH. L'action sur la synthèse protéique au niveau du muscle a été discutée chez l'homme, d'autant plus que d'autres hormones sont également impliquées dans le contrôle de la croissance musculaire (testostérone, insuline, IGF 1 = *Insuline like Growth Factor*). Fryburg a récemment montré que si l'on perfuse de la GH dans une artère de l'avant-bras chez un individu, de façon à augmenter la concentration de cette hormone dans l'avant-bras mais sans modifier la concentration systémique de GH ni d'IGF 1, ainsi désignés à la place du terme somatomedine (hormones polypeptidiques ayant une action sur la croissance cellulaire), et si dans le même temps on perfuse de la leucine et de la phénylalanine marquées, un prélèvement de ces deux acides aminés est mis en évidence au niveau des muscles de l'avant-bras, ce qui montre que, localement, la GH stimule la synthèse protéique dans le muscle, même en l'absence de variation de l'insuline ou de l'IGF 1. Cependant, la contribution exacte des variations de la concentration de GH dans le plasma induite par l'exercice sur la croissance musculaire reste encore à démontrer d'autant que l'exercice résistant élève également d'autres hormones anabolisantes.

☐ **Facteurs de mise en jeu.** — La sécrétion de GH qui est pulsatile est mise en jeu par des mécanismes centraux. Deux hormones hypothalamiques interviennent, l'une stimulante (GRF, *growth releasing factor*) et l'autre inhibitrice, la *somatostatine*, elles sont contrôlées en retour par GH et IGF 1. Plusieurs neurotransmetteurs pourraient être impliqués dans cette régulation de la sécrétion des hormones hypothalamiques contrôlant la sécrétion de GH. En effet, celle-ci peut être inhibée par l'administration de somatostatine ou d'un agent α-bloquant, par le blocage des récepteurs sérotoninergique, dopaminergique ou cholinergique. En revanche, elle peut être favorisée par l'administration d'un agent β-bloquant. D'autres facteurs peuvent agir sur les neurones hypothalamiques, il s'agit de la glycémie, des acides gras libres, de certains acides aminés et des opiacés endogènes.

L'altération de la réponse à l'exercice par les agents bloquant le système adrénergique a été parfois interprétée comme favorable au rôle du système sympatho-adrénergique dans la sécrétion de GH. Le contrôle adrénergique est probablement lié à la libération de catécholamines localement à partir des fibres monoaminergiques de l'hypothalamus (Galbo). L'absence d'augmentation significative de la concentration plasmatique de GH, lors de l'exercice, chez les diabétiques ayant une neuropathie, s'expliquerait par des lésions nerveuses centrales.

LES GLUCOCORTICOÏDES

Le *cortisol*, principale hormone glucocorticoïde chez l'homme, est sécrété par la zone fasciculée du cortex surrénal. Il favorise le stockage du glycogène par le foie et le muscle, diminue l'utilisation tissulaire du glucose. Il favorise la néoglycogenèse par son action protéolytique. Son action est par conséquent hyperglycémiante. Il intervient également dans la mobilisation des lipides.

☐ **Évolution au cours de l'exercice.** — Lors de l'exercice de faible intensité, l'augmentation de la cortisolémie est si faible que sa variation nycthémérale peut suffire à la masquer (Follenius et Brandenberger). Quand la puissance d'exercice dépasse 60 % de la PMA, la cortisolémie augmente d'autant plus que la puissance est plus élevée.

La prolongation de l'exercice a des effets variables. Après un exercice intense et prolongé de 3 heures, la concentration de cortisol peut atteindre 3 à 4 fois sa valeur de repos. En revanche, on a pu mesurer des valeurs plus faibles à la fin d'un *marathon non compétitif* (1,8 fois la concentration de base) et même une concentration plus faible qu'au repos après abandon au 15e kilomètre du marathon, sans que l'on puisse pour cela impliquer la diminution du cortisol dans l'épuisement. Ce dernier résultat est à rapprocher de la baisse de la cortisolémie chez le rat épuisé après une épreuve de nage.

Après l'exercice, le retour de la cortisolémie à sa valeur basale est d'autant plus long que la cortisolémie d'exercice était élevée. Le délai peut varier de 1 à 3 heures. L'entraînement diminue la concentration d'ACTH et la cortisolémie d'exercice.

□ **Signification fonctionnelle.** — La surrénalectomie chez le rat diminue nettement son aptitude à l'exercice prolongé. Cette aptitude peut être restaurée par la perfusion de glucose. Inversement, l'administration de cortisol (ou d'ACTH) chez l'animal intact augmente considérablement l'aptitude à l'exercice prolongé. L'action métabolique n'est pas évidente : le cortisol n'exerce pas de potentialisation de l'action de l'adrénaline sur l'adipocyte du rat entraîné (Askew). De même la méthylprednisolone ne diminue pas chez le Chien l'utilisation cellulaire du glucose pendant l'exercice, mais augmente l'endurance probablement par une augmentation des stocks initiaux de glycogène hépatique plutôt que par une augmentation de la gluconéogenèse. Il est difficile d'évaluer les conséquences de l'hypercortisolémie d'exercice sur la gluconéogenèse. La part du catabolisme protidique dans l'apport énergétique est considéré comme négligeable pendant l'exercice, et celui-ci, chez le rat, empêche l'atrophie musculaire provoquée normalement par l'administration de glucocorticoïdes.

L'entraînement diminue la réponse ACTH-cortisol à l'exercice prolongé, probablement parce que la baisse de la glycémie est différée alors que le niveau de la glycémie qui induit la sécrétion d'ACTH et de cortisol reste le même.

Cette hypercortisolémie pourrait finalement être un simple témoin des contraintes (stress) imposées à l'organisme, ou bien un facteur d'adaptation métabolique, ou encore un agent régulateur du comportement par l'intermédiaire d'une action sur le système nerveux central.

□ **Mécanisme de mise en jeu.** — L'évolution de la cortisolémie pendant l'exercice est la conséquence d'actions opposées : augmentation de la destruction du cortisol par les tissus périphériques, diminution du taux de clairance hépatique et augmentation de la sécrétion d'ACTH sous l'influence d'une stimulation sympathique. Sans dépendre directement de la concentration d'adrénaline dans le plasma, la sécrétion d'ACTH peut intervenir avec une intensité directement fonction de la contrainte liée à l'exercice. En effet, un exercice de puissance donnée élève la concentration de cortisol de façon plus importante si le travail est effectué avec une seule jambe que s'il est effectué avec les deux jambes. Or, cette évolution est comparable à celle des catécholamines (Few et Davies). De même, l'augmentation des concentrations de cortisol et des catécholamines dans le plasma à l'exercice est plus nette quand celui-ci est fourni après épuisement des réserves glycogéniques (Galbo).

LES HORMONES THYROÏDIENNES

Outre leurs effets sur la croissance, les hormones thyroïdiennes ont une action hypermétabolisante qui s'exerce sur les trois grands métabolismes. L'évolution de leur sécrétion et leur rôle au cours de l'exercice apparaissent moins nettement que pour les autres sécrétions hormonales, en l'état actuel de nos connaissances, pouvant conduire à un bilan azoté négatif.

☐ **Évolution au cours de l'exercice.** — Il est difficile de montrer une variation des sécrétions thyroïdiennes lors de l'exercice de courte durée ; cela s'explique en partie par la longue demi-vie de T_3 et T_4. En revanche, il est acquis qu'un exercice intense et prolongé s'accompagne d'une augmentation substantielle de T_3 et T_4 libre en relation avec une élévation de TSH et indépendante de l'hémoconcentration d'exercice. A l'issue d'un marathon, une conversion périphérique de T_4 en T_3 inactive survient, liée à l'épuisement.

☐ **Signification fonctionnelle.** — Elle demeure problématique chez l'Homme. Pourtant, le rôle métabolique lors de l'exercice ressort de plusieurs observations faites chez l'animal. Par exemple, si la thyroïdectomie chez le rat n'altère pas son endurance et ne modifie pas le nombre de ses mitochondries musculaires, elle diminue en revanche la capacité des broyats musculaires à oxyder le pyruvate et le palmitate (Baldwin). De même, les hormones thyroïdiennes paraissent impliquées dans les modifications du métabolisme lipidique liées à l'exercice et à l'entraînement. La diminution du cholestérol hépatique liée à ce dernier n'apparaît pas chez le rat thyroïdectomisé, de même la mobilisation des acides gras libres lors de l'exercice est moins importante chez le chien thyroïdectomisé que chez le Chien intact (Paul), ce qui entraîne une augmentation de la consommation de glycogène musculaire. On ne sait pas si cette action est propre aux hormones thyroïdiennes ou si leur présence est indispensable à l'action lipolytique des catécholamines.

Enfin, l'hypertrophie cardiaque, liée à l'entraînement, n'apparaît pas chez le rat thyroïdectomisé. Comme d'autre part l'entraînement et la thyroxine ont le même effet sur l'hypertrophie et la contractilité myocardique, certains auteurs admettent une éventuelle médiation des effets de l'entraînement par les hormones thyroïdiennes.

LES HORMONES DE L'ÉQUILIBRE HYDRIQUE ET SODÉ

L'exercice intense et de longue durée détermine une déperdition hydrique importante liée à la sudation (chap. 10) qui peut atteindre, en ambiance thermique normale, plusieurs litres d'eau et, en conséquence, s'accompagne d'une perte de poids corporel. Selon Costill, une perte d'eau représentant 1 % du poids du corps s'accompagne d'une réduction respectivement de 2,5 et 1,1 % des volumes plasmatique et interstitiel. Il se produit également une redistribu-

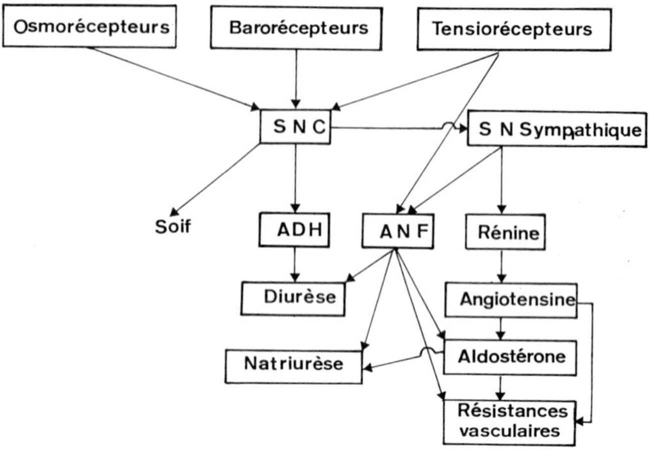

FIG. 74. — *Représentation schématique des différents mécanismes de mise en jeu des hormones hydrominérales.*

tion de la masse sanguine. Ces altérations de l'équilibre hydrique, et leurs conséquences, mettent en jeu les différents systèmes hormonaux qui interviennent dans la régulation de la volémie.

La figure 74 représente schématiquement les divers mécanismes hormonaux impliqués dans le contrôle de l'équilibre de l'eau et des sels : *l'hormone antidiurétique* (ADH) ou *vasopressine* (AVP) est sécrétée au niveau de l'hypophyse postérieure sous l'effet des variations d'osmolalité plasmatique et de la volémie. *L'angiotensine II* est un puissant stimulant de la sécrétion d'ADH. Interviennent aussi, dans cette sécrétion d'ADH, la chaleur, la douleur, l'émotion. La *rénine* est une enzyme sécrétée par l'appareil juxtaglomérulaire du rein; elle agit sur un substrat, l'angiotensinogène, en libérant l'angiotensine I. Celle-ci, sous l'action d'une enzyme de conversion devient l'angiotensine II, hormone physiologiquement active, puissant agent vasoconstricteur et principal stimulant de la sécrétion d'aldostérone par la zone glomérulée du cortex surrénal. Il se forme également de l'angiotensine III (sous l'action d'une aminopeptidase), composé actif sur la libération de l'aldostérone. L'angiotensine II stimule la sécrétion de catécholamines par le système adrénergique au niveau périphérique.

L'aldostérone exerce son action sur le tube rénal où elle favorise la réabsorption d'eau et de sodium ainsi que la fuite de potassium. Le facteur natriurétique, mis en jeu à partir des tensiorécepteurs auriculaires (ANF), agit sur la natriurèse, le système rénine-angiotensine, et par là sur les résistances vasculaires. Son action porte aussi sur la sécrétion de l'aldostérone. D'autres facteurs tels que le cortisol et les prostaglandines peuvent intervenir, mais n'ont qu'un rôle accessoire.

□ **Effet de l'exercice sur les hormones du métabolisme hydrique et sodé.** — L'activité rénine plasmatique (ARP) augmente lors de l'exercice avec la puissance et la durée de celui-ci (fig. 75). A l'exercice maximal, la concentration d'ARP peut être 3 à 4 fois supérieure à sa valeur de repos. L'aldostérone augmente également mais, le plus souvent, relativement moins que l'ARP. Par exemple, après un exercice de 2 h 30 min à 60 % de la puissance maximale aérobie, Sundsfjord a observé une concentration plasmatique d'aldostérone 4 fois moins élevée que celle d'ARP. Ce cas n'est pas général puisque, dans l'exemple de la figure 76, une évolution inverse est observée.

La concentration sanguine de l'hormone antidiurétique augmente aussi avec l'intensité d'exercice (fig. 75) pour atteindre à la PMA une valeur égale à

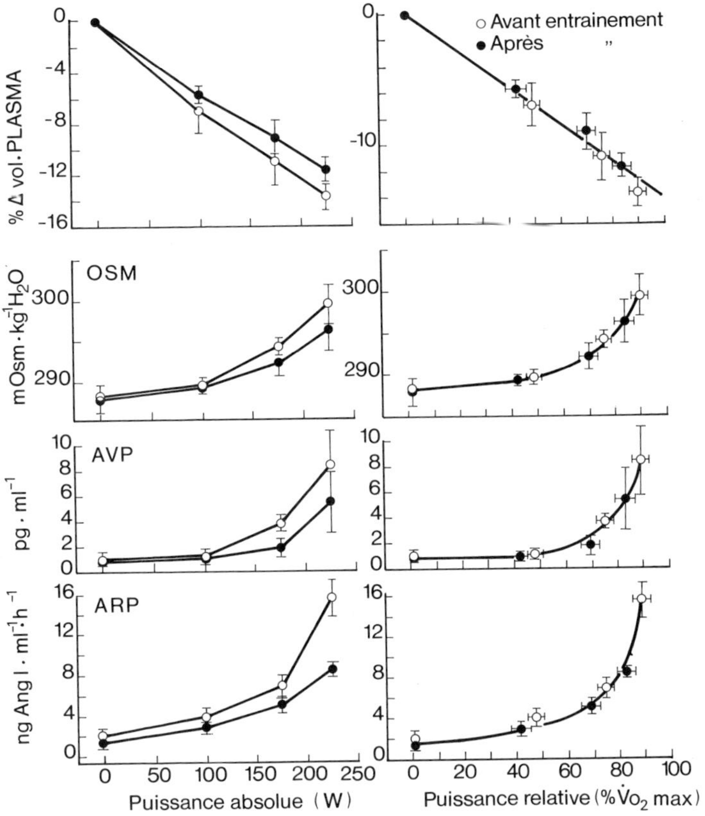

FIG. 75. — *Volume plasmatique, osmolalité plasmatique, AVP et ARP avant et après entraînement.* Les valeurs moyennes pour 4 sujets de 19 à 29 ans sont portées en fonction de la puissance musculaire (d'après Convertino et coll., *J. appl. Physiol.*, 1980, *48*, 565-569).

4 à 6 fois celle de repos. La concentration de l'ANF s'élève également en fonction de la puissance comme de la durée de l'exercice.

Le délai de retour à la normale de ces concentrations hormonales est variable; il dépend de l'intensité et de la durée d'exercice. Après un exercice intense de 30 min (fig. 76), le retour à la normale survient après environ 24 heures pour l'ARP et l'aldostérone; en revanche la rétention de sodium, de chlore et de potassium se prolonge au-delà de 3 jours (Costill). Après 2 heures

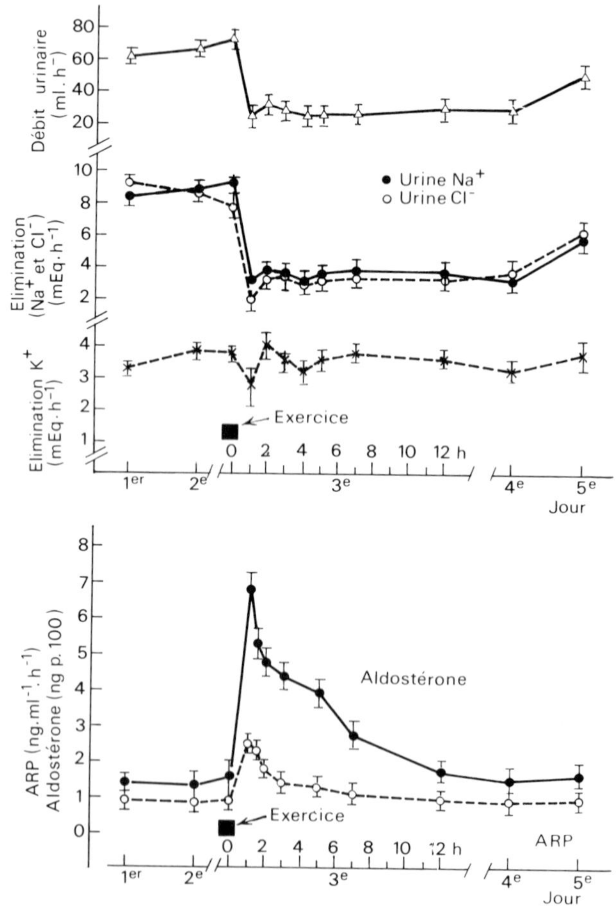

FIG. 76. — *ARP, Aldostéronémie et équilibre hydrominéral après exercice. De haut en bas*: débit urinaire, élimination urinaire de sodium, chlore et potassium, ARP et aldostéronémie, avant exercice puis jusqu'au 5e jour après celui-ci (d'après Costill et coll., *Med. Sci. in Sports*, 1976, 8, 209-213).

d'exercice à 60 % de la PMA, l'ARP mais aussi l'ADH ont une concentration normale après 24 heures (Convertino). Pour des exercices plus intenses et plus longs, l'évolution, lors de la récupération, est différente pour certaines hormones : l'ADH est normale après 12 heures alors que l'aldostérone est encore élevée à la 20e heure. Ceci pourrait s'expliquer, en partie, par le fait que leurs durées de vie sont très différentes et en particulier très courtes pour les hormones polypeptidiques. Le délai de retour de l'ANF à une concentration normale est immédiat après un exercice sous-maximal de longue durée (Follenius et Brandenberger, 1988).

D'une manière générale, les exercices intenses avec une contrainte thermique importante sollicitent plus longtemps le système rénine-angiotensine-aldostérone. A l'issue d'un marathon la concentration d'ANF, après un retour à l'état basal, présente des pics secondaires à la 36e heure et au 7e jour. Ces variations, lors de la récupération, pourraient s'expliquer par des changements du volume plasmatique.

Les études concernant *l'entraînement* ont conduit à des résultats contradictoires, le plus souvent à cause des protocoles d'entraînement très différents en durée et intensité. La figure 75 rend compte de l'effet d'un entraînement de 8 jours ayant amélioré sensiblement l'aptitude. On note, pour une puissance d'exercice donnée, un abaissement (par rapport au sujet non entraîné) des concentrations d'ARP et d'aldostérone tandis que l'osmolalité et le volume plasmatique sont moins touchés. Cependant, pour une même puissance relative d'exercice, les effets sur les concentrations d'hormones et l'équilibre hydrominéral sont inchangés. Les effets de l'entraînement de longue durée sont difficiles à évaluer à cause des variations circannuelles des sécrétions hormonales.

Chez des sujets soumis à un entraînement à l'exercice intense et prolongé sur une période de 1 mois et demi (Gharib et Lacour) ou même 5 mois (Geyssant) une diminution de l'ARP et le maintien des concentrations plasmatiques d'aldostérone et d'ADH ont été notés au repos surtout, en fin d'exercice moins nettement par rapport à des sujets non entraînés.

Dans l'état actuel de nos connaissances, on doit constater que les effets de l'entraînement sont peu manifestes, et qu'ils interviennent différemment sur les divers éléments de la chaîne rénine-angiotensine-aldostérone, sans que l'intervention de facteurs tels que la concentration plasmatique de potassium puisse apporter une explication satisfaisante.

☐ **Signification fonctionnelle.** — L'augmentation des concentrations plasmatiques des hormones responsables de l'équilibre hydrominéral est liée à la redistribution de la masse sanguine aux dépens d'organes qui, normalement, inactivent ces systèmes hormonaux, c'est-à-dire le foie et le rein. Ces hormones vont par ailleurs agir sur le rein dont la fonction est réduite. Les conséquences des variations observées à l'exercice sont donc mal aisées à définir.

L'action de l'angiotensine II sur les vaisseaux est difficile à différencier de celle de la noradrénaline.

La restauration du volume plasmatique et la rétention de sodium et de chlore après l'exercice sont probablement sous la dépendance des deux systèmes hormonaux principaux, l'ADH et l'aldostérone. Mais la relation entre ceux-ci et l'évolution du volume plasmatique ou la rétention de sodium et de chlore n'est pas absolue. Ainsi, la rétention continue à se manifester plusieurs jours après l'exercice alors que la concentration d'aldostérone est retournée à sa valeur de base dès la 6e heure (Costill). Pour une même élévation de l'ARP, la rétention sodée est plus élevée après un exercice de 2 heures ou une exposition à la chaleur ayant élevé de la même façon la température corporelle (Convertino).

La baisse rapide de la concentration d'ANF à l'issue d'un exercice, alors que l'équilibre hydrominéral reste perturbé, pose la question du rôle fonctionnel de l'élévation de ce facteur pendant l'exercice. Enfin, son action régulatrice sur la pression artérielle d'exercice reste à démontrer.

□ **Mécanisme de contrôle.** — L'augmentation d'activité du système adrénergique sous l'effet de la contrainte et la diminution de la volémie peuvent expliquer l'augmentation de l'ARP d'exercice. La mise en jeu serait essentiellement adrénergique, car il n'a pas été trouvé de corrélation entre l'augmentation de l'ARP et la diminution du volume plasmatique ou l'augmentation de l'osmolalité (Convertino). En effet, l'ARP diminue à l'arrêt de l'exercice en l'absence de toute réhydratation et le blocage ganglionnaire chez le rat abaisse l'ARP d'exercice.

L'action du système adrénergique s'exerce directement sur les cellules de l'appareil juxtaglomérulaire : chez l'Homme, l'administration de dihydralazine, qui réduit la vasoconstriction rénale d'exercice, ne modifie pas l'ARP observée à l'exercice, laquelle ne provient pas de variation du débit rénal. En revanche, l'aldostérone semble varier de façon plus indépendante (voir ci-dessus). Par exemple, une augmentation de l'ARP et de l'angiotensine II peut être provoquée par une suggestion hypnotique d'un exercice sans altérer la concentration plasmatique d'aldostérone (Kosunen). D'autres facteurs tels que l'ACTH et la concentration plasmatique de potassium doivent par conséquent intervenir pour modifier indépendamment l'aldostéronémie.

L'augmentation de la concentration d'ADH peut résulter de l'augmentation de l'ARP, de l'osmolalité, ainsi que de la diminution du volume plasmatique. Pour ce dernier facteur, on observe en effet que l'hyperhydratation pendant un exercice réduit l'augmentation de l'ADH plasmatique. Cependant, ce facteur n'est pas le seul, puisqu'une même diminution de la volémie, provoquée par une exposition à la chaleur ou un exercice, a moins d'effet dans le premier cas. Enfin, après l'exercice, la concentration plasmatique d'ADH diminue, même sans réhydratation; l'osmolalité joue donc aussi : il existe une corrélation étroite entre celle-ci et la concentration d'ADH au cours d'exercices de puissances relatives différentes, mais pas avec l'ARP laquelle serait moins impliquée dans cette mise en jeu.

L'augmentation de la sécrétion d'ANF à l'exercice peut trouver son origine dans la mise en jeu de tensiorécepteurs (Shifrin, 1985); elle peut aussi résulter de la tachycardie auriculaire. Enfin, récemment, une relation a été mise en évidence entre la noradrénaline et l'ANF : la noradrénaline pourrait régler directement la sécrétion d'ANF, mais aussi par l'intermédiaire de l'augmentation de pression qui survient à l'exercice. Ainsi l'ANF libéré par le cœur pourrait intervenir dans la régulation de la pression artérielle d'exercice en s'opposant à l'action pressive de la noradrénaline (Follenius et Brandenberger, 1988).

LES HORMONES ANDROGÈNES

En dehors de la sphère sexuelle, la testostérone et l'androstènedione sécrétées par les glandes testiculaires ont une action anabolisante sur le métabolisme protidique en particulier au niveau de la matrice protéique de l'os et au niveau des muscles squelettiques.

☐ **Évolution au cours de l'exercice.** — La course provoque une augmentation de la concentration plasmatique de testostérone dont l'importance dépend de la vitesse. L'exercice de musculation a le même effet, lié plus à l'importance de la charge qu'à la durée.

La prolongation d'un exercice d'une puissance relative donnée par rapport à la PMA détermine une diminution de la testostéronémie. Ainsi, une baisse moyenne de 50 % a été observée à la fin d'un marathon et après une course de 100 km effectuée en 14 heures. Dans ce dernier cas, la concentration d'androstènedione avait augmenté. Lors d'un exercice prolongé de 80 minutes à 75 % de la PMA, la concentration de testostérone est maximale au bout de 40 minutes puis diminue; cependant, à l'arrêt de l'exercice, elle est encore supérieure à celle de repos (Galbo).

L'arrêt de l'exercice détermine une diminution de la testostéronémie, les valeurs les plus basses étant observées entre les 3e et 6e heures suivantes. Cette diminution reste encore manifeste 24 heures plus tard.

L'entraînement, musculation ou endurance, augmente la testostéronémie de repos et réduit la diminution normalement observée à la suite d'un exercice prolongé. Enfin, l'entraînement augmente le rapport testostérone/cortisol.

☐ **Signification fonctionnelle.** — L'administration chez l'homme d'isotopes stables d'acides aminés et de testostérone montre que cette dernière augmente la masse musculaire en favorisant localement la synthèse protéique. L'hypertrophie musculaire consécutive à un entraînement de type résistant s'explique, pour une bonne part, par l'effet anabolisant de la testostérone, même si sa concentration plasmatique n'augmente que modestement du fait de l'entraînement. Le mécanisme de cette action est connu, du moins chez l'animal. En effet, une augmentation rapide du nombre des récepteurs androgènes et de la masse musculaire a été observée chez le rat à la suite d'une stimulation électrique répétitive, durant plusieurs semaines, reproduisant l'activité musculaire lors d'un entraînement résistant (Inoue). Ceci rend plausible un effet par augmentation de la sensibilité à la testostérone.

☐ **Facteurs de contrôle.** — L'augmentation de la concentration d'androstènedione pendant l'exercice est le plus souvent associée à celle du cortisol ; elle est considérée comme liée à une activation cortico-surénalienne. Les variations de la testostéronémie semblent indépendantes de celles de l'hormone lutéinisante (LH). Après un exercice supramaximal, une augmentation importante de la concentration plasmatique de LH a pu être observée (Kuoppasalmi), alors qu'un athlète très entraîné avait pu terminer un marathon sans diminution de la testostéronémie, ceci coïncidant avec une augmentation de la concentration de LH (Dessypris).

LES HORMONES OVARIENNES

Outre leurs actions sur la sphère sexuelle, les hormones ovariennes retentissent sur différents métabolismes, en particulier protidique, lipidique, hydrominéral et calcique.

☐ **Évolution au cours de l'exercice.** — Chez la femme à cycle ovulatoire normal, l'exercice détermine une augmentation de la concentration plasmatique de *progestérone* qui est fonction de la puissance d'exercice. Par exemple, à 70 % de la PMA, cette augmentation atteint 40 % par rapport à la valeur de repos, quelle que soit la période du cycle. A l'arrêt de l'exercice, la progestéronémie revient rapidement à sa valeur basale : après un exercice maximal, sa diminution atteint 50 % en 10 minutes.

La concentration plasmatique *d'œstradiol* est également sensiblement augmentée. Après 30 minutes d'un exercice à 70 % de la PMA, la variation atteint 15 à 20 %. Il faut également noter une augmentation plus nette des concentrations d'œstradiol et de progestérone pendant la phase lutéale que pendant la phase folliculaire (Galbo).

Les effets de l'entraînement sont sensibles : 8 semaines d'entraînement comportant 30 minutes d'exercice intense 3 fois par semaine peuvent faire disparaître l'augmentation des concentrations plasmatiques de progestérone et d'œstradiol et provoquer une diminution de la concentration de FSH (*hormone de stimulation folliculaire*) d'environ 10 % en réponse au même type d'exercice.

Les mécanismes de ces variations ne sont pas clairs. L'augmentation des hormones ovariennes n'est pas associée à une augmentation significative de la concentration plasmatique d'hormone gonadotrope. L'existence d'une diminution de la clairance métabolique de l'œstradiol au cours de l'exercice sous-maximal apporte une explication à l'augmentation de la concentration de cette hormone.

Les conséquences fonctionnelles de ces variations des hormones ovariennes ne sont pas claires non plus. La réponse ventilatoire à un stimulus d'intensité donnée est augmentée pendant la phase lutéale. Chez le sujet non entraîné, ce phénomène est associé à une diminution ou une augmentation de la performance selon les auteurs. En revanche, la performance des athlètes n'est pas affectée par l'évolution de leur cycle menstruel.

☐ **Conséquences de l'entraînement sur le cycle menstruel.** — Lors d'une enquête faite auprès de 66 athlètes féminins originaires de divers pays présents aux Jeux olympiques de Tokyo, une perturbation du cycle menstruel a pu être observée chez près de 40 % de ces athlètes. La *dysménorrhée* était le trouble le plus fréquemment rencontré. Cette observation est reliée au fait que la dysménorrhée est d'autant plus fréquente que la survenue des règles est plus récente; or, il s'agissait dans cette enquête de jeunes femmes à puberté probablement tardive.

Le rôle de *l'intensité de l'entraînement* semble probable dans la genèse des troubles : c'est dans les disciplines où la dépense énergétique est la plus élevée que l'on observe le plus souvent des oligo- ou des aménorrhées (tennis, aviron, ski de fond). Sur un échantillon de plus de 200 femmes, de grandes différences ont été notées dans les pourcentages d'oligo- ou d'aménorrhée : 4 % chez les témoins, 23 % chez les femmes pratiquant le jogging (8 à 50 km par semaine sans forcer), et 34 % chez les femmes courant à vitesse élevée sur des distances de plus de 50 km par semaine (Dale). Dans ce dernier groupe, la moitié des femmes avait des cycles anovulatoires. Les troubles sont 3 à 4 fois plus fréquents chez les nullipares. Cette influence de l'intensité de l'entraînement a été observée également : sur un échantillon de 128 femmes, une relation linéaire existe entre la distance parcourue chaque semaine pendant l'entraînement à la course et la fréquence des aménorrhées secondaires : 20 % pour 32 km par semaine; 43 % pour 110 km par semaine (Feicht).

Il importe de signaler une augmentation du risque de thrombose lié à l'hémoconcentration chez les sportives entraînées qui, par ailleurs, ont recours au tabac, aux dopants et aux pilules contraceptives.

☐ **Entraînement et maturation sexuelle.** — Les femmes pratiquant un sport de façon suivie ont, d'une manière générale, leurs premières menstruations plus tardivement que celles peu actives de même milieu socio-économique. Ce fait est d'autant plus net que la pratique d'un sport se situe à un échelon plus élevé.

Il existe des différences selon les *disciplines sportives* : le retard est plus net chez les filles spécialisées en course, gymnastique ou volley-ball que chez les nageuses. Ces dernières ont d'ailleurs leurs premières règles à un âge pratiquement normal. Une sélection par des contraintes propres à chaque discipline pourrait par conséquent intervenir. Ces contraintes favoriseraient les filles ayant des caractères associés à une puberté tardive, tels qu'une structure longiligne pour les athlètes pratiquant la course ou le volley-ball, les petites dimensions pour les gymnastes. Elles pourraient au contraire favoriser les filles ayant des caractères associés à une puberté précoce c'est le cas d'une masse adipeuse importante souvent rencontrée chez les jeunes nageuses. Le rôle de l'entraînement a été mis en évidence sur un groupe de jeunes gymnastes de niveau européen : il existe un retard de maturation sexuelle d'autant plus important que l'entraînement avait débuté plus tôt. Le développement, bien que retardé, reste harmonieux, ce qui explique qu'une fois la puberté survenue, il n'existe aucune séquelle de ce retard (Sempé et Jost).

☐ **Mécanismes de mise en jeu.** — Il n'est pas possible actuellement de dire si le trouble du cycle menstruel et le retard pubertaire relèvent du même mécanisme.

Les perturbations du cycle menstruel sont associées à une baisse de la concentration de progestérone dans le sang pendant la phase lutéale du cycle menstruel, ce qui est en faveur du cycle anovulatoire ou, tout au moins, d'un développement folliculaire inadapté. L'intensité du phénomène est fonction de la quantité de travail fournie. A l'origine de ce trouble, il existe toujours une diminution de la concentration plasmatique de FSH pendant la phase folliculaire. Ces modifications sont associées ou non à une diminution de la concentration plasmatique de LH (*hormone lutéinique*). Parmi les facteurs qui pourraient intervenir dans cette perturbation du fonctionnement hypothalamo-hypophysaire sont le plus souvent avancées :

– L'augmentation de la concentration plasmatique des hormones androgènes au repos.

– La diminution de la masse de tissu adipeux : lors des états de sous-nutrition, il existe une relation entre la diminution des graisses et la fréquence des aménorrhées (cas des danseuses de ballet). Celles-ci sont associées à une baisse de la concentration plasmatique des hormones gonadotropes et d'une diminution de la réponse à la gonadostimuline. Tous ces troubles disparaissent quand la masse adipeuse redevient normale. Il est intéressant de noter qu'à l'arrêt de l'entraînement, la normalisation des cycles menstruels est souvent associée à une prise de poids.

– Une augmentation prolongée de la progestéronémie, en réponse à un exercice de longue durée, pourrait provoquer par rétroaction négative une diminution de la concentration plasmatique de FSH.

Parmi ces mécanismes, certains sont invoqués pour expliquer le retard pubertaire. L'hyperprolactinémie d'exercice chez des sujets entraînés pourrait jouer. La masse adipeuse est volontiers invoquée. D'autres mécanismes liés à la dépense énergétique doivent également intervenir puisque chez les jeunes danseuses, les premières menstruations surviennent à l'arrêt de l'activité sans que la faible masse du tissu adipeux n'ait été modifiée (Wahren).

LES ENDORPHINES

Les endorphines sont des peptides cérébraux dont les effets sur les cellules ressemblent à ceux des opiacés comme la morphine (d'où le terme d'endorphine, contraction de morphine endogène). Certaines cellules du cerveau possèdent des récepteurs qui captent les opiacés, en particulier dans les régions du cerveau associées à la perception de la douleur. Les endorphines se trouvent dans les cellules nerveuses situées à la base de l'hypothalamus et dans les cellules endocrines du lobe antérieur de l'hypophyse. Ces cellules fabriquent un long précurseur peptidique la propriomélanocortine à partir de laquelle est produite l'ACTH, et une séquence de 91 acides aminés, la *β-lipotropine*, à partir de laquelle est formée la *β-endorphine*.

La β-lipotropine et la β-endorphine sont sécrétées en même temps que l'ACTH sous différentes variétés de contraintes dont en particulier l'exercice musculaire. Les effets analgésiques ou euphorisants de ces substances permettent de penser qu'ils pourraient intervenir lors de l'exercice intense en diminuant les sensations douloureuses. Les endorphines libérées à l'exercice pourraient avoir d'autres actions, en particulier sur certaines sécrétions endocrines (catécholamines, prolactine, GH, LH, FSH) et sur les centres respiratoires. Elles pourraient aussi jouer un rôle de médiateur dans l'immunosuppression temporaire d'exercice.

CONTRÔLE HORMONAL DU MÉTABOLISME ÉNERGÉTIQUE LORS DE L'EXERCICE

Les différentes adaptations hormonales qui surviennent à l'occasion de l'exercice, outre leur action circulatoire ou trophique, contribuent à assurer aussi un apport suffisant de substrats au niveau des fibres musculaires. L'exercice prolongé constitue un bon exemple de cette coordination hormonale qui intervient au niveau du muscle pour contrôler la glycolyse et la captation du glucose, au niveau du foie pour augmenter la glycogénolyse et la néoglucogenèse afin de maintenir la glycémie normale malgré la captation accrue de glucose par le muscle, au niveau des adipocytes pour augmenter la mobilisation des lipides afin d'assurer une fourniture suffisante en acides gras libres (fig. 77).

□ **Glycogénolyse musculaire.** — Le calcium libéré par le réticulum sarcoplasmique à l'occasion de la contraction musculaire ainsi que l'adrénaline en activant la phosphorylase sont responsables de la mise en jeu de la glycolyse (voir fig. 7, p. 17). La calcium agit dès le début de l'exercice et l'adrénaline intervient ensuite quand l'exercice se prolonge. L'adrénaline joue un rôle important puisque la médullosurrénalectomie chez le Rat supprime la glycolyse, laquelle est restaurée par une perfusion d'adrénaline. Les β-récepteurs sont impliqués dans cette action : en effet, lors de l'exercice chez l'homme, l'administration de propranolol inhibe profondément la glycolyse musculaire.

□ **Captation du glucose par le muscle.** — Elle dépend à la fois de la glycémie et du transport membranaire du glucose, ce dernier étant stimulé par l'insuline. Comment expliquer alors que la captation augmente à l'exercice alors que la glycémie reste constante et que l'insulinémie diminue ? On sait maintenant que la présence d'insuline n'est pas indispensable à une augmentation de la captation du glucose, celle-ci étant liée à la perméabilité membranaire au glucose. Par ailleurs, l'augmentation du débit sanguin local compense la plus faible concentration d'insuline. Une augmentation de la

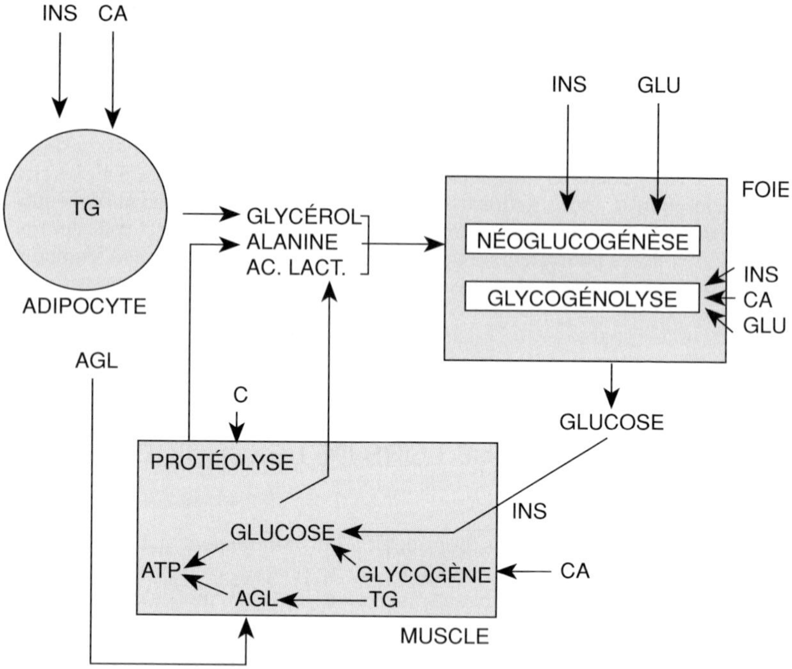

FIG. 77. — *Principales actions hormonales intervenant à l'exercice.*
INS : Insuline
CA : catécholamines
GLU : glucagon
AGL : acides gras libres
C : cortisol
TG : triglycérides

sensibilité à l'insuline est également admise expliquant une augmentation de la captation malgré la diminution de l'insulinémie.

L'entraînement s'accompagne d'une diminution plus nette de l'insulinémie d'exercice et d'une meilleure tolérance au glucose. Les effets sur le glucose s'expliquent par une augmentation de la sensibilité tissulaire à l'insuline. Celle-ci semble relever chez l'homme, de l'augmentation du contenu de la protéine transporteur de glucose, $GLUT_4$, du muscle entraîné, ce qui contribue à augmenter la sensibilité à l'insuline (Houmard).

□ **Production de glucose par le foie.** — Le maintien de la glycémie à un niveau constant lors de l'exercice prolongé, alors que le muscle prélève constamment du glucose dans le sang, est assuré par une production accrue de glucose par le foie. Un tel équilibre entre prélèvement de glucose par le muscle et production du même substrat par le foie implique un contrôle précis. La glycémie n'est pas en cause puisqu'elle reste pratiquement constante. En revanche, les variations des concentrations hormonales liées à l'exercice, principalement des catécholamines, de l'insuline et du glucagon, ainsi que l'activation du système nerveux sympathique vont exercer leur contrôle à la fois sur la glycogénolyse et la néoglucogenèse pour augmenter de façon adéquate le débit hépatique de glucose. On sait en effet que, chez l'homme au repos, la perfusion d'adrénaline augmente la production de glucose, même si l'insulinémie et la glucagonémie restent constantes. En revanche, il faut noter que le blocage des récepteurs par le propranolol n'empêche pas la production hépatique de glucose d'augmenter à l'exercice. Une action du système nerveux sympathique pourrait également s'exercer sur les hépatocytes. L'adrénaline agit par l'intermédiaire des β-récepteurs, mais ce mécanisme n'est pas indispensable puisque son blocage par le propranolol n'empêche pas la production hépatique de glucose d'augmenter lors de l'exercice. La baisse de l'insulinémie et l'augmentation de la glucagonémie (augmentation du rapport insuline glucagon), contribuent à l'augmentation de production de glucose et l'action stimulante du glucagon est renforcée par la baisse de l'insulinémie. Cependant, ces deux hormones ne sont pas absolument nécessaires puisque, lors de l'exercice modéré chez l'homme, si l'on maintient constantes l'insulinémie et la glucagonémie à leur valeur basale (par une perfusion d'insuline et de glucagon) la production de glucose reste pratiquement normale. En fait, l'action du glucagon s'exerce principalement lors de l'exercice intense et prolongé, seule situation où il augmente notablement. Le cortisol n'a pas une action immédiate; il intervient après un délai important (1 à 2 h) pour augmenter la production de façon persistante. Enfin, l'hormone de croissance inhibe la production de glucose par le foie mais l'importance de son action lors de l'exercice reste à déterminer.

☐ **Lipolyse.** — Le système nerveux sympathique et l'adrénaline sont impliqués de façon importante dans l'augmentation de la lipolyse lors de l'exercice. L'action de la noradrénaline est moins évidente aux concentrations observées, elle est liée à l'activité sympathique et les effets s'exercent de façon locale au niveau des terminaisons sympathiques du tissu adipeux. L'action stimulante de l'adrénaline s'exerce par l'intermédiaire des β-récepteurs comme le montre son inhibition par le propranolol. Il existe aussi une action inhibitrice qui s'exprime par les α-récepteurs. L'insuline a des effets antilipolytiques et la diminution de l'insulinémie à l'exercice tend à renforcer l'action de l'adrénaline. Le rôle du glucagon, lequel normalement favorise la lipolyse, ne semble pas évident. En effet, lors de l'exercice, l'augmentation de la glucagonémie, qui est modeste, est postérieure à celle de la lipolyse. La diminution du rapport insuline/glucagon ne peut cependant que renforcer l'action de l'adrénaline. L'entraînement sensibilise l'adipocyte à l'action de l'adrénaline et de l'insuline. Cet effet résulte en partie d'une diminution de l'activité des α-récepteurs.

8

Activités physiques et sportives en altitude

L'altitude, du fait de la diminution de la pression partielle de l'oxygène dans l'air inspiré, apporte une contrainte au système d'échanges gazeux respiratoire et circulatoire chargé de prélever, transporter et livrer l'oxygène nécessaire aux processus énergétiques aérobies tissulaires. Elle crée en aval de tout le système une hypoxie dite hypoxie d'altitude.

La diminution de la performance qui résulte généralement de l'exposition à l'altitude est ressentie chez les athlètes ou les alpinistes dès que celle-ci dépasse 2 000 m. Cela n'empêche pas cependant la pratique de certains sports jusqu'à environ 3 000 m. Les alpinistes montent même beaucoup plus haut et quelques-uns d'entre eux ont pu gravir l'Everest (8 846 m) *à visage nu*, exploit considéré longtemps comme physiologiquement impossible. Malheureusement, certaines tentatives récentes ont eu une issue dramatique montrant, par là-même, à quel point l'altitude de l'Everest correspond approximativement aux limites de l'adaptation de l'Homme.

Les connaissances actuelles concernant l'exercice musculaire en altitude sont le résultat de nombreuses recherches menées depuis longtemps dans le monde entier. Plusieurs conditions d'observations sont possibles : au niveau de la mer on peut simuler une altitude par l'inhalation d'un mélange gazeux appauvri en oxygène ou par un séjour en caisson à dépression ; c'est par cette approche que Paul Bert a décrit, au siècle dernier, dans ce qu'elle a d'essentiel, la physiologie de l'altitude. Plus récemment, une étude expérimentale en caisson a permis de simuler pendant un temps prolongé les conditions ambiantes à l'altitude de l'Everest. En altitude réelle, des travaux ont été effectués dans les laboratoires équipés (La Paz en Bolivie, Jungfrau en Suisse, etc.) ou lors d'expéditions (Himalaya, Andes). Certaines données ont pu être confrontées avec les performances observées à l'occasion de compétitions mondiales, olympiques ou panaméricaines dans des villes d'altitude (Mexico, Johannesburg, etc.).

Les propriétés physiques du milieu ambiant sont responsables de la variation de la performance. Si la diminution de la pression partielle d'oxygène dans l'air ambiant explique la plupart des altérations, en revanche, la diminution de la densité de l'air ou de la gravité liées à l'altitude permet de comprendre des améliorations notables observées dans quelques disciplines.

LES CARACTÉRISTIQUES PHYSIQUES DE L'ALTITUDE

☐ **Diminution de la pression barométrique.** — C'est certainement le phénomène qui a la plus grande incidence sur la performance. La pression barométrique qui, au niveau de la mer s'élève à environ 760 Torr, s'abaisse à 526 Torr à 3 000 mètres, 354 Torr à 6 000 mètres et seulement 267 Torr à 8 000 mètres (fig. 78).

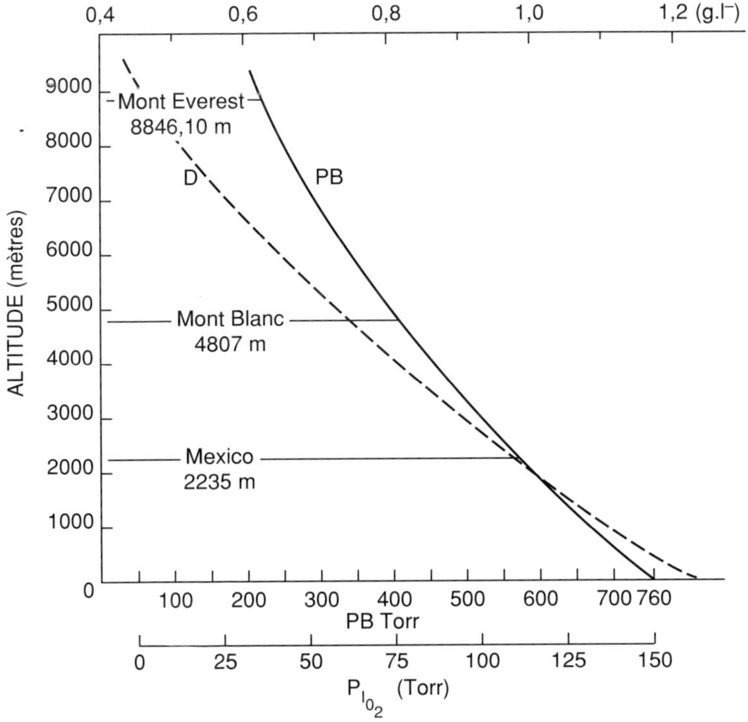

FIG. 78. — *Caractéristiques physiques de l'altitude.* Évolution de la densité (g.l^{-1}, courbe D) et de la pression barométrique (P_B) en fonction de l'altitude.

La conséquence la plus intéressante pour la performance est la baisse parallèle de la pression partielle de l'oxygène (fig. 78) selon la loi de Dalton :

$$P_{IO_2} = (P_B - 47)\ F_{IO_2} \text{ où}$$

P_{IO_2} = pression de l'O_2 inspiré — P_B = pression barométrique

F_{IO_2} = 0,2093 — 47 = tension de vapeur d'eau à 37 °C

Ainsi, au niveau de la mer P_{IO_2} est égale à 150 Torr, mais s'abaisse à 100 Torr à 3 000 m, 65 Torr à 6 000 m et n'est plus que de 46 Torr à 8 000 mètres (fig. 78).

☐ **L'exposition au froid.** — La température baisse en moyenne de 0,65 °C tous les 100 m. Cette variation dépend aussi du degré hygrométrique : en air sec, la baisse est de 1 °C tous les 100 mètres mais en air saturé de vapeur d'eau de 0,25 °C tous les 100 mètres.

En fait, l'évolution de la température avec l'altitude est rarement aussi systématique car elle dépend aussi de la latitude, de l'exposition, de la végétation, des conditions météorologiques, des variations diurnes ou saisonnières. Enfin, le vent augmente considérablement les effets du froid et aggrave la déperdition calorique.

☐ **Les radiations.** — La réduction de l'épaisseur de la couche protectrice, associée à la diminution de la pression atmosphérique, entraîne une plus grande exposition aux radiations ultraviolettes et ionisantes, lesquelles varient proportionnellement à l'altitude. On estime que le rayonnement ultraviolet augmente de 3 à 4 % tous les 100 mètres, mais il est pratiquement sans incidence grâce à la protection vestimentaire et au port de lunettes.

☐ **L'humidité.** — Le degré hygrométrique de l'air diminue avec la pression barométrique. Ce phénomène peut être responsable d'une évaporation importante encore accentuée par l'effet du vent exposant à la déshydratation.

☐ **La densité de l'air.** — Elle diminue à mesure que l'altitude augmente (fig. 78) ; de 1,2 $g.l^{-1}$ au niveau de la mer, elle passe à 1,006 $g.l^{-1}$ à 2 000 m, 0,819 $g.l^{-1}$ à 4 000 m, 0,659 $g.l^{-1}$ à 6 000 m. A 8 000 m l'air est 2,5 fois moins dense qu'au niveau de la mer. La densité de l'air peut, occasionnellement, jouer un rôle dans les performances sportives où intervient la vitesse, car la résistance de l'air croît avec le carré de celle-ci.

☐ **La gravité.** — La diminution de la gravité est également une conséquence de la montée en altitude. La réduction de l'attraction terrestre serait un facteur bénéfique, réduisant le travail à fournir puisque le poids du corps diminue. Mais cet effet est trop faible pour pouvoir être perçu dans la réalité.

ADAPTATION DU SYSTÈME D'ÉCHANGES GAZEUX AU REPOS

Les besoins en oxygène de l'organisme sont satisfaits grâce à une adaptation respiratoire et circulatoire. La consommation d'oxygène de repos reste stable ou augmente très légèrement par suite de l'activité accrue de la ventilation pulmonaire et du cœur.

☐ **La ventilation pulmonaire.** — En *hypoxie aiguë*, la ventilation pulmonaire n'est pas altérée tant que l'altitude reste inférieure à 3 000 m, malgré la baisse de $P_{I_{O_2}}$ alvéolaire (à 3 000 m $P_{A_{O_2}}$ = 60 Torr environ, au lieu de 100 Torr au niveau de la mer). Cependant, si le séjour se prolonge au-delà de 24 h une hyperventilation apparaît. En revanche, si l'altitude est supérieure à 3 000 m ($P_{A_{O_2}}$ < 60 Torr) une hyperventilation se manifeste dès l'arrivée. Elle provient essentiellement de l'augmentation du volume courant, la fréquence respiratoire restant presque inchangée, n'augmentant de façon significative qu'à partir de 6 000 m. Cette augmentation du débit respiratoire est rapide les premiers jours, puis de plus en plus lente, atteignant une valeur stable après une semaine environ de séjour à l'altitude. L'hyperventilation définitive est d'autant plus grande que l'hypoxie est plus intense. Le contrôle de la ventilation pulmonaire s'effectue de façon différente en haute altitude et au niveau de la mer.

En *hypoxie aiguë*, au-dessous de 3 000 m, l'absence d'une hyperventilation malgré l'augmentation du stimulus oxygène chémoréflexe s'explique par la diminution des stimulus CO_2 et H^+, par suite de la désaturation du sang en oxygène (Hb est moins acide qu'Hb_{O_2}). Si l'hypoxie est d'emblée importante, l'intensité du stimulus O_2 suffit à provoquer l'hyperventilation. Ceci a pour effet une alcalose respiratoire de sorte que l'importance relative du contrôle ventilatoire par P_{CO_2} et pH diminue.

En *hypoxie chronique*, il subsiste une stimulation hypoxique importante. Cependant l'alcalose plasmatique due à la diminution de Hb_{O_2} et à l'hypocapnie, conséquence de l'hyperventilation, est corrigée par l'élimination de bases (CO_3H^-) dans les urines, l'intensité du stimulus CO_2-H^+ augmente, expliquant en partie l'hyperventilation progressive.

☐ **Le gaz alvéolaire.** — En altitude aiguë, au-dessous de 3 000 m, $P_{A_{CO_2}}$ s'abaisse mais $P_{A_{CO_2}}$ ne change pas en l'absence de réponse ventilatoire. Au-dessus de 3 000 m, l'apparition d'une hyperventilation, alors que le métabolisme n'est pas modifié, est responsable d'une diminution de $P_{A_{CO_2}}$ et $P_{A_{O_2}}$. En altitude chronique, l'augmentation du débit ventilatoire commence dès la faible altitude; elle s'accompagne d'un changement de $P_{A_{O_2}}$ et de $P_{A_{CO_2}}$ différent de celui observé à l'arrivé à l'altitude : $P_{A_{O_2}}$ est plus élevé, $P_{A_{CO_2}}$ est plus bas (fig. 79).

Ce changement de composition du gaz alvéolaire est l'une des plus importantes réactions de l'organisme lors de l'acclimatation à l'altitude. Par exemple, à 4 000 m (P_B = 480 Torr) $P_{A_{O_2}}$ = 50 Torr en hypoxie aiguë, et environ 58 Torr après acclimatation. Cette dernière valeur est proche de celle observée en hypoxie aiguë à 3 000 m : grâce au processus d'acclimatation, la modification de l'atmosphère alvéolaire est la même que lors d'une descente à une altitude inférieure. A l'altitude de Mexico (2 300 m) $P_{A_{O_2}}$ s'élève à environ 65 et 72 Torr respectivement en altitude aiguë et chronique.

☐ **Les adaptations circulatoires.** — Dès l'arrivée en altitude, le *débit cardiaque* est augmenté en rapport avec l'altitude atteinte. Lors des hypoxies les plus intenses, il peut ainsi être doublé. La fréquence cardiaque est également augmentée de quelques dizaines de pour cent. Lors de l'acclimatation à l'altitude, le débit et la fréquence cardiaques de repos diminuent progressivement et retournent à des valeurs voisines de celles observées au niveau de la mer. Au-dessus de 7 000 m, il persiste une augmentation de la fréquence cardiaque et, en conséquence, une diminution du volume de l'ondée systolique.

La *pression artérielle* reste en général dans les limites de la normale, bien que des valeurs diastoliques élevées soient des observations relativement fréquentes. En revanche, chez les sujets nés au niveau de la mer, mais ayant vécu 2 à 15 ans en altitude, il a été observé une diminution des pressions systolique et diastolique.

Les études *électrocardiographiques* d'expédition à haute altitude révèlent des signes d'hypertrophie ventriculaire droite avec déviation axiale droite, qui ne disparaissent pas sous respiration d'oxygène. Ces modifications sont attribuées à l'hypertension pulmonaire liée aux effets de l'hypoxie sur les vaisseaux pulmonaires. Ce phénomène est observé aussi en hypoxie aiguë, ainsi que chez les sujets vivant en permanence à haute altitude.

☐ **Le sang**

a) **Modifications quantitatives.** — Il s'agit tout d'abord d'une augmentation de la concentration des érythrocytes et de l'hémoglobine ; rapide les premiers jours puis plus lente, cette évolution peut s'étendre sur plusieurs mois et même plusieurs années. L'étude comparative des sujets vivant au Pérou, à Lima (0 m) et à Morococha (4 540 m), montre que ces derniers ont un plus grand nombre de globules rouges (6,4 millions contre 5 millions), plus d'hémoglobine (20,1 g p.100 contre 15,6 g p.100) et un hématocrite plus élevé (59,5 % contre 46,6 %) (Hurtado). Ces variations du nombre des globules rouges et de l'hémoglobine sont d'autant plus marquées que l'altitude est élevée mais il existe aussi une variabilité interindividuelle. En revanche, le nombre de plaquettes et de globules blancs était le même dans les deux groupes. Le volume sanguin est augmenté à l'altitude, mais cette augmentation est due à la *polyglobulie* ; le volume plasmatique reste normal ou diminue légèrement.

La polyglobulie d'altitude est la conséquence d'une hyperactivité érythropoïétique : il existe une hyperplasie des éléments de l'érythropoïèse dans la moelle osseuse, et les réticulocytes sont plus nombreux dans le sang périphérique. Le degré d'augmentation de l'érythropoïèse est lié à l'importance de l'hypoxie, et la polyglobulie chez les natifs à haute altitude est proportionnelle à l'altitude à laquelle ils vivent. L'hypoxie permet la libération par le rein de *l'érythropoïétine*, laquelle stimule la prolifération des érythrocytes.

Les modifications sanguines qui apparaissent avec la prolongation du séjour ont des répercussions sur les possibilités de transport de l'oxygène par le sang. Pour une pression donnée d'oxygène du sang, la capacité et la concentration de celui-ci en O_2 augmentent nettement et en fonction de l'altitude. Ainsi Ca_{O_2} a une valeur comparable à celle du niveau de la mer (fig. 79).

b) Modifications qualitatives. — L'alcalose respiratoire qui survient au début de l'exposition à l'altitude déplace la courbe de dissociation de l'oxyhémoglobine vers la gauche (ce qui favorise la fixation de l'oxygène au niveau des poumons). Quand l'alcalose a disparu, la courbe peut encore se déplacer à gauche à cause de l'hypocapnie liée à l'hyperventilation mais la production de 2-3 diphosphoglycérate (2-3 DPG) augmente rapidement et provoque un déplacement vers la droite, ce qui correspond à une diminution de l'affinité de l'hémoglobine pour l'oxygène et favorise le prélèvement d'oxygène au niveau des tissus. Ceci constitue un avantage tant que l'altitude n'est pas trop élevée.

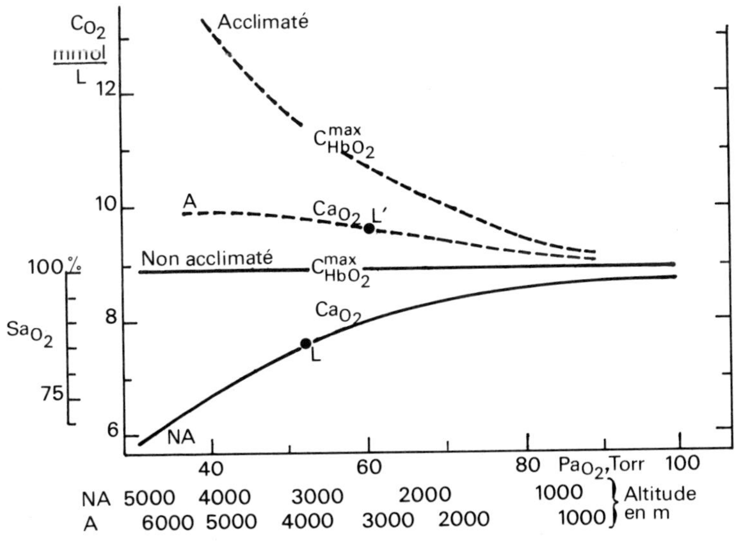

FIG. 79. — *Propriétés du sang en fonction de l'altitude.* Sont représentées la capacité totale en O_2 du sang (CHb_{O_2} max) et la concentration en O_2 du sang artériel (Ca_{O_2}) chez le sujet acclimaté (-----) et non acclimaté (——) en fonction de Pa_{O_2} ou de l'altitude. La courbe Ca_{O_2} en traits pleins est aussi une courbe de saturation en O_2 du sang artériel valable en hypoxie aiguë ou chronique. Chez un sujet non adapté à 3 000 m Ca_{O_2} = 7,6 mmol.l^{-1} et Sa_{O_2} = 85 % (point L), chez le sujet acclimaté à la même altitude Ca_{O_2} = 9,6 mmol.l^{-1} et Sa_{O_2} = 90 % (point L') (d'après Dejours, 1982).

☐ Réactions tissulaires

Le séjour prolongé à l'altitude s'accompagne d'une augmentation du nombre des capillaires musculaires associée à une augmentation de la myoglobine, ce qui pourrait favoriser une meilleure diffusion de l'oxygène vers les mitochondries, dont le volume est lui-même augmenté, en même temps que l'activité de certaines enzymes oxydatives, ce qui conduit à une amélioration des capacités oxydatives. Cette description des réactions tissulaires à l'hypoxie prolongée a été remise en question à la suite d'observations faites sur des alpinistes après une expédition à l'Everest où des effets inverses ont été observés. En revanche, ceci n'a pas été confirmé après l'expérience Everest II. En conséquence, il semble confirmé que l'effet négatif observé soit plutôt lié à une inactivité physique relative prolongée dûe aux conditions de vie précaires dans une ambiance hostile.

ADAPTATION DU SYSTÈME D'ÉCHANGES GAZEUX À L'EXERCICE

Pour une puissance donnée d'exercice, la consommation d'oxygène n'est pas affectée par l'altitude. Cette adaptation des échanges gazeux est liée à celle des systèmes respiratoire et circulatoire qui augmentent leur régime, comparativement aux conditions de la basse altitude.

☐ **La ventilation pulmonaire.** — Il existe une hyperventilation supplémentaire dont l'importance dépend du métabolisme et de l'altitude (fig. 80). Pour une altitude donnée, plus la consommation d'oxygène est grande plus l'augmentation de la ventilation sera grande. De même, pour un métabolisme donné, l'hyperventilation est d'autant plus grande que l'altitude est élevée. Par exemple si $\dot{V}_{O_2} = 2\ l.min^{-1}$ ($P \cong 150$ W) le débit ventilatoire est de 52, 94,5, 126 et 161 L $_{BTPS}.min^{-1}$ respectivement à 0, 4 650, 5 800 et 6 400 mètres d'altitude. D'autre part, le changement de pente de la courbe vers le haut commence pour un niveau d'exercice d'autant plus faible que l'altitude est élevée. Cette hyperventilation relative apparaît pour une puissance représentant environ 70 % de $\dot{V}_{O_2}$ max. On peut donc déjà en déduire que $\dot{V}_{O_2}$ max diminue progressivement quand on s'élève en altitude (voir p. 179).

Si l'on considère l'évolution du débit ramenée en unités physiques standards (0 °C, 760 Torr), on peut constater qu'elle est indépendante de l'altitude à laquelle le sujet travaille, ce qui veut dire que la quantité de molécules d'oxygène qui pénètre dans les alvéoles est la même.

La réponse ventilatoire à l'exercice augmente également au fil des jours, pendant la phase d'acclimatation. Ceci est en relation avec les modifications des facteurs de contrôle de la ventilation liés à l'acclimatation et la présence d'un stimulus CO_2-H^+ plus important.

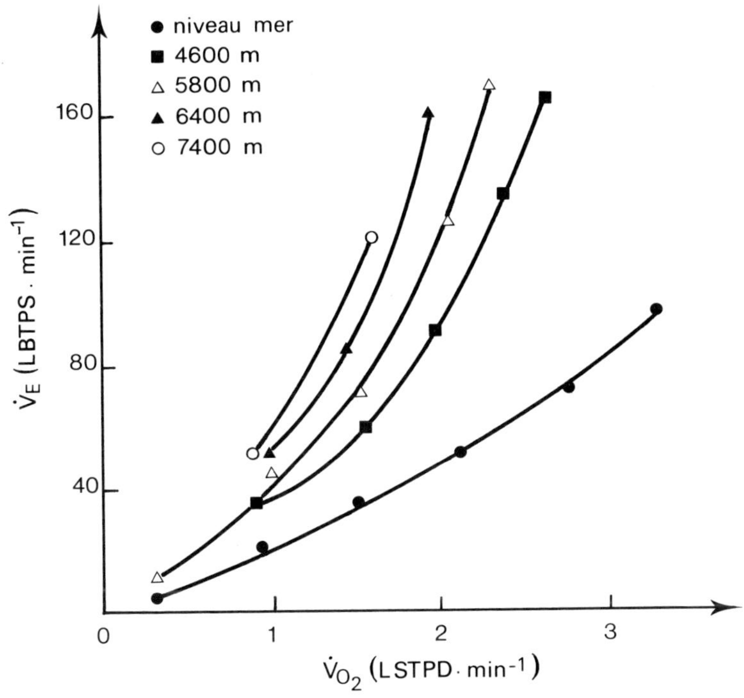

FIG. 80. – *Évolution de la ventilation pulmonaire en fonction de la consommation d'oxygène selon l'altitude* (d'après Pugh, *in : Handbook of Physiology*, 1964).

Il importe de signaler également la variabilité inter-individus de la réponse ventilatoire à l'exercice : celle-ci est plus importante en altitude qu'au niveau de la mer. Par exemple, la ventilation maximale peut varier entre 100 et 125 $l.min^{-1}$ au niveau de la mer mais entre 110 et 180 $l.min^{-1}$ après acclimatement à haute altitude. Enfin, la ventilation d'exercice des natifs de l'altitude est moins élevée, y compris la ventilation maximale. Cette hypoventilation relative s'explique par une moindre sensibilité des centres respiratoires et une diminution de l'importance du contrôle chémoréflexe par le stimulus O_2 (Lefrançois).

En altitude, la ventilation pulmonaire peut constituer un facteur limitant l'aptitude. En effet, le débit ventilatoire pour une valeur donnée de $\dot{V}_{O_2}$ est beaucoup plus élevé, et le travail respiratoire augmente même si la densité de l'air diminue. Une limitation est possible à haute altitude, les muscles respiratoires se contractant en conditions anaérobies, ce qui pourrait d'ailleurs expliquer la dyspnée intolérable qui survient alors à l'exercice maximal. On peut d'ailleurs noter sur la figure 80 que la ventilation maximale à 7 400 m est inférieure à celle observée à 6 400 m, ce qui est en faveur d'une limitation.

☐ **La capacité de diffusion.** — Au niveau de la mer, la capacité de diffusion peut généralement s'adapter à un transfert accru de molécules d'oxygène. Elle peut, cependant, dans certaines conditions, atteindre une limite. Toute réduction de P_{O_2} ambiant diminue la différence existant entre la pression partielle en oxygène du gaz alvéolaire et celle du sang capillaire ; cette dernière, on le sait, conditionne le transfert membranaire de l'oxygène. Si la puissance d'exercice est suffisamment élevée, une diminution de $P_{A_{O_2}}$ peut survenir, entraînant une limitation de la capacité de travail. Ainsi, à 5 800 m la P_{O_2} alvéolaire est égale à 44 Torr et la saturation oxyhémoglobinée est de 61 % au repos. Pour un exercice de 50 watts, cette dernière s'élève à 63 %. En revanche, à 150 watts elle s'abaisse à 56 %, bien que $P_{A_{O_2}}$ ait même augmenté jusqu'à 50 Torr du fait de l'hyperventilation. Cette chute de la saturation oxyhémoglobinée, quand la puissance de l'exercice augmente, est en faveur d'une limitation de la diffusion dans les poumons.

☐ **La circulation.** — La convection de l'oxygène par l'appareil circulatoire dépend du débit cardiaque et des propriétés du sang de transporter l'oxygène.

a) Le débit cardiaque

– Adaptation du débit avec l'intensité de l'exercice et l'altitude. — Le débit cardiaque, lors d'un exercice sous-maximal donné, varie avec le temps d'exposition à l'altitude : au début, en situation d'hypoxie aiguë, le débit cardiaque est plus élevé, pour un niveau métabolique donné, qu'au niveau de la mer ; le degré d'augmentation étant fonction de l'altitude. La courbe d'évolution du débit avec la puissance a la même allure qu'au niveau de la mer, mais le débit cardiaque maximal est atteint pour une consommation d'oxygène moins élevée. Cependant, cette augmentation relative du débit cardiaque est transitoire ; elle s'atténue progressivement en quelques semaines de sorte que le débit cardiaque retrouve sa valeur du niveau de la mer. Toutes les observations concordent pour pouvoir affirmer qu'alors, à métabolisme égal, le débit cardiaque de l'exercice sous-maximal est le même que celui observé au niveau de la mer.

Les facteurs du débit cardiaque (fréquence cardiaque et volume d'éjection systolique) évoluent de façon sensiblement différente selon l'altitude et le temps de séjour. Pour une consommation d'oxygène donnée, la fréquence cardiaque est plus élevée dès l'arrivée en altitude, et l'accélération cardiaque est d'autant plus importante que l'altitude est plus élevée. Elle reste plus élevée quand l'hypoxie se prolonge, et quelle que soit l'intensité de l'exercice sous-maximal.

En ce qui concerne *le volume d'éjection systolique* (Vs), la plupart des auteurs s'accordent sur une variation en diminution dès l'arrivée en altitude. Pour un niveau d'exercice sous-maximal quel qu'il soit, Vs est inférieur à sa valeur au niveau de la mer, indépendamment de l'altitude ou du temps passé à celle-ci. Cette diminution relative de Vs lors d'exercices sous-maximaux persiste plusieurs années, voire toute la vie. Elle est par ailleurs en relation avec l'importance de l'hypoxie.

– Limite d'adaptation du débit cardiaque. — En hypoxie aiguë et modérée, le débit cardiaque maximal est inchangé par rapport à celui mesuré au niveau de la mer. Dans ces conditions, le volume d'éjection systolique maximal et la

fréquence cardiaque maximale sont inchangés. Quand le séjour se prolonge, l'altitude étant modérée, le débit cardiaque maximal diminue en même temps que la fréquence maximale. Il n'existe pas, bien sûr, de données expérimentales concernant la limite d'adaptation cardiaque en conditions aiguës d'exposition à la haute altitude. En conditions chroniques et à 5 800 m, une diminution du volume de l'ondée systolique et de la fréquence cardiaque maximale est observée par rapport à leur valeur au niveau de la mer (Pugh), d'où une nette limitation du débit cardiaque maximal (16 contre 23 $l.min^{-1}$).

La limitation de la fréquence cardiaque maximale, qui semble débuter à une altitude d'environ 4 000 m, devient d'autant plus importante que l'altitude est élevée. Cette évolution est attribuée à une action directe de l'hypoxie sur le nœud sinusal ainsi qu'à une augmentation progressive du tonus cardiomodérateur parasympathique associée à une diminution du contrôle sympathique, conséquence d'une diminution de la densité et de la sensibilité des β-récepteurs cardiaques. La réduction du volume d'éjection systolique peut aussi expliquer la baisse du débit cardiaque maximal ; elle est la conséquence d'une réduction du volume plasmatique, de la baisse de la pression de remplissage, conséquence d'une augmentation des résistances périphériques (Richalet), de la baisse de la contractilité ou de la compliance du myocarde (Cisse et Martineaud).

b) Le sang

Comme cela a été dit plus haut pour les conditions de repos, l'absence d'adaptation immédiate à l'hypoxie ne permet pas au sang de jouer un rôle lorsque l'exercice est effectué en condition d'hypoxie aiguë. En hypoxie chronique, on constate que pour un exercice sous-maximal donné, l'augmentation des possibilités de transport de l'oxygène par le sang va de pair avec un débit cardiaque moins important qu'avant acclimatation.

La polyglobulie liée à la prolongation du séjour en altitude présente un avantage dans la mesure où, en améliorant le transport de l'oxygène, elle permet de diminuer le travail du cœur ; elle présente aussi un inconvénient car elle contribue à augmenter la viscosité sanguine et, en conséquence, les résistances vasculaires, ce qui constitue au contraire un facteur d'augmentation du travail du cœur. La moindre tachycardie observée à l'intensité maximale d'exercice à haute altitude pourrait être une conséquence de cette hyperviscosité. En effet, ce phénomène est observé aussi chez les sujets rendus hyperglobuliques par une transfusion de globules rouges, même en l'absence d'hypoxie. Cette hyperviscosité sanguine explique aussi pourquoi la puissance aérobie maximale reste diminuée quand le sujet respire de l'oxygène pur en altitude.

CONSÉQUENCES DE L'EXPOSITION À L'ALTITUDE SUR LE MÉTABOLISME ÉNERGÉTIQUE À L'EXERCICE

☐ **Le métabolisme anaérobie.** — La concentration de phosphagène dans les muscles au repos et la réserve d'oxygène liée à la myoglobine ne semblent pas modifiées par l'hypoxie. Seule la réserve d'oxygène du sang est diminuée, mais cela ne représente qu'environ 10 % de la dette d'oxygène alactique (Ceretelli). On peut donc admettre que l'aptitude anaérobie alactique est pratiquement inchangée, quelle que soit l'altitude.

En *hypoxie aiguë*, la production de lactate à l'issue d'un exercice épuisant de 3 minutes n'est pas modifiée. Ceci est d'ailleurs en relation avec l'absence de variation de la dette d'oxygène. En revanche, pour une puissance sous-maximale donnée, la lactatémie est plus élevée, ce qui indiquerait une participation plus importante des processus anaérobies. En fait, ceci est en relation avec la diminution de $\dot{V}_{O_2}$ max en altitude car si l'exercice est effectué à une même valeur relative que celui-ci, la lactatémie d'altitude est identique à celle du niveau de la mer.

En *hypoxie chronique*, on observe, en revanche, une diminution de la production de lactate pendant le travail intense (Edwards). Cette diminution de l'aptitude à produire de l'énergie à partir de la glycolyse ne semble pas influencée par l'inhalation soudaine d'un mélange gazeux normoxique. Ceci suggère que les variations des processus de glycolyse ne sont pas dus directement à l'hypoxie, mais à l'adaptation qui prend place dans l'organisme quand l'exposition à l'altitude se prolonge. Les concentrations maximales de lactate et de CO_2 total du sang diminuent parallèlement en fonction de l'altitude, ce qui permet de penser que la diminution de la capacité glycolytique est due à une diminution équivalente des bicarbonates dans le sang (Edwards). Dans le chapitre l, p. 17 concernant le métabolisme anaérobie, il a été vu que l'acidose musculaire constitue un facteur limitant de la glycolyse. En altitude, une acidose intolérable est évitée grâce à une production réduite d'acide lactique probablement par blocage des réactions enzymatiques au niveau de la chaîne glycolytique.

L'altitude aiguë n'a donc aucune influence significative sur la production d'énergie anaérobie par les tissus. En revanche, l'exposition chronique à l'altitude réduit la production d'acide lactique et l'aptitude anaérobie lactique à cause d'une diminution de la réserve alcaline (*cf.* les effets d'une perfusion alcaline, p. 18). L'altération du métabolisme anaérobie lactique n'est pas très importante en altitude modérée. Elle peut avoir une influence importante à haute altitude.

□ **Le métabolisme aérobie.** — La limitation de l'adaptation du système d'échanges gazeux a des répercussions sur la consommation maximale d'oxygène. Celle-ci est diminuée en altitude et l'effet est d'autant plus net que l'altitude est plus élevée. La figure 81 illustre cette évolution. La réduction de $\dot{V}_{O_2}$ max est d'environ 1,5 à 3,5 % par 300 m d'élévation. En fait, il existe une variabilité des résultats qui tient à plusieurs raisons, dont les principales sont le temps d'exposition et les modalités de vie à l'altitude, l'âge, les variations circannuelles, l'aptitude physique et le sexe.

Les données recueillies concernant l'évolution de $\dot{V}_{O_2}$ max après un long séjour *au-dessous de 4 500 m* restent imprécises : on observe, selon les cas, soit une augmentation soit le maintien de la valeur obtenue en hypoxie aiguë. La même imprécision règne en ce qui concerne l'évolution de $\dot{V}_{O_2}$ max lors du retour au niveau de la mer. Cela s'explique par la variabilité des durées d'exposition et des niveaux d'aptitude, par la réduction de l'intensité de

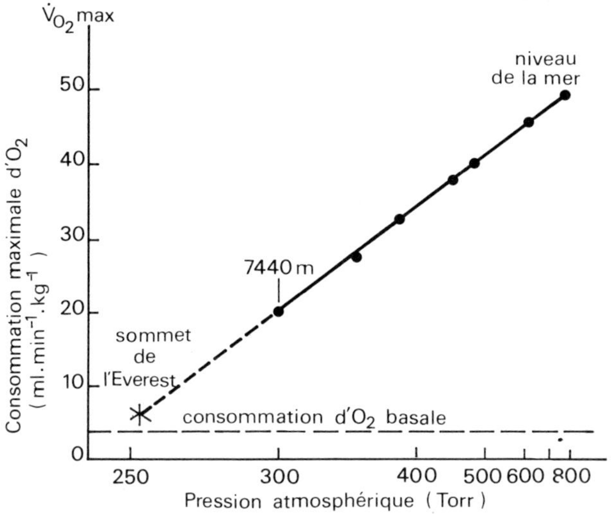

FIG. 81. — *Évolution de* $\dot{V}_{O_2}$ max *en fonction de l'altitude* (d'après West et coll., *J. appl. Physiol.*, 1983, *54*, 1188-1194).

l'entraînement en proportion de l'altitude, pouvant chez un sujet entraîné induire un phénomène de désentraînement.

$\dot{V}_{O_2}$ max des sujets natifs de la haute altitude est supérieur à celui des sujets transplantés du niveau de la mer en altitude, même après un long séjour. Il est intéressant de noter que des natifs de haute altitude, entre 3 000-4 000 m, ont des valeurs de $\dot{V}_{O_2}$ max comparables à celles d'athlètes transplantés à la haute altitude. Certains suggèrent que la valeur élevée de $\dot{V}_{O_2}$ max chez les natifs de la haute altitude serait le résultat d'une adaptation génétique à l'hypoxie. Cette opinion est cependant contestée.

L'altération de $\dot{V}_{O_2}$ max est d'autant plus grande que l'aptitude physique est élevée. De même, l'effet de l'entraînement en altitude dépend du niveau d'aptitude. Il est nul dans le cas d'une aptitude élevée.

Au-dessus de 4 500 m, il existe une importante détérioration de l'aptitude qui s'explique non seulement par un relatif désentraînement mais aussi par une fonte musculaire, celle-ci étant liée en partie à un déficit nutritionnel.

☐ **L'endurance aérobie.** — Si l'on tient compte de l'altération de $\dot{V}_{O_2}$ max, le temps de tolérance d'un exercice sous-maximal correspondant à 75 % de la puissance maximale aérobie reste le même à 4 300 m qu'au niveau de la mer (Maher). Si le séjour se prolonge, le temps de tolérance augmente même encore alors que $\dot{V}_{O_2}$ max n'a pas changé. En fait, la performance pour un exercice de longue durée diminue nettement, puisque la consommation maximale d'oxygène est diminuée. L'endurance est plus grande chez les natifs de l'altitude.

L'amélioration de l'endurance avec la prolongation du séjour est, au moins en partie, le reflet de l'augmentation de la quantité d'oxygène disponible pour les muscles actifs. D'ailleurs, la lactatémie d'exercice est abaissée. Ceci n'est pas en contradiction avec l'absence d'amélioration de $\dot{V}_{O_2}$ max puisque l'endurance peut augmenter de 100 %, à la suite d'un entraînement, tandis que $\dot{V}_{O_2}$ max ne s'améliore que de 6 % (Gleser et Vogel).

INFLUENCE DE L'ALTITUDE SUR LA PERFORMANCE

En altitude, la performance dépend de l'altération des facteurs biologiques de l'aptitude et des conditions physiques ambiantes.

☐ **Cas de la course** (courses courtes et longues). — Certaines performances liées aux capacités énergétiques des athlètes sont altérées par l'exposition à l'altitude, même si celle-ci est modérée. Cela est une conséquence en particulier de la contrainte exercée sur le système d'échanges gazeux par l'hypoxie.

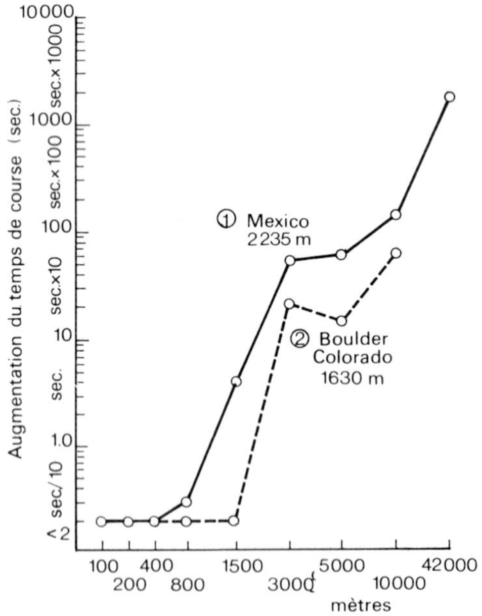

FIG. 82. — *Augmentation du temps de course en altitude modérée.* Il s'agit de la différence entre les temps mis par les vainqueurs, au niveau de la mer et à 2 235 m ou à 1 630 m. *Par exemple*, à Mexico, l'allongement du temps de course débute à 800 m et s'accroît de plus en plus avec la distance à parcourir (d'après Jokl, *Rev. suisse Méd. sport.*, 1966, *14*, 323-327).

D'autres performances de courte durée ne sont pas altérées et même améliorées. C'est le cas par exemple des *épreuves de vitesse où* la performance est liée à la réserve de phosphagène et est favorisée par la moindre résistance de l'air. La figure 82 confirme parfaitement les prédictions que l'on peut tirer des données physiologiques et physiques développées ci-dessus. En course à pied, entre 100 et 400 m, il n'y a pas d'altération de la performance. Au-delà, le temps de chaque course s'accroît d'autant plus que la distance est longue. Ceci est tout à fait en accord avec la diminution à la fois de $\dot{V}_{O_2}$ max et de la capacité aérobie.

Cependant, quand la vitesse devient importante, c'est le cas de la course sur bicyclette, la résistance de l'air diminue de façon très significative même en altitude modérée, comme à Mexico, car elle dépend du carré de la vitesse et de la densité de l'air. Ce facteur favorable à la performance contrebalance nettement, tout au moins à altitude modérée, la baisse de la capacité aérobie. Ceci explique que les records mondiaux sur le kilomètre lancé et l'heure aient été établis à Mexico.

☐ **Les performances de lancer et de saut.** — Dans ce cas, l'énergie nécessaire est explosive et n'est pas influencée par l'altitude. Seule intervient, par conséquent, de façon très favorable, la diminution de la densité de l'air et de la pesanteur. On peut prévoir, par conséquent, que, pour une vitesse d'élan et un angle initial de trajectoire comparable, un athlète lance plus loin le poids ou le disque, saute plus haut et plus loin. Cet aspect de la performance a été analysé par une équipe de chercheurs américains spécialisés en balistique, à l'occasion des jeux de Mexico, qui ont montré la possibilité d'une amélioration des distances, évaluée à environ 6 cm pour le lancer du poids, 53 cm pour le marteau, 69 cm pour le javelot et 162 cm pour le disque. Certes, tous les records ne furent pas battus, car cela dépendait d'autres facteurs que le balisticien ne pouvait appréhender.

☐ **Cas de l'alpinisme himalayen.** — Il ressort des données physiologiques qui viennent d'être développées que l'aptitude à marcher en altitude diminue progressivement quand on s'élève de plus en plus à haute altitude. La vitesse de marche diminue progressivement pour une pente donnée en fonction de la diminution de la consommation maximale d'oxygène. Ceci est en relation avec le fait développé plus haut que, si le même pourcentage de $\dot{V}_{O_2}$ max peut être conservé, en fait la dépense énergétique autorisée diminue avec $\dot{V}_{O_2}$ max. L'opération Everest II a permis de comparer la consommation maximale d'oxygène à l'altitude de l'Everest à celle du niveau de la mer. A 8 846 m, $\dot{V}_{O_2}$ max ne représentait plus, chez les sujets étudiés, que 30 % de sa valeur initiale, soit 15 $ml.min^{-1}.kg^{-1}$, contre 49 $ml.min^{-1}.kg^{-1}$ au niveau de la mer. Chez les alpinistes extrêmes, $\dot{V}_{O_2}$ max, qui s'élève en moyenne à 60 $ml.min^{-1}.kg^{-1}$ au niveau de la mer, pourrait ainsi s'abaisser en altitude extrême à 18 $ml.min^{-1}.kg^{-1}$. Du point de vue bioénergétique, il existe donc une limite à s'élever en altitude qui semble se situer vers 9 000 m [1].

1. Des conditions identiques peuvent être rencontrées et même dépassées lors de certaines tentatives de records sportifs en ballon libre ou en planeurs. Elles nécessitent un apport complémentaire d'oxygène.

Mais la limitation de la performance n'est pas uniquement énergétique : la baisse dramatique de P_{O_2} et de P_{CO_2} du sang ($PA_{CO_2} = 8$ Torr, $PA_{O_2} = 30$ Torr) peut avoir des répercussions sur les qualités psychomotrices et le jugement. Ceci conduit à penser que l'ascension de l'Éverest sans l'aide de l'oxygène, à visage nu, constituera longtemps encore une performance exceptionnelle qui dépendra de la rencontre exceptionnelle à un même moment de bonnes conditions météorologiques (les variations de pression barométrique peuvent avoir des effets favorables ou défavorables) et d'une bonne aptitude des alpinistes ($\dot{V}_{O_2}$ max élevée, bonne tolérance à l'hypoxie).

PHYSIOPATHOLOGIE DE L'ALTITUDE

L'adaptation à l'altitude telle qu'elle vient d'être décrite n'est pas observée chez tous les individus. Trois types de pathologie sont généralement décrits : ce sont le mal aigu des montagnes, l'œdème aigu du poumon d'altitude et l'œdème cérébral d'altitude (Richalet). On les observe au-dessus de 3 000 m, rarement au-dessous. Hormis les sujets ayant une affection respiratoire ou cardiaque, pour lesquels le séjour en altitude est contre-indiqué, ceux qui manifestent une décompensation en altitude sont souvent jeunes et en bonne santé apparente mais il existe une susceptibilité individuelle. Les symptômes apparaissent le plus souvent durant les premiers jours de l'exposition. Ils peuvent être favorisés par une ascension rapide, une activité physique intense, le froid et le vent. L'anxiété est également un facteur favorisant.

☐ **Le mal aigu des montagnes (MAM).** — Il comporte des signes cérébraux, digestifs et thoraciques. Le sujet se plaint de céphalées, de sensations vertigineuses avec bourdonnements d'oreille, de troubles visuels. Des troubles psychiques (portant sur la mémoire, l'idéation et le jugement) et de l'insomnie sont également décrits. Les signes digestifs sont une anorexie, des nausées et des vomissements. Il existe enfin une dyspnée anormale de repos et d'effort. Tous ces signes disparaissent en général spontanément ou après un traitement symptomatique. Une oxygénothérapie ou une descente de quelques centaines de mètres sont parfois conseillées.

☐ **L'œdème pulmonaire de la haute altitude (OPHA).** — Il suit habituellement les manifestations de MAM mais peut survenir sans prodromes. Il apparaît au minimum 6 h après l'arrivée, de préférence la nuit. Le malade a une toux accompagnée d'une expectoration mousseuse et parfois hémorragique, une cyanose du visage et des extrémités et un pouls rapide. L'auscultation révèle des râles à la topographie mal définie mais épargnant les bases. La radiographie pulmonaire montre des opacités irrégulières et dispersées. Il existe aussi une hypertension artérielle pulmonaire sévère avec augmentation des résistances artériolaires pulmonaires. L'hypoxie artérielle et la désaturation oxyhémoglobinée sont accentuées par rapport à ce qu'on observe normalement à la même altitude. L'inhalation d'oxygène pur corrige les troubles.

☐ **L'œdème cérébral de haute altitude.** — Il débute souvent par un MAM mais peut parfois être associé à un OPHA. Le tableau est celui d'une hypertension intracrânienne avec céphalées intenses, accompagnées parfois de vomissements, de troubles visuels (diplopie, vision trouble). L'examen du fond d'œil révèle une dilatation des vaisseaux rétiniens, des hémorragies et tardivement un œdème papillaire. Des troubles de la conscience sont aussi observés (obnubilation intellectuelle, confusion mentale, hallucinations et parfois crise comitiale). La régression des signes nécessite une oxygénothérapie, la perfusion de solutés hyperosmotiques et diurétiques ainsi que des corticoïdes. En cas d'échec, la seule solution est de redescendre le sujet.

9

Activités physiques en plongée

Lorsque l'on évolue au-dessous de la surface de l'eau, l'organisme est soumis à des variations de pression dont les effets mécaniques et physiologiques se font sentir aussi bien lors de la descente qu'à la remontée vers la surface. Ces effets dépendent de la vitesse de la variation de pression, de la durée du séjour en profondeur et de l'activité physique.

La plongée en tant qu'activité sportive ne se pratique en général que jusqu'à une profondeur de 50 m. Seuls seront donc développés les aspects physiologiques de la plongée à faible profondeur.

LES CONDITIONS PHYSIQUES DE LA PLONGÉE

Au niveau de la mer, la pression moyenne est de 760 Torr, soit 1 atmosphère ou 1 bar. Dans l'eau, la pression hydrostatique qui s'exerce sur le corps immergé augmente de 1 atmosphère tous les 10 m de profondeur atteinte. Ainsi, à – 10 m la pression totale qui s'exerce sur le corps est-elle de 2 atmosphères. Les volumes varient avec la pression en fonction de la loi de Boyle-Mariotte, la température du corps étant supposée constante. Entre les niveaux 0 et – 10 m, la pression à la descente et les volumes à la remontée varient du simple au double. Ceci explique la fréquence des accidents barotraumatiques en eau peu profonde.

Les pressions partielles des gaz évoluent également : quand un plongeur respire de l'air à – 50 m de profondeur, les pressions d'azote et d'oxygène sont respectivement de 4,75 et 1,25 atmosphères. Une telle pression d'oxygène n'est pas dangereuse; en revanche l'hyperpression d'azote est déjà suffisante pour provoquer des troubles si le séjour en profondeur se prolonge.

Lors de la plongée, la dissipation de la chaleur du corps est différente. Grâce à des vêtements spéciaux, le plongeur se protège assez efficacement contre les pertes de chaleur au niveau de la peau. En revanche, la perte d'énergie par convection respiratoire croît comme la masse volumique du gaz ventilé. La déperdition thermique d'origine ventilatoire peut représenter une fraction importante du métabolisme en plongée profonde ; à – 50 m elle représente environ 8 et 13 % du métabolisme quand la température de l'air inspiré est respectivement de 20 et 10 °C.

La vision dans l'eau est altérée. Les rayons lumineux qui peuvent pénétrer sont déviés par une réfraction importante (indice de réfraction de l'eau à 20 °C = 1,333). La différence des indices de réfraction de la cornée et de l'eau fait que l'image se forme derrière la rétine : elle est donc floue. Le masque corrige cette hypermétropie mais les objets vus dans l'eau à travers un hublot plan paraissent plus rapprochés et agrandis. Le champ de vision est également limité, par la réfraction, à un angle de 97°. La pénétration de la lumière dans l'eau est rapidement réduite ; il en résulte une diminution de l'intensité lumineuse. Enfin, l'eau joue un rôle de filtre optique : les couleurs disparaissent successivement avec la profondeur en fonction de leur longueur d'onde (le rouge à 9 m, l'orange à 20 m, etc.).

LA PLONGÉE LIBRE

Lors de la plongée libre, l'autonomie est limitée par le temps de tolérance d'une apnée : elle est donc relativement brève et oblige à des remontées et descentes plus ou moins fréquentes qui entraînent des contraintes mécaniques liées aux lois physiques des gaz. L'apnée provoque également des réactions physiologiques liées à la mise en jeu de réflexes cardiovasculaires ; sa durée dépend de facteurs respiratoires.

☐ **Effets mécaniques.** — Du gaz est contenu dans diverses cavités telles que la caisse du tympan, les sinus de la face, les poumons ou les viscères digestifs. Il existe normalement des possibilités d'équilibration des pressions intracavitaires avec la pression ambiante. C'est en particulier ce qui se passe normalement au cours des plongées, puis des remontées. En cas de variations rapides de profondeur, les inégalités de pression peuvent être à l'origine d'otites ou de sinusites barotraumatiques accompagnées de douleurs violentes, parfois même de ruptures du tympan. La compression des gaz intestinaux peut provoquer des douleurs abdominales. Le même mécanisme est à l'origine d'algies dentaires.

Le volume des poumons diminue lors de la descente et augmente lors de la remontée. Par exemple, le volume pulmonaire d'un plongeur est réduit de 7,5 litres à la surface à 1,5 litre à 40 m de profondeur. Ces variations de volume permettent d'équilibrer la pression du gaz intrapulmonaire avec la pression ambiante. Il faut éviter de s'opposer à ces variations par des contractions des muscles thoraciques.

☐ **Effets physiologiques.** — L'immersion de la face en apnée s'accompagne d'une bradycardie et d'une vasoconstriction périphérique réflexe. Au-dessous de 20 mètres, la bradycardie s'accentue, des extra-systoles et même un sous-décalage de ST peuvent apparaître. Ces phénomènes sont liés aux variations hémodynamiques intrathoraciques.

La durée de l'apnée augmente avec le volume pulmonaire. Il en résulte que les plongées en apnée sont effectuées après une inspiration forcée. La durée moyenne est d'environ une minute mais peut varier considérablement sous l'effet de l'entraînement ou de diverses manœuvres préalabes et atteindre ou dépasser 10 minutes. L'exercice musculaire diminue la durée de l'apnée.

L'arrêt d'une apnée volontaire en ambiance normale dépend de l'action des stimulus ventilatoires qui font lever sur les centres respiratoires l'inhibition exercée par le cortex. En plongée, la situation est différence : au fur et à mesure de la descente, la pression alvéolaire augmente avec la pression ambiante. La pression d'oxygène est élevée à cause de l'hyperbarie, c'est P_{CO_2} artériel qui par son augmentation liée au métabolisme, stimule les centres respiratoires et arrête l'apnée. Lors de plongées très longues, P_{O_2} artériel peut baisser suffisamment pour intervenir également dans cet arrêt. L'hyperventilation volontaire avant une plongée a l'avantage d'éliminer du CO_2 et d'abaisser P_{CO_2} artériel ; c'est au bout d'un temps plus long que la valeur de P_{CO_2} artériel capable de lever l'inhibition des centres respiratoires est atteinte (2 à 3 min au lieu de 1 min). L'inhalation d'O_2 pur augmente les réserves pulmonaires d'oxygène et la quantité d'O_2 dissous, tout en assurant une dénitrogénation partielle des tissus. Des durées de plongées très longues ont pu être atteintes par ce procédé qui n'est pas sans danger (risque de convulsions).

PLONGÉE AUTONOME À L'AIR

☐ Effets de l'hyperpression des gaz

a) L'hyperpression totale. — Lors de la plongée avec un appareil respiratoire, la pression des gaz dans les poumons est toujours égale à celle de la pression extérieure. Un plongeur ayant une capacité pulmonaire totale de 7,5 litres à la surface de l'eau aura la même capacité à 40 m de profondeur. Seule est à prendre en considération la gêne éventuelle apportée par l'appareil respiratoire, les résistances propres de celui-ci s'ajoutent à celles des voies respiratoires. En principe, les appareils actuels entraînent un minimum de travail respiratoire supplémentaire (environ 10 %). Chez un plongeur respirant librement dans son appareil, l'ajustement du volume pulmonaire lors de la remontée en surface s'effectue automatiquement. Il importe de ne pas bloquer la cage thoracique, glotte fermée, sinon on se retrouve dans les conditions précédentes de l'apnée.

Les effets physiologiques sont essentiellement respiratoires. Les résistances à l'écoulement des gaz dans les voies aériennes augmentent avec la pression totale et la densité de l'air ou du mélange gazeux inspiré. L'augmentation de la densité a des répercussions sur la ventilation pulmonaire, sur le travail musculaire, sur la ventilation alvéolaire et en définitive sur l'aptitude physique.

– *L'augmentation des résistances dynamiques respiratoires.* — Lors de la respiration calme, les résistances dynamiques respiratoires augmentent comme la racine carrée de la densité de l'air ou du mélange gazeux inspiré (équation de Mead). Cette évolution n'est pas totalement vérifiée expérimentalement. Ainsi, Broussolle, chez 2 plongeurs, a observé des résistances s'élevant respectivement à 4 et 4,6 cm $H_2O.l^{-1}.s^{-1}$ pour une densité de 1,29 $g.l^{-1}$ à la surface de l'eau et respectivement à 6,4 et 8,6 cm $H_2O.l^{-1}.s^{-1}$ pour une densité de 9,6 $g.l^{-1}$ à 64 m de profondeur, ce qui correspond à une augmentation moindre que ce qu'indique le calcul avec l'équation de Mead.

– *Évolution des débits ventilatoires maximaux.* — Le débit est fonction de la pression exercée par les muscles respiratoires jusqu'à une pression maximale au-delà de laquelle il n'augmente plus (il est dit alors *effort-indépendant).* Cette pression maximale est atteinte d'autant plus vite que les mesures sont faites à un volume représentant un bas pourcentage de la capacité vitale. En hyperbarie, pour un même pourcentage de la capacité vitale, la pression maximale et le débit correspondant sont d'autant plus bas que la pression et la densité du mélange gazeux sont plus élevées. L'évolution des débits en fonction de la densité est exponentielle. Les débits aux plus hauts volumes pulmonaires (ceux qui sont *effort-dépendants)* subissent une plus grande réduction que les débits aux plus faibles volumes *(effort-indépendants,* fig. 83). La ventilation maximale minute diminue également de façon exponentielle avec la densité.

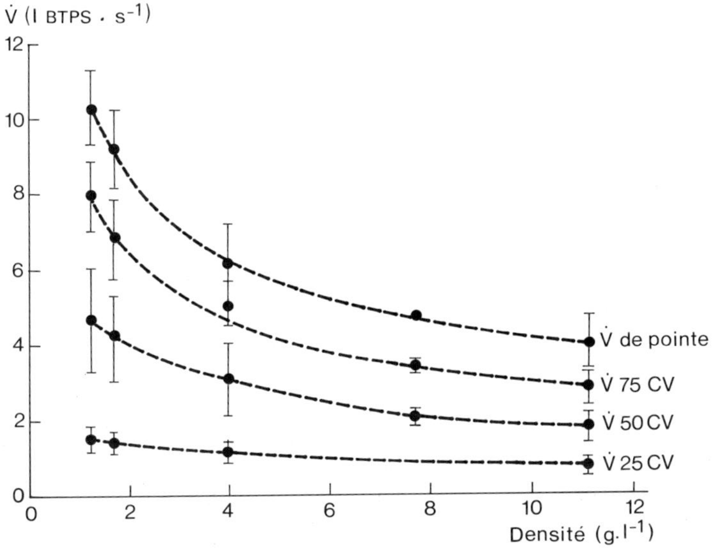

FIG. 83. — *Débit instantané maximal et densité du gaz respiré.* Moyennes pour 4 plongeurs (± SE) (d'après Broussolle et coll., *Méd. aéro spat.,* 1981, *20,* 328-337).

– *La distribution intrapulmonaire de l'air inspiré.* — Chez l'Homme jeune et sain, dans les conditions normobares, cette distribution est assez homogène. L'hyperbarie ne semble pas la modifier sensiblement; en revanche, elle pourrait être à l'origine d'une non-homogénéité du gaz alvéolaire. En effet, l'augmentation de la densité pourrait altérer le mélange intralobulaire du gaz inspiré avec le gaz alvéolaire. Ce fait, non encore démontré, placerait le plongeur dans une situation proche de *l'emphysémateux centrolobulaire* (Varène), il constituerait une justification physiologique au comportement ventilatoire souvent observé chez le plongeur, caractérisé par une diminution de la fréquence ventilatoire, une augmentation du volume courant avec pause post-inspiratoire. Ce comportement ventilatoire ne peut que favoriser l'homogénéisation des gaz alvéolaires.

– *Le contrôle ventilatoire en hyperbarie.* — L'adaptation de la ventilation pulmonaire aux besoins métaboliques est sous la dépendance d'un système de contrôle nerveux dont les stimulus sont l'augmentation de PA_{CO_2} et la diminution de PA_{O_2} (voir p. 37). Ce système de contrôle est modifié par l'hyperbarie. En particulier, la sensibilité au CO_2 est diminuée, surtout chez les plongeurs entraînés. Ces derniers tolèrent des valeurs de PA_{CO_2} plus élevées et, pour un même travail musculaire, leur ventilation pulmonaire est moins élevée (Broussolle).

Les relations existant entre PA_{CO_2}, la ventilation pulmonaire et la puissance dissipée par les muscles respiratoires ont été étudiées (Varène). La relation PA_{CO_2}-ventilation est modifiée en fonction de la densité du gaz ventilé; en revanche, la relation PA_{CO_2}-puissance dissipée par les muscles respiratoires ne change pas. Il semblerait donc que le système régulateur des échanges ventilatoires, et par conséquent PA_{CO_2}, soit en rapport avec l'énergie dissipée par les muscles respiratoires. Il en est d'ailleurs de même quand on ajoute des résistances au niveau des voies respiratoires (Milic-Emili). L'hyperbarie exercerait deux effets sur la régulation des échanges, l'un immédiat, conséquence de l'augmentation du travail mécanique ventilatoire, l'autre à long terme lié à l'entraînement du plongeur qui s'exercerait sur le fonctionnement du contrôle nerveux de la ventilation.

– *Effets sur l'adaptation à l'exercice musculaire.* — L'adaptation à l'exercice en condition hyperbare a été surtout étudiée en caissons, où il est facile de contrôler la pression et les principaux paramètres physiologiques. L'expérience montre que, pour une même puissance d'exercice, la ventilation pulmonaire est pratiquement la même en normo- ou hyperbarie à condition qu'il n'y ait pas de résistance instrumentale ajoutée. La consommation d'oxygène n'est pas modifiée non plus.

Les conditions sont différentes quand le plongeur évolue dans l'eau. La consommation d'oxygène a été mesurée au cours de la nage sous-marine avec palmes. Elle évolue assez régulièrement avec la vitesse (fig. 84). Une même consommation d'oxygène de 2 $l.min^{-1}$ est observée dans l'air lors d'un exercice sur bicyclette de 150 W, et au cours d'une nage sous-marine à la vitesse d'environ 34 $m.min^{-1}$. La performance chez ces nageurs, qui n'évoluent pas en eau profonde, est en relation directe avec leur consommation maximale d'oxygène.

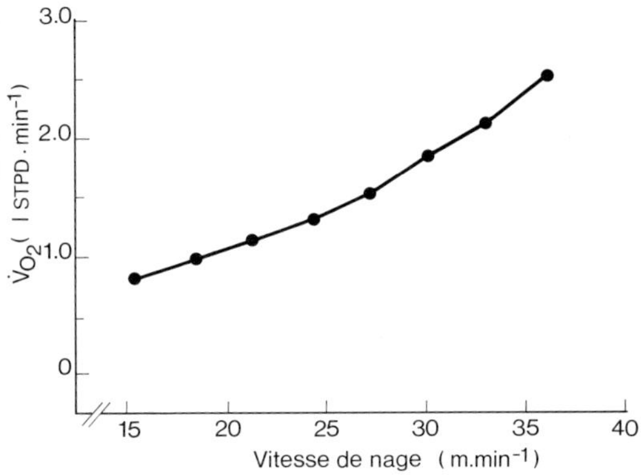

FIG. 84. — *Augmentation de la consommation d'oxygène avec la vitesse de nage avec palmes* (d'après Lamphier et coll., *in : Respiration and exercise,* Best éd., *1982,* 1 vol.).

Jusqu'à une profondeur de 50 m, la puissance maximale aérobie n'est pas altérée. Elle est même très légèrement augmentée à cause de l'élévation de la capacité de transport de l'oxygène. La force maximale volontaire, de même que le temps de maintien d'une force sous maximale ne sont pas non plus altérés dans les limites étudiées ici.

Au cours de la plongée plus profonde, on observe une altération de la performance et de la consommation maximale d'oxygène qui est d'autant plus prononcée que la pression (et la densité) du gaz respiré est élevée. Cette altération est d'origine ventilatoire. Il peut s'agir d'une limitation soit par l'augmentation du travail respiratoire liée à l'hyperventilation d'exercice, soit du fait de la diminution du débit ventilatoire maximal.

En normobarie, la puissance mécanique ventilatoire est faible comparativement au métabolisme total (3 à 6 W pour plus de 1 kW). Cette puissance augmente avec la densité et la résistance dynamique, mais pas assez pour expliquer la limitation de l'aptitude. La diminution de la ventilation maximale avec la densité est la cause la plus vraisemblable.

Si l'on observe en effet, pour différentes pressions, la valeur de la ventilation correspondant à un exercice d'intensité très élevée, on constate qu'elle diminue, mais moins rapidement que la ventilation maximale minute volontaire. Il est ainsi possible, par extrapolation, de déterminer le niveau de pression pour lequel la ventilation nécessaire pour effectuer l'exercice est plus élevée que la ventilation maximale volontaire (VMV). Cette limitation se situerait entre 6,5 et 10 $g.l^{-1}$ de densité (fig. 85). Quand on respire de l'air, cette limitation se situe aux environs de 50 m de profondeur. On voit en conséquence l'intérêt d'avoir une consommation maximale d'oxygène et une ventilation maximale élevées. Si par exemple la VMV s'élève à 200 $l.min^{-1}$ au lieu de 150 $l.min^{-1}$, la limitation est repoussée à une profondeur plus grande.

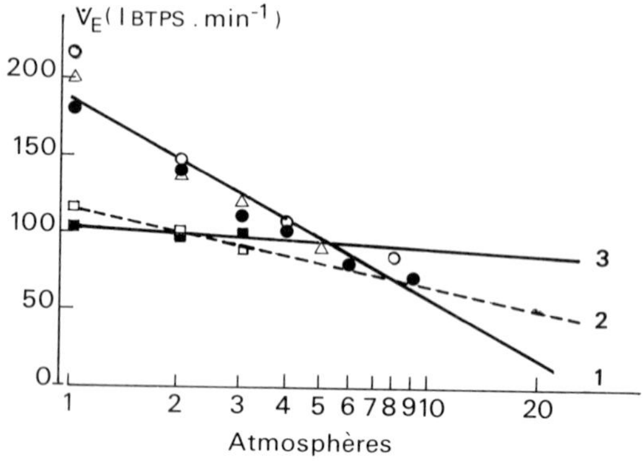

FIG. 85. — *Ventilation maximale volontaire et ventilation lors d'un exercice maximal selon la pression totale.* Ventilation maximale volontaire (1) et ventilation lors de l'exercice maximal chez le sujet entraîné (2) ou chez le sujet non entraîné (3). L'intersection des droites de ventilation d'exercice avec la droite de ventilation maximale volontaire (VMV) définit des limites de profondeur exprimées en atmosphères (d'après Varène, *Gaz. Med. France,* 1971, 78, 4099-4104, à partir des données de la littérature).

Dans la pratique du sport sous-marin, les sujets évoluent plus généralement à des profondeurs modérées, de sorte que l'altération éventuelle de la performance n'est pas liée à l'augmentation des résistances ni à la diminution de la VMV qui en résulte.

b) Narcose à l'azote et toxicité de l'oxygène. — L'action narcotique de l'azote apparaît pour une pression partielle d'azote supérieure à 4 atmosphères. A 50 m de profondeur, la pression d'azote est de 4,75 atmosphères; elle est suffisante pour provoquer pendant un certain temps des troubles de la conscience comparables à ceux provoqués par l'hypoxie ou l'ivresse : perte du jugement, euphorie, perte de mémoire, ralentissement de l'idéation, incoordination motrice pouvant conduire au stade comateux : c'est la narcose à l'azote.

A 50 m de profondeur, la pression partielle de l'oxygène est de 1,25 atmosphère si l'on respire de l'air. On se trouve par conséquent au-dessous du seuil de toxicité de l'oxygène qui se situe à 1,7 atmosphère. Mais, si l'on respirait de l'oxygène pur, il suffirait de descendre à 7 mètres pour atteindre le seuil de toxicité à partir duquel peuvent apparaître des convulsions et une perte de connaissance.

□ **Effets dus aux changements rapides de la pression.** — Les effets mécaniques liés aux variations de volume des gaz occlus sont identiques à ceux présentés p. 185 à propos de la plongée en apnée. Les variations rapides de la pression ont un effet propre lorsque l'on respire de l'air; il s'agit de la formation de bulles gazeuses ou *dénitrogénation.*

L'azote est un gaz peu diffusible dans les liquides de l'organisme car il est peu soluble dans l'eau. La capacité de fixation est cependant augmentée par sa solubilité plus élevée dans les lipides. L'accroissement des réserves d'azote de l'organisme, sous l'effet d'une augmentation de la pression d'azote dans l'air respiré, est très lent, d'autant plus que le débit de sang dans les tissus riches en graisse est très faible. Il ne s'arrête que lorsque la pression d'azote dans les divers tissus est égale à celle du sang artériel. Au retour à la surface, l'élimination de l'azote en excès est aussi très lente.

Lorsque l'on décomprime un gaz en équilibre avec un liquide, il peut se former des bulles dans ce liquide, à condition toutefois que la différence de pression soit importante, sinon le gaz peut rester en solution sans bullage (phénomène de sursaturation). La formation de ces bulles est favorisée par les chocs et les mouvements. Quand un plongeur est resté un certain temps en profondeur, une remontée rapide en surface peut se révéler dangereuse ; les accidents dits de décompression *(mal des caissons)* étant favorisés par les mouvements.

Ces accidents surviennent le plus souvent après quelques minutes, exceptionnellement plus de 12 heures après la décompression. Le signe le plus courant est une douleur localisée très souvent près des articulations *(bends* en anglais), en particulier aux épaules chez les nageurs. Quelquefois ce sont des sensations de brûlures et de picotements au niveau de la peau *(puces)* souvent accompagnées d'éruptions papuleuses et de gonflement cutané *(moutons)* et même de douleurs thoraciques rétrosternales avec sensation d'étouffement *(chokes* en anglais) ; ces douleurs souvent tardives sont en rapport avec une accumulation de bulles dans les vaisseaux thoraciques. On peut observer également des troubles neurosensoriels (troubles visuels, vertiges, hypoacousie) ou moteurs (paraplégie, hémiplégie). On attribue ces troubles à une accumulation de bulles dans les centres nerveux. Pour traiter ces accidents, il faut placer le sujet dans un caisson et le recomprimer, ce qui diminue la taille des bulles.

Pour prévenir de tels accidents, on procède à une décompression par paliers dont le principe est le suivant : grâce au phénomène de sursaturation décrit ci-dessus, la formation de bulles ne survient que si la pression devient inférieure à la moitié environ de la pression initiale. Il n'y a donc pas de danger à ramener rapidement un sujet d'une profondeur de 40 m par exemple (5 atmosphères) où il a séjourné plusieurs heures, à une profondeur de 15 m (2,5 atmosphères) ou bien de 10 m (2 atmosphères) à la surface. Des *tables de décompression* par paliers tenant compte de la profondeur et de la durée de la plongée ont été établies. On peut raccourcir la durée de la décompression en faisant respirer de l'oxygène à partir d'une profondeur d'une dizaine de mètres (à cette profondeur la pression d'oxygène n'est pas rapidement toxique), car l'inhalation d'oxygène accélère la dénitrogénation.

10

La thermorégulation au cours de l'exercice

L'augmentation du métabolisme lors de l'exercice peut compromettre l'équilibre thermique malgré la mise en jeu des différents mécanismes de déperdition calorique ; il en résulte une augmentation de la température centrale, qui dépend de l'intensité de l'exercice. Quand celui-ci est effectué dans un milieu ambiant dont la température s'écarte de la normale (froid ou chaud), des réactions fonctionnelles se manifestent, de type et d'intensité variables. Lors de l'exposition au froid, la performance énergétique n'est pas pour autant altérée et la régulation thermique est même favorisée. En revanche, l'activité motrice ou l'exercice de la force musculaire peuvent être perturbés. Lors de l'exposition à la chaleur, la contrainte thermique est exagérée pouvant même conduire au *coup de chaleur.* L'exposition prolongée à une ambiance thermique hostile, de même que l'entraînement, améliorent la tolérance à ce milieu, et en conséquence la performance.

Pour étudier la régulation thermique, il faut connaître la production et la déperdition de chaleur. La production de chaleur (M) se mesure le plus souvent par la technique de thermochimie respiratoire. La déperdition de chaleur nécessite des moyens de mesure plus importants. Les pertes de chaleur par *évaporation* (E) peuvent être déterminées en connaissant la variation de poids du sujet entre le début et la fin de la période d'exposition au chaud et le rendement évaporatoire (sueur évaporée/sueur formée) ; chaque litre d'eau évaporé correspond à une perte de 580 calories. Il faut tenir compte des aliments éventuellement ingérés, des urines émises et de l'eau perdue par voie respiratoire dans l'intervalle de mesure. Les pertes ou gains de chaleur par *convection (C)* sont mesurables à partir de la température ambiante, en tenant compte du degré d'humidité et des mouvements de l'air. Enfin, les échanges par *radiation* (R) sont mesurés avec un thermomètre à globe.

L'équation ci-dessous peut être posée :

$$M \pm C \pm R - E = 0$$

LA THERMORÉGULATION AU REPOS

☐ **Cas de l'exposition à une ambiance froide.** — En ambiance froide, la déperdition calorique tend à augmenter car la température cutanée reste supérieure à la température ambiante. L'équilibre thermique est maintenu grâce à une augmentation de la production de chaleur (thermogenèse) et à une diminution de la déperdition de chaleur par l'enveloppe cutanée (thermolyse).

La quantité de chaleur produite augmente d'autant plus que la température ambiante s'abaisse. Ce mécanisme très efficace (jusqu'à 4 fois le métabolisme basal) permet le maintien d'une température constante pour des abaissements de température ambiante allant en dessous de 0 °C. La principale source de chaleur est représentée par le *frisson.* Plus accessoirement, interviennent l'augmentation du tonus musculaire et l'augmentation du métabolisme cellulaire dans certains territoires privilégiés.

La réponse thermorégulatrice est liée à la stimulation de *thermorécepteurs* situés dans les centres nerveux ou au niveau de la peau (mécanisme nerveux central ou réflexe). Elle procède aussi de la mise en jeu de facteurs hormonaux d'intervention rapide, par la sécrétion de *catécholamines,* et d'intervention lente par la sécrétion d'*hormones thyroïdiennes* et de *glucocorticoïdes.*

Une diminution de la déperdition calorique permet de renforcer l'effet de l'augmentation de la thermogenèse : elle résulte d'une diminution de transport de chaleur sous la peau. Le sang artériel se refroidit progressivement vers la périphérie en cédant des calories au sang veineux qui remonte vers le cœur. Par ailleurs, les artérioles diminuent leur calibre en proportion de la baisse de température. Il en résulte une diminution du débit sanguin et de la déperdition calorique.

☐ **Cas de l'exposition à une ambiance chaude.** — Les pertes de chaleur par convection ou radiation sont limitées à des conditions ambiantes modérées où la température est encore inférieure à celle de la peau. Ces pertes de chaleur sont favorisées par la *vasodilatation cutanée* qui apparaît à partir de 25 °C. Quand ce n'est plus le cas, généralement à partir de 30 °C, le seul processus efficace est l'évaporation d'eau grâce à la *sudation.* Les quantités de sueur émises sont fonction du besoin de thermolyse. Elles peuvent atteindre plusieurs litres par jour. Elles s'accompagnent alors d'une déshydratation et d'un bilan sodé négatif. La sudation est mise en jeu par des mécanismes réflexes ou centraux prenant naissance au niveau des thermorécepteurs cutanés et hypothalamiques sensibles au chaud.

L'intégration des informations transmises par les différents récepteurs au froid et au chaud s'effectue dans les centres thermorégulateurs hypothalamiques. C'est à leur niveau que s'élaborent les différentes réactions synergiques tendant à maintenir la température constante.

☐ **Acclimatement à la chaleur et au froid.** — L'exposition prolongée au froid et à la chaleur détermine une adaptation caractérisée par une augmentation de la tolérance au milieu ambiant hostile.

– *Acclimatement au froid.* Quand il vit dans un climat froid, l'Homme se protège contre celui-ci en portant des vêtements, en construisant des habitations isolées thermiquement. L'intensité de l'exposition au froid devient dès lors insuffisante pour entraîner des réactions de thermogenèse. Pour étudier l'adaptation au froid, on est donc obligé de recourir à des observations dans des chambres froides.

Il existe une différence fondamentale entre les individus vivant en permanence en ambiance froide et ceux exposés pour plusieurs jours seulement au même climat. Ainsi les aborigènes du centre de l'Australie, comme les bushmen du désert de Kalahari, peuvent supporter presque nus des températures de l'ordre de 0 °C sans frissonner. En revanche, l'exposition pendant plusieurs jours de sujets non acclimatés presque nus à basse température dans des chambres climatiques entraîne un frisson permanent et une augmentation du métabolisme énergétique, accompagnés d'une augmentation de la fréquence cardiaque de repos et d'une déperdition azotée plus importante. Dans certains cas, cependant, le sommeil s'accompagne d'une disparition du frisson. Il en résulte alors une baisse de température rectale qui peut être dangereuse. On voit donc le danger du sommeil en ambiance froide chez les sujets mal protégés (cas des accidents de sports de montagne).

Il est intéressant de noter un phénomène d'adaptation locale : l'exposition chronique des mains au froid augmente le débit sanguin si bien que les mains deviennent plus chaudes et s'engourdissent moins facilement au contact du froid. Ce phénomène augmente la déperdition de chaleur par les mains, mais en revanche améliore l'aptitude à réaliser une activité motrice de précision en ambiance froide.

– *Acclimatement à la chaleur.* Un acclimatement à la chaleur peut être obtenu par une exposition quotidienne de quelques heures à la chaleur durant une à deux semaines, ou bien par un entraînement à l'exercice intense et prolongé de un à deux mois (lequel en provoquant une hyperthermie, sollicite de la même façon les mécanismes thermorégulateurs). Cet acclimatement se caractérise par une augmentation de la tolérance à la chaleur, une normalisation dans la répartition du débit cardiaque aux différents tissus, une augmentation de la capacité sudorale assurant un refroidissement plus efficace de la peau et enfin une meilleure aptitude à stocker de la chaleur.

☐ **Limites de la tolérance à la chaleur.** — La tolérance à la chaleur a une limite qui, si elle est dépassée, aboutit au *coup de chaleur* qui peut survenir en dehors de tout exercice musculaire mais peut être fatal. De ce fait les matchs et compétitions sportives ne devraient pas être autorisés aux heures les plus chaudes.

Le sujet victime d'un coup de chaleur a une température corporelle de 41 °C ou même davantage, sa sudation diminue ou disparaît. Il est en état de confusion mentale et peut même perdre connaissance. Parmi les facteurs favorisant cette faillite de la régulation thermique, on avance volontiers l'absence d'acclimatement, l'obésité et l'âge.

Un autre type de défaillance thermorégulatrice est *l'épuisement anhydrotique* à la chaleur, caractérisé par une élévation de la température corporelle à

38-40° et une sudation faible ou absente. Le sujet se sent fatigué, parfois essoufflé et sa fréquence cardiaque est élevée ; s'il s'arrête de travailler et se repose dans un endroit frais, il récupère assez vite.

Un dernier type de trouble est la perte excessive d'eau et de sels minéraux. Il est provoqué par un déficit d'apport. Après quelques semaines, le sujet souffre de *crampes* qui, exceptionnellement, peuvent être graves. Il suffit alors d'une perfusion intraveineuse de sérum physiologique pour faire disparaître le symptôme.

La *syncope* qui est quelquefois observée est moins grave ; elle est la conséquence d'un déséquilibre dans la répartition du débit sanguin. Une grande partie du volume sanguin, par ailleurs réduit à cause de la déshydratation, est localisée dans les vaisseaux périphériques et, en particulier, dans les membres inférieurs après une station debout prolongée. Il en résulte une hypotension artérielle et une hypo-oxygénation des centres nerveux : il suffit de mettre le sujet en position horizontale, jambes hautes, pour voir disparaître le trouble.

LA THERMORÉGULATION LORS DE L'EXERCICE

Plus de 75 % de l'énergie dépensée lors de l'exercice apparaissent sous forme de chaleur. Si l'exercice est intense et de longue durée, la production de chaleur peut être considérable. Prenons l'exemple d'un athlète qui effectue une compétition de marathon ou de ski de fond nécessitant une consommation d'oxygène de $4\,l.min^{-1}$. Supposons pour simplifier que le coefficient calorique de l'oxygène est de 5 kcal par litre d'oxygène utilisé. L'énergie dépensée chaque minute s'élève à 20 kcal dont 15 apparaissent sous forme de chaleur. En supposant que la surface corporelle du sujet est de $1{,}8\ m^2$, l'énergie qui apparaît sous forme de chaleur s'élève à $580\ W.m^{-2}$. Il en résulte que, sans une déperdition importante, la température corporelle atteindrait vite une limite supérieure incompatible avec le fonctionnement cellulaire, conduisant à l'arrêt de la course. La correction reste cependant imparfaite, de sorte que la température centrale monte modérément.

☐ **Évolution de la balance thermique lors de l'exercice.** — La figure 86 montre comment la balance thermique évolue pendant des exercices en ambiance modérée d'une durée de 1 heure et de puissance croissante. Elle illustre l'augmentation de la production de chaleur avec l'énergie dépensée, l'insuffisance de la perte totale de chaleur par rapport à la production dont résulte une élévation de la température centrale, témoin d'un stockage de chaleur proportionnel à la puissance de l'exercice. Les pertes de chaleur par convection et radiation sont modestes et pratiquement constantes. En revanche, les pertes par évaporation sont importantes ; elles augmentent avec l'intensité d'exercice. Ainsi, à l'exercice maximal, elles représentent environ $375\ kcal.h^{-1}$ ce qui correspond à près de 0,65 litre d'eau évaporée par heure.

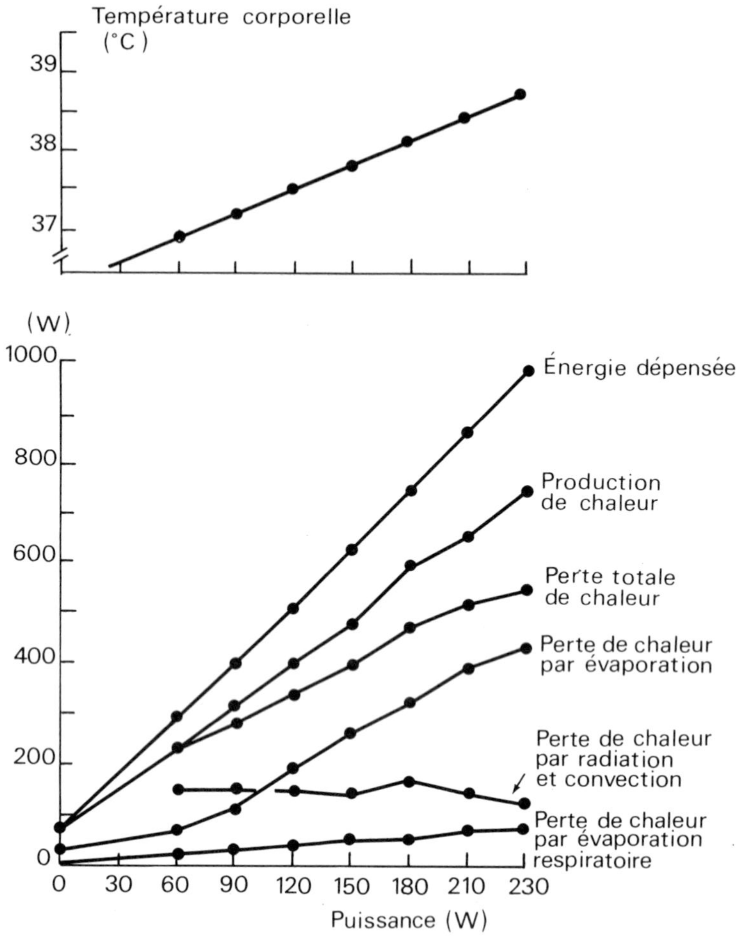

FIG. 86. — *Balance thermique et puissance mécanique.* Chaque exercice dure 1 h. La température est contrôlée à la fin de chaque exercice. L'hyperthermie est expliquée par la différence entre la production de chaleur et la déperdition de chaleur (modifié d'après Nielsen, 1938).

La perte d'eau par sudation-évaporation varie d'un sujet à un autre. Elle s'élève en moyenne à 1 $l.m^{-2}.h^{-1}$ lors d'une course de marathon. En fait, la perte d'eau est corrélée à la vitesse de la course.

Comme l'indique la figure 86, les pertes de chaleur sont inférieures à la production de chaleur. Par exemple, on peut noter qu'un exercice d'une puissance de 180 W d'une durée de 1 heure entraîne un stockage d'environ

100 kcal.h^{-1}. Comme une élévation de 1 °C correspond à un stockage de 70 kcal, l'élévation thermique dans ce cas serait d'environ 1,4 °C. Le stockage de chaleur et l'augmentation de la température centrale qui en résulte sont d'autant plus élevés que l'exercice de longue durée est plus intense.

☐ **Influence de l'hyperthermie d'exercice sur la circulation.** — Il existe une adaptation circulatoire dont l'effet est de favoriser la déperdition thermique. La figure 87 illustre la réponse cardiovasculaire à l'exercice prolongé de puissance sous-maximale effectué en ambiance neutre ou froide. Le débit cardiaque reste à peu près constant, la fréquence cardiaque augmente, les pressions artérielles systémique et pulmonaire, de même que le volume d'éjection systolique, diminuent. Le volume sanguin diminue modérément.

L'élévation de la fréquence cardiaque n'est pas seulement en rapport avec la puissance de l'exercice, mais aussi avec la quantité de chaleur à éliminer (voir p. 43).

La baisse de la pression artérielle systémique peut s'expliquer par la vasodilatation cutanée observée lors de l'exercice musculaire sous-maximal de longue durée. Or cette vasodilatation n'est pas compensée par une augmentation du débit cardiaque comme c'est le cas lors de la vasodilatation musculaire d'exercice (chapitre 2, p. 49). En fait, les deux réponses sont différentes :

La vasodilatation au niveau du muscle lors de l'exercice s'effectue sans variation du volume sanguin local; en revanche, la vasodilatation cutanée

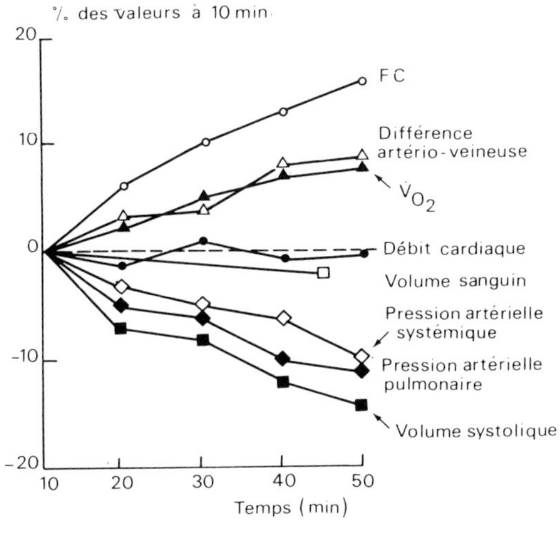

FIG. 87. — *Réponse circulatoire à un exercice prolongé effectué en ambiance normale.* Le débit cardiaque reste constant mais la fréquence cardiaque s'élève, tandis que le volume systolique décroît. Les pressions artérielles systémique et pulmonaire diminuent (d'après Rowell, 1977).

s'accompagne d'une grande variation du volume sanguin local. La vasodilatation artériolaire cutanée élève la pression veineuse; or les veines cutanées, riches en plexus veineux, ont une grande capacité volémique; l'augmentation du volume est facilitée par une diminution du tonus veineux cutané et une augmentation de la compliance des veines du fait de l'augmentation des températures interne et cutanée. Plus la vasodilatation cutanée est importante, plus important est le volume sanguin retiré de la circulation centrale au profit du réservoir veineux cutané.

La redistribution du volume sanguin lors de l'exercice prolongé s'opère ainsi : plus le volume de sang contenu dans le lit veineux cutané est grand, plus le retour veineux du sang au ventricule droit est réduit. Le débit circulatoire droit ne peut être transitoirement maintenu que grâce au prélèvement du sang contenu dans les réserves (foie, gros troncs veineux thoraciques). Ces réserves une fois vidées, la pression de remplissage du ventricule droit, et en conséquence le volume d'éjection systolique, diminuent. Le ventricule gauche ne peut plus, dans ces conditions, maintenir son débit qu'en faisant appel au sang contenu dans le réservoir pulmonaire, le volume de celui-ci diminue rapidement, de sorte que la pression de remplissage du ventricule gauche et, par conséquent, le volume d'éjection systolique diminuent. En définitive, le remplissage des veines cutanées s'accompagne d'un déplacement du sang initialement contenu dans le thorax. La diminution du volume d'éjection systolique entraîne une augmentation de la fréquence cardiaque, de sorte que le débit cardiaque se maintient. La diminution de la pression artérielle systémique est due au fait que le débit cardiaque ne compense pas la vasodilatation cutanée.

C'est bien ainsi que s'effectuent les adaptations circulatoires chez l'Homme : si on élève brusquement la température cutanée à 38 °C, lors de l'exercice prolongé, on observe une forte élévation de la fréquence cardiaque, le débit cardiaque augmente aussi un peu, le volume d'éjection systolique diminue, les volumes sanguins central et thoracique diminuent tandis que les pressions aortique et veineuse centrale diminuent. Si inversement on abaisse brusquement la température, on observe un retour aux valeurs antérieures.

☐ **Influence des pertes d'eau sur l'équilibre hydrominéral.** — La proportion dans laquelle les différents compartiments liquidiens sont altérés par les pertes d'eau est difficile à évaluer car ces dernières sont contrebalancées en partie par une production d'eau cellulaire, qui survient lors de la dégradation des substrats oxydables et est d'autant plus importante que le métabolisme énergétique est plus élevé.

Les pertes d'eau affectent les différents compartiments liquidiens de façon variable selon la puissance et la durée de l'exercice, ainsi que le degré d'entraînement. Le volume plasmatique diminue aussi à l'issue d'un exercice épuisant prolongé, de 2 à 4 % chez l'athlète entraîné, de 10 % et plus chez le sujet sédentaire. L'importante spoliation du secteur plasmatique dans ce dernier cas peut altérer la capacité de l'appareil cardiovasculaire et celle de l'appareil locomoteur. Les secteurs extra- et intra-cellulaires sont également altérés. Après un exercice intense et prolongé, l'eau intracellulaire peut diminuer d'environ 9 % et l'eau extracellulaire de 4 %.

L'exercice entraîne donc une déshydratation dont l'importance dépend de son intensité et de sa durée, mais aussi de l'aptitude des sujets. L'entraînement modifie la répartition des pertes d'eau dans les différents secteurs. Il favorise les mouvements d'eau entre ceux-ci, ce qui conduit à limiter la spoliation du volume plasmatique et à maintenir plus longtemps une fonction circulatoire efficace. Ceci est possible grâce à l'intervention des hormones exerçant une action sur l'équilibre hydro-électrolytique (voir p. 155).

☐ **Effets de l'entraînement sur la régulation thermique lors de l'exercice.** — En même temps qu'il développe l'aptitude énergétique, l'entraînement augmente l'efficacité thermorégulatrice en améliorant la capacité de thermolyse (fig. 88) et la capacité de stockage de chaleur (fig. 89, p. 200). Il améliore la régulation électrolytique de sorte que se trouve assuré au mieux le maintien de la capacité d'adaptation cardiovasculaire.

Il a été possible d'observer, en effet, que le sujet entraîné produit plus d'énergie pour un même stockage de chaleur et en conséquence une même température centrale. Celle-ci ne dépend pas en effet de la dépense totale d'énergie mais de sa valeur relative. Par exemple, deux sujets l'un sédentaire, l'autre entraîné, courant à une vitesse correspondant à 50 % de leurs possibilités aérobies, et consommant respectivement 1,5 et 2,5 $l.min^{-1}$ d'oxygène auront la même température de 38 °C après un temps identique.

Un sujet entraîné a une sudation plus précoce (fig. 88), grâce à une diminution de sa température de déclenchement. Il a également une sudation plus

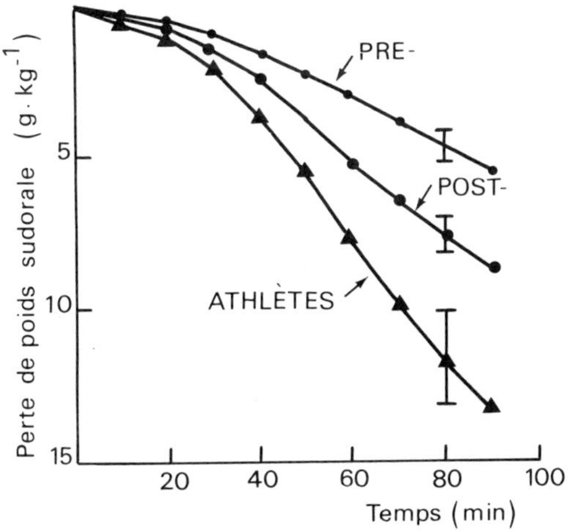

Fig. 88. — *Pertes sudorales au cours de l'exercice.* Test d'hyperthermie contrôlée. Comparaison des résultats obtenus chez des athlètes et chez des sujets non entraînés avant et après acclimatement à la chaleur (Hénane et coll., J. *appl. Physiol.*, 1977, *43*, 822-828).

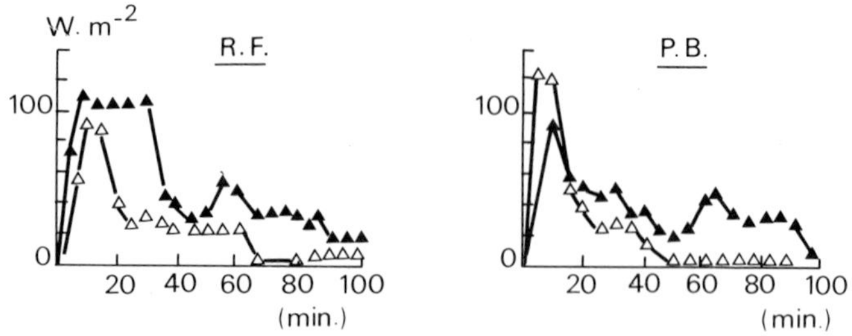

FIG. 89. — *Stockage de chaleur au cours de l'exercice.* Un test d'hyperthermie contrôlée a été réalisé par 2 sujets sédentaires avant (▲) et après (△) entraînement. L'état d'équilibre de la balance thermique (stockage nul) est atteint plus précocement après entraînement (Hénane et coll., J. *appl. Physiol.,* 1977, *43*, 822-828).

abondante. La capacité de thermolyse se trouve en conséquence augmentée. Par exemple, chez un vainqueur d'un marathon on a pu évaluer le débit sudoral à 1,8 $l.h^{-1}$ et la perte d'eau à 5,1 l soit près de 6 % du poids corporel. De même, chez des skieurs de fond, une relation entre la capacité d'endurance et le débit sudoral a été observée (Hénane).

L'entraînement permet aussi de stocker une plus grande partie de chaleur sans nuire à la performance. Pugh a pu observer par exemple qu'à l'arrivée d'un marathon les quatre premiers avaient une température supérieure ou égale à 40,5 °C. Le premier avait 41,1 °C, tandis que la température moyenne des athlètes ayant terminé l'épreuve était de 39 °C. Robinson a observé une température de 41,2 °C chez deux coureurs recordmen mondiaux.

En définitive, les athlètes se comportent comme des sujets adaptés à la chaleur. Il faut remarquer que cette amélioration des capacités thermorégulatrices dépend d'un entraînement sévère mais est indépendante des conditions ambiantes. Ainsi, les skieurs de fond qui travaillent habituellement en ambiance froide sont-ils adaptés à la chaleur comme les marathoniens. Le nageur l'est également, quoique à un degré moindre.

EXERCICE MUSCULAIRE ET CONTRAINTE THERMIQUE

☐ **Effets physiologiques.** — Lorsque la température ambiante varie, la balance thermique peut varier considérablement pour un même exercice prolongé d'intensité modérée (fig. 90). A la température de 10 °C, la dissipation importante de chaleur par convection et radiation associée à une évaporation, même modérée, permet presque d'équilibrer la production de chaleur liée à l'exercice. Au fur et à mesure que la température ambiante s'élève, les pertes par convection et radiation diminuent. Elles s'annulent

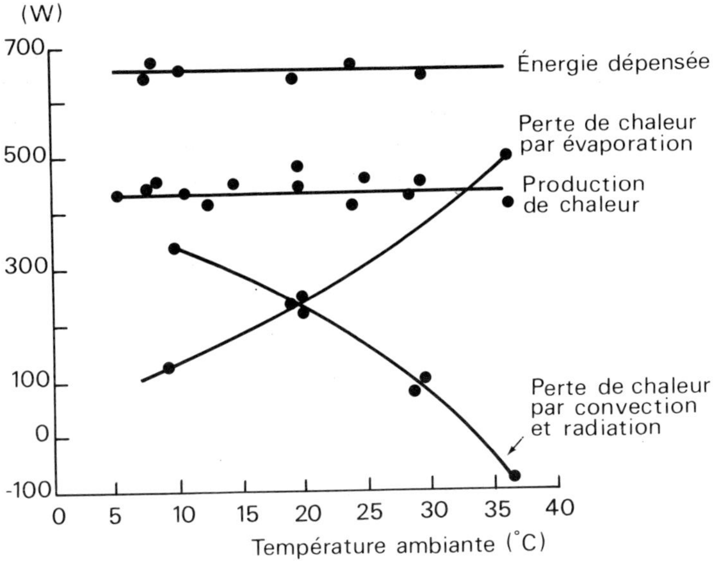

FIG. 90. — *Balance thermique à l'exercice et température ambiante.* Exercice à même puissance : $\dot{V}_{O_2}$ = 2 l.min⁻¹ (d'après Nielsen, 1938).

même pratiquement au-delà de 35 °C tandis que les pertes par évaporation augmentent. Ces modifications s'accompagnent d'une altération dans l'adaptation du système cardiovasculaire. Par rapport au même exercice effectué à température normale ou froide, on constate une augmentation de la fréquence cardiaque et du débit cardiaque, ainsi qu'une diminution du volume de l'ondée systolique. Ces réactions s'atténuent peu à peu au cours de l'acclimatement. Ces adaptations dépendent avant tout d'une diminution des températures cutanée et corporelle déterminées par l'augmentation de la sudation liée à l'acclimatement; le débit sanguin supplémentaire est destiné à l'enveloppe cutanée dont le débit peut varier de 2 à 7,8 $l.min^{-1}$ en ambiance chaude (Rowell). La redistribution du débit qui en résulte comporte une diminution des débits locaux splanchniques et rénaux grâce à une vasoconstriction plus élevée. Le débit hépatique peut être abaissé à 30 % de sa valeur de repos lors d'un exercice maximal avec contrainte thermique.

☐ **Effets sur la performance.** — L'exposition au froid n'a pas de conséquence évidente sur la performance à l'exercice intense et prolongé. La capacité aérobie n'est pas altérée, si l'apport énergétique alimentaire tient compte de l'augmentation du besoin énergétique lié au froid. En revanche, certaines performances peuvent être modifiées si des précautions ne sont pas prises pour éviter les effets du froid sur la circulation périphérique, soit par le port de vêtements, soit par l'échauffement avant l'exercice. Il s'agit en particulier des épreuves de vitesse, de saut ou de lancer (voir chap. 4, p. 81).

L'exposition au chaud, par les modifications circulatoires qu'elle entraîne, influence nettement la performance. Si un exercice maximal est effectué au tout début d'un séjour à la chaleur, alors que la température corporelle est normale, la consommation maximale d'oxygène n'est pas abaissée. Si la même épreuve est effectuée après plusieurs heures d'exposition à la chaleur, alors que l'hyperthermie corporelle est réalisée, $\dot{V}_{O_2}$ max diminue significativement (Pirnay). Cette altération de $\dot{V}_{O_2}$ max résulte de la compétition entre les besoins thermolytiques et métaboliques qui conduit à une diminution du débit sanguin musculaire maximal au profit du débit sanguin cutané.

La performance de longue durée est également diminuée; la contrainte cardiaque pour un même pourcentage de $\dot{V}_{O_2}$ max est plus élevée et la durée de l'exercice raccourcie. A température égale, un degré hygrométrique plus élevé, en gênant la thermolyse, accentue encore la baisse de la performance.

Des observations faites sur le terrain en climat chaud et humide, comme en climat chaud et sec, ont permis de constater une diminution de la vitesse de course qui débute pour les courses de 400 m. Elle est de 3 à 6 % sur une distance de 1 mile, de 4 à 10 % pour une distance de 3 miles. La limitation de la performance est déterminée à la fois par la température sèche et par l'humidité relative (v. fig. 91).

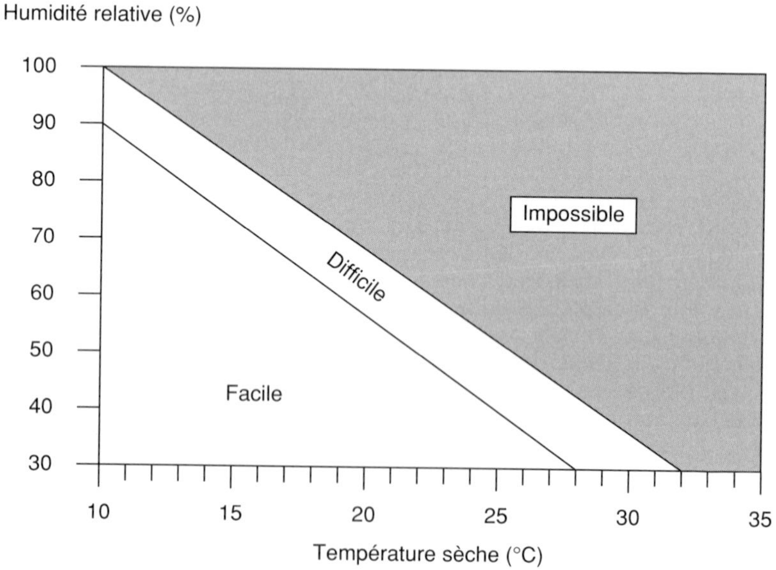

FIG. 91. — *Relation entre la performance, la température sèche et l'humidité relatives* (d'après F. Peronnet).

☐ **Le coup de chaleur à l'exercice.** — Le coup de chaleur à l'exercice, appelé encore *hyperthermie maligne d'effort,* s'observe à l'occasion d'un exercice musculaire prolongé, chez des adultes jeunes, en bonne santé apparente, motivés pour l'exercice, souvent couverts (cas des militaires en tenue de combat lors d'une marche commando).

Cet accident survient le plus souvent pendant la saison chaude, quand la température ambiante dépasse 25 °C, le degré hygrométrique est égal ou supérieur à 75 % et la vitesse du vent est faible ou nulle. Les seuls facteurs de risque à retenir sont le manque de sommeil, la restriction hydrique, l'absorption d'alcool.

Les signes précurseurs sont d'ordre neurologique : céphalées, vertiges, obnubilation, crampes musculaires, agitation, troubles du comportement auxquels peuvent s'ajouter une pâleur du visage et une sensation de fatigue. Mais le coup de chaleur à l'exercice s'installe le plus souvent brutalement, en fin d'épreuve, par un trouble de la conscience qui, dans près de la moitié des cas, conduit à une perte de connaissance pouvant évoluer vers un coma, ce dernier étant entrecoupé de crises convulsives hypertoniques avec troubles neurologiques (mydriase ou myosis) et vomissements. A l'examen, on constate une hyperthermie supérieure à 40 °C, un trouble de la sudation, tantôt une anhydrose, tantôt au contraire une sudation profuse. Quelquefois, la peau est cyanosée, humide et froide. La tachycardie est pratiquement constante, la pression artérielle est normale ou basse. Une hyperpnée ou une dyspnée peut apparaître. Les examens biologiques objectivent une rhabdomyolyse, une cytolyse hépatique et rénale, une hyperkaliémie et une acidose lactique. Dans près d'un tiers des cas, l'évolution se fait vers la mort.

11

L'aptitude physique

L'aptitude physique d'un individu dépend de nombreux facteurs, physiologiques et psychologiques, qui jouent de façon très inégale suivant les activités sportives envisagées. Les tests d'aptitude ne prennent en compte qu'un petit nombre de ces facteurs, de sorte que les résultats observés ne renseignent qu'imparfaitement sur les capacités du sujet. Il n'y a d'ailleurs pas d'aptitude universelle; l'aptitude doit être considérée pour une activité ou une catégorie d'activités données.

La détermination de l'aptitude physique a donné lieu à la mise au point de nombreuses épreuves *d'exploration fonctionnelle.* Celles-ci permettent de classer un sujet à l'intérieur d'une population, ou un groupe d'individus par rapport à un autre, de juger en fonction de l'âge (adolescence, sénescence), du mode de vie (sédentarité ou activité physique régulière), du type d'entraînement (progression dans les records sportifs ou méforme). Les résultats obtenus aux tests d'aptitude servent de guide pour l'amélioration des performances, et ce d'autant mieux que les fonctions physiologiques sollicitées sont identiques au cours des tests et dans l'activité sportive considérée.

Les tests d'aptitude ont des bases physiologiques qui ont été abordées dans les chapitres précédents et permettent d'en comprendre la signification. La pratique des tests repose sur la mise en œuvre de protocoles précis; l'interprétation des résultats obtenus exige une grande rigueur et une longue expérience, compte tenu des différences importantes dans les aptitudes suivant la catégorie de sports pratiquée. Certains tests sont destinés à juger d'une aptitude minimum, d'autres montrent leur utilité dans la surveillance annuelle des sportifs de haut ou de bon niveau.

LES FACTEURS DE L'APTITUDE PHYSIQUE

Ce sont les divers éléments qui permettent de comprendre les différences d'aptitude entre individus ou l'évolution de celle-ci chez un même sujet. Il convient de ne pas les confondre avec les *facteurs de la performance,* qui constituent les supports physiologiques et psychologiques d'une prestation de haut niveau. Ainsi, par exemple, le développement morphologique de l'individu est-il un facteur de l'aptitude physique, jugée sur la force maximale de certains muscles ou sur la puissance aérobie maximale, mais seule cette dernière doit être considérée comme un facteur (parmi plusieurs autres) de la performance pour le marathon. Les facteurs de l'aptitude physique peuvent être distingués suivant qu'ils sont liés à la constitution de l'individu, à son développement ou à son vieillissement.

☐ **Facteurs constitutifs.** — Ce sont des facteurs non contrôlables que chaque individu possède dans son patrimoine génétique. De très nombreuses études ont mis en évidence les variations dues à *l'âge* et au *sexe.* Indépendamment de celles-ci, le développement staturo-pondéral (qui peut d'ailleurs être en partie modulé par le régime alimentaire) est un déterminant important : il y a intérêt à être petit pour un jockey, grand pour un basketteur, maigre pour un marathonien. De nombreux sports comportent d'ailleurs des catégories de poids (judo, haltérophilie...) introduites pour éviter des discordances trop importantes entre adversaires ou concurrents; les séparations par catégories de poids sont aussi justifiées que celles concernant l'âge et le sexe.

Les facteurs génétiques sont difficiles à mettre en évidence, mais il semble bien qu'à l'intérieur d'une population très homogène certains individus présentent une prédisposition à mieux développer telle ou telle fonction physiologique constituant un facteur de performance.

☐ **Facteurs liés au développement.** — Les facteurs de milieu sont au moins aussi importants que les facteurs génétiques.

L'entraînement physique développe et surtout maintient la capacité de travail de l'Homme. Chaque type d'entraînement a ses effets propres et se trouve conçu en fonction du sport pratiqué : entraînement spécifiquement musculaire pour les sports de force, développement de la puissance aérobie dans les épreuves de grand fond au cours desquelles la fonction cardiaque joue un rôle capital.

L'entraînement sportif comporte en plus un *apprentissage technique* au cours duquel les gestes et postures sont appris et régulièrement améliorés, l'activité musculaire devenant mieux coordonnée, survenant plus précocement, témoin de la formation progressive d'une programmation centrale du mouvement.

– *Les conditions de vie,* le milieu familial, la classe sociale d'origine, la nature du travail professionnel, les conditions climatiques (chaleur, altitude), les croyances philosophiques, les us et coutumes de la vie quotidienne, les traditions culturelles, constituent autant de facteurs jouant sur la motivation profonde à suivre un entraînement physique de longue haleine, à l'écart de bien des facilités de la vie moderne.

– Le mode de *nutrition* conditionne en partie le développement morphologique de l'individu, mais également ses capacités physiques et intellectuelles. Les erreurs nutritionnelles ne permettent pas l'acquisition ultérieure d'un niveau d'aptitude élevé : sous-nutrition, notamment chez le jeune, suralimentation, plutôt chez l'adulte, tabagisme, abus de l'alcool…

☐ **Facteurs liés au vieillissement de l'organisme.** — Il s'agit de facteurs venant limiter progressivement l'activité physique. Le vieillissement de l'organisme survient chez tout individu, mais à un âge différent suivant le degré d'activité et d'entraînement suivi à l'âge adulte, et les variables considérées (fig. 92). Le vieillissement normal des fonctions végétatives précède toujours celui de la fonction musculaire.

La *pathologie,* liée à la pratique des activités physiques et sportives, notamment traumatique, peut venir limiter l'aptitude physique de sujets même bien entraînés. Il en est de même pour la pathologie générale, particulièrement invalidante en ce qui concerne les fonctions respiratoire et circulatoire.

Il ne faut pas oublier, cependant, que l'abandon de la compétition sportive, quelle qu'en soit la cause, ne signifie pas pour autant la cessation de tout exercice physique. Celui-ci reste un excellent moyen d'entretien des fonctions motrices, à condition d'être organisé à l'intérieur des limites de l'aptitude physique restante.

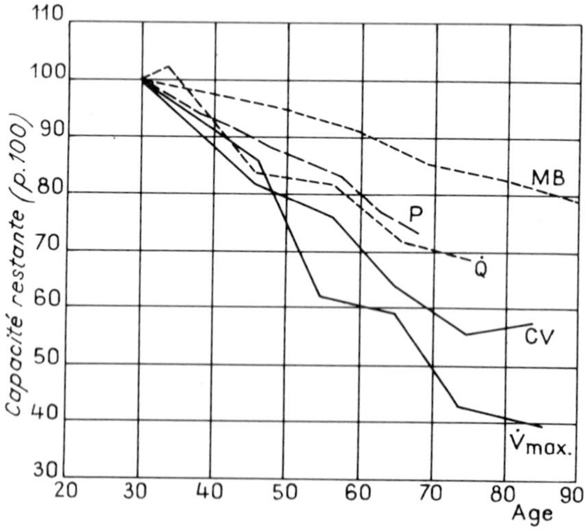

FIG. 92. — *Effet du vieillissement sur quelques fonctions physiologiques.* Évolution de quelques paramètres : métabolisme de base, poids corporel, débit cardiaque, capacité vitale et ventilation maximale (d'après Kohn, *J. chronic. Diseases,* 1963, *16,* 5-21).

EXAMEN DE L'APTITUDE AUX ACTIVITÉS PHYSIQUES ET SPORTIVES

Indépendamment des données recueillies par un interrogatoire bien conduit (pathologie ancienne, passé sportif, mode de vie...) et lors de l'examen clinique, certaines constatations intéressantes peuvent être notées chez le sujet normal au repos, ou lors d'une activité physique de courte durée.

☐ **Données biométriques.** — L'aptitude est en partie liée à la morphologie du sujet. La taille, mais surtout le *poids* sont des éléments de référence, notamment pour les sports comportant des catégories de poids. Le *poids maigre,* représentant la masse active utilisable pour réaliser un exercice musculaire, est obtenu en déduisant du poids corporel les graisses de réserve, masse alourdissant inutilement le sujet, à partir des pesées comparées dans l'air et dans l'eau, ou par la technique des plis cutanés.

– La *capacité vitale,* facteur important du transfert de l'oxygène, est aisément mesurée avec un spiromètre de Benedict ou de Hutchinson ou à l'aide d'un pneumotachographe. Il existe une bonne corrélation entre la capacité vitale d'une part, la ventilation maximale et la consommation d'oxygène d'autre part, lorsque ces variables sont étudiées sur une population dont l'âge est compris entre 7 et 30 ans. Cependant la dispersion des valeurs individuelles ne permet pas de tirer une conclusion précise de la seule mesure de la capacité vitale. Mais celle-ci demeure indispensable pour détecter une insuffisance éventuelle. On admet qu'une capacité vitale inférieure à 4,5 l ne permet pas d'atteindre une consommation d'oxygène supérieure à 4 $l.min^{-1}$ (Astrand).

– Le *volume expiratoire maximum par seconde* (VEMS) mesuré dans la première seconde d'une expiration forcée consécutive à une inspiration maximale permet une estimation de la ventilation maximale ($\dot{V}_{max}$)

$$\dot{V}_{max} = VEMS \times 30$$

La ventilation maximale peut aussi être déterminée par une brève hyperventilation volontaire. Les chiffres obtenus sont généralement compris entre 100 et 120 $l.min^{-1}$ chez le sédentaire. Les sportifs bien entraînés de certaines disciplines (nageurs, coureurs de fond,...) présentent des valeurs qui peuvent dépasser 160 $l.min^{-1}$.

– Le *temps d'apnée volontaire* permet déjà une interprétation plus physiologique. L'oxygène contenu dans les poumons disparaît progressivement. L'épreuve teste la tolérance du sujet à l'hypoxie et à l'hypercapnie qui en résulte (v. p. 171).

☐ **L'examen cardio-vasculaire.** — Trois éléments sont essentiels : la fréquence cardiaque, la pression artérielle et l'électrocardiogramme au repos. Pour ce dernier, il s'agit déjà d'un examen spécialisé ; une bonne connaissance de la pathologie cardiaque est nécessaire pour distinguer les anomalies du tracé pouvant être considérées comme non pathologiques chez le sportif (v. p. 58).

a) Examen du sujet au repos

– Le *réflexe oculo-cardiaque* est recherché, sous contrôle ECG, par pression sur les globes oculaires pendant 15 secondes. Les sujets vagotoniques présentent un ralentissement important ou même une pause transitoire de quelques secondes.

– Le *test de Flack* a connu une grande vogue dans les batteries de tests d'aptitude. On demande au sujet assis de faire une inspiration forcée et de maintenir par contraction des muscles expiratoires une pression de 40 Torr le plus longtemps possible. La surpression gêne le retour du sang vers le cœur. Les modalités de réponse du cœur, qui aboutissent au classement des sujets testés en quatre catégories, sont sans aucun rapport avec l'aptitude physique à l'exercice (Lonjaret). Cet test sans intérêt devrait être abandonné.

– Le *test de Bürger* est basé sur le même principe, mais se réfère aux variations de la pression systolique. Le sujet doit maintenir pendant 20 secondes une pression de 40 Torr. La pression systolique est mesurée avant, au début, immédiatement après le test, et 20 secondes plus tard. La pression du sujet normal baisse de 20 à 30 Torr pendant le test, celle du sujet bien entraîné monte au contraire. Dans la période consécutive au test, la pression chute et revient normalement à son niveau de départ en moins de 2 minutes. Un délai supérieur indiquerait une inaptitude relative du cœur à l'exercice. Le test de Burger appelle les mêmes réserves que le test de Flack.

b) Exercices simples

– Le *test de Ruffier* est l'épreuve la plus utilisée en France lors de l'examen des sportifs. Dans sa description originale, l'exercice consiste à faire 30 flexions complètes sur les jambes, buste droit, en 45 secondes, suivies du retour à la position debout. La fréquence cardiaque est déterminée avant l'exercice chez le sujet assis par comptage sur 15 secondes (P_0) ou mieux sur 1 minute ; dès la fin de l'exercice, les pulsations sont à nouveau comptées pendant les 15 premières secondes de la 1re (P_1) et de la 2e (P_2) minute de récupération ; les valeurs de P_0, P_1, P_2 sont ensuite ramenées à la minute en multipliant par 4. L'indice est ainsi calculé :

$$I = \frac{(P_0 + P_1 + P_2) - 200}{10}$$

L'indice de Ruffier-Dickson destiné à minimiser l'importance des réactions émotives observables sur les valeurs de repos (P_0) se calcule différemment :

$$I = \frac{(P_1 - 70) + 2\,(P_2 - P_0)}{10}$$

Le classement des sujets est ainsi effectué, en considérant qu'il s'agit d'un test d'aptitude du cœur à l'effort :

Classification		*Indice de Ruffier*	*Indice de Ruffier-Dickson*
Cœur athlétique		< 0	0 à 2,9
Cœur moyen :	– fort	0,1 à 5	3 à 5,9
	– bon	5,1 à 10	
Cœur insuffisant :	– moyen	10,1 à 15	6 à 8
	– faible	15,1 à 20	> 8

Des variantes ont été introduites par rapport au test initial, la fréquence cardiaque étant souvent mesurée en position couchée ou debout, au repos et après le test. La formule de Ruffier se réfère à un sujet adulte moyen dont la fréquence cardiaque de repos serait aux environs de 65 min^{-1}, de sorte que le chiffre 200 représente 3 fois la fréquence cardiaque de repos. Ainsi, la différence $(P_0 + P_1 + P_2) - 200$ correspond à peu près à la somme des pulsations en sus du niveau de repos au cours des deux premières minutes de récupération.

Le sujet athlétique dont la fréquence cardiaque de repos est nettement en dessous de 50 min^{-1} bénéficie donc d'un indice très faible. Le sujet peu apte à l'exercice, augmentant exagérément sa fréquence cardiaque au cours du test, a un indice élevé. En complément aux valeurs d'indice mentionnées plus haut, on doit considérer comme peu favorable une valeur de P_1 dépassant 2 fois P_0, de même une différence $P_2 - P_0$ supérieure à 10 $batt.min^{-1}$, ce qui témoigne d'une lenteur de la récupération. Les valeurs de P, sont généralement plus élevées chez les jeunes que chez les adultes, mais les capacités de récupération des premiers sont nettement supérieures.

– Le *test de Martinet* est analogue au test de Ruffier; peut-être est-il un peu moins dur et plus acceptable par les enfants de moins de 10 ans et par les personnes âgées. On demande au sujet de faire 20 flexions sur les jambes en 40 secondes. Les pulsations cardiaques sont comptées comme pour le test de Ruffier. La fréquence cardiaque d'exercice ne doit pas s'élever de plus de 40 pulsations au-dessus du niveau de repos; la récupération doit être complète en 1 à 2 minutes. P_1 ne doit pas dépasser le double de P_0 et le test est jugé médiocre si la récupération dépasse 3 minutes. Dans le test de Pachon-Martinet, on ajoute la mesure de la pression artérielle.

☐ **Valeur relative des épreuves minimales.** — Les tests rapidement décrits ci-dessus sont généralement utilisés pour la recherche de l'aptitude minimale du sujet sportif tout venant et les résultats n'ont qu'une valeur d'orientation; ils permettent d'établir le certificat de non contre-indication à la pratique d'un sport donné. C'est la raison pour laquelle certains de ces tests figurent dans les protocoles d'examen établis par les Fédérations sportives, sans que soient toujours évidentes les raisons pour lesquelles ils ont été retenus. Ainsi en est-il pour le test de Flack.

Le test de Ruffier permet de comparer un sujet à lui-même au cours d'examens successifs, et semble avoir été adopté en raison de sa simplicité. En réalité, il est diversement effectué et son interprétation n'est pas univoque. Il est souvent considéré comme une épreuve d'intensité moyenne; mais ceci n'est vrai que parce que le test ne dure que 45 secondes. La dépense énergétique lors de ce test est relativement élevée, de sorte que l'exercice ne pourrait pas être poursuivi pendant plusieurs minutes. Ceci témoigne d'une participation importante du métabolisme anaérobie et explique les faibles corrélations entre les résultats au test de Ruffier et les valeurs de la puissance aérobie maximale déterminées chez les mêmes sujets.

☐ **Le step-test de Harvard.** — Il s'agit d'une épreuve très dure destinée à sélectionner des sujets bien entraînés. Le sujet doit monter sur une marche haute de 50,8 cm et en redescendre à la fréquence de 30 fois par minute ; l'exercice est arrêté au bout de 5 minutes si le sujet n'est pas déjà épuisé. Dès l'arrêt, on compte les pulsations cardiaques chez le sujet assis. Plusieurs modes de comptage et de calcul ont été proposés. Seul, le plus rapide et le plus simple mérite d'être mentionné : les pulsations sont comptées (P) entre 1 min et 1 min 30 après l'arrêt de l'exercice, dont le temps (t) est noté en secondes. L'indice est ainsi calculé :

$$I = \frac{t_{(s)} \cdot 100}{P_{(min^{-1})} \cdot 5{,}5}$$

Les sujets peuvent être classés ainsi :

< 50 : (mauvais),
50 à 80 : (moyen),
> 80 : (bon).

Mais un classement plus fin peut-être réalisé sur d'autres valeurs, à condition de compter les pulsations entre 1 min et 1 min 30, 2 min et 2 min 30, et 3 min et 3 min 30 après l'arrêt de l'exercice. Un grand nombre de variantes de ce test ont été proposées, portant sur la hauteur de marche, généralement plus faible, la fréquence des pas, réduite, et la durée, raccourcie.

L'EXPLORATION DE LA CAPACITÉ DE TRAVAIL LOCAL

Dans le chapitre 5, consacré à la contraction musculaire chez l'Homme, il a été montré que la capacité de travail du muscle peut être définie par une série d'épreuves aboutissant à un certain degré d'épuisement. Il est possible de mettre en évidence, par des tests simples, une modification de cette capacité de travail : augmentation pendant la croissance ou avec l'entraînement, et diminution avec la fatigue ou l'arrêt de l'entraînement, ou encore avec le vieillissement.

☐ **Force isométrique maximale.** — La mesure de la force maximale volontaire donne par elle-même une indication intéressante (v. p. 108) ; mais c'est une mesure difficile et qui nécessite beaucoup de précautions ; le résultat est très lié à la motivation du sujet. L'étude de la dégradation de la force est plus facile à réaliser : le sujet doit exercer sa force maximale, malgré la chute progressive de celle-ci. Si l'on dispose d'une courbe enregistrée (fig. 93), on détermine :

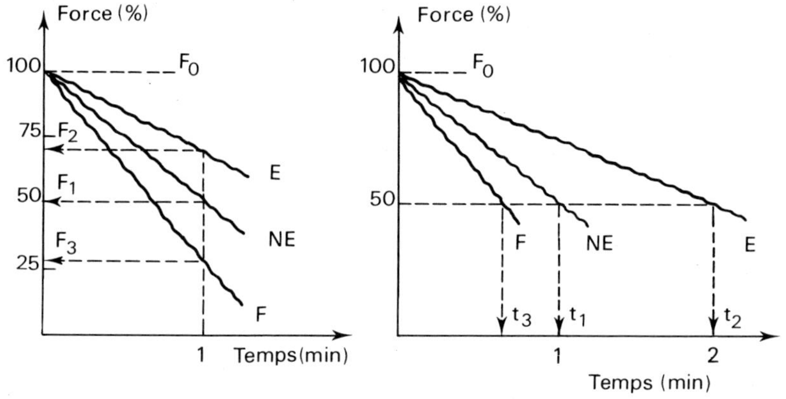

FIG. 93. — *Dégradation de la force maximale.*
A gauche : détermination d'un indice de ténacité.
A droite : détermination d'un indice d'endurance.
Dans les deux cas, effet de l'entraînement (E) et de la fatigue (F) par rapport à une valeur de référence chez le sujet non entraîné (NE). La force maximale initiale est désignée par F_0.

– un *indice d'endurance,* temps au bout duquel le muscle a perdu un pourcentage donné de sa force initiale (par exemple 33 ou 50 %) ;

– un *indice de ténacité,* pourcentage de perte de force maximale au bout d'un temps donné (par exemple 1 min) ; la différence entre la force initiale (F_0) et la force restante (F_1) après une minute peut être exprimée en valeur relative : $(F_0 - F_1)/F_0$.

La force maximale peut aussi être mesurée au cours de mouvements segmentaires (coude, genou,...) réalisés à vitesse constante imposée à l'aide de dispositifs de type « Cibex ».

☐ **Épreuve de maintien statique.** — Le sujet doit maintenir une charge ou tirer sur une jauge de contrainte avec une force sous-maximale. Dès que celle-ci n'est plus maintenue à son niveau initial, l'épreuve est arrêtée ; on en note la durée, qui constitue le temps-limite. Plusieurs épreuves mettant en jeu des forces différentes permettent de tracer la courbe de fatigue du travail statique (voir p. 112). Au cours de l'entraînement, la force isométrique maximale augmente ; l'ensemble de la courbe (et donc aussi la force critique) est déplacée vers les forces élevées. En demandant au sujet d'exercer un seul niveau de force, toujours le même lors d'examens successifs, correspondant à 50 ou 60 % de la force maximale initiale (F_0), on teste à la fois l'effet de l'augmentation de celle-ci vers des valeurs supérieures et une amélioration de la résistance à la fatigue (fig. 94).

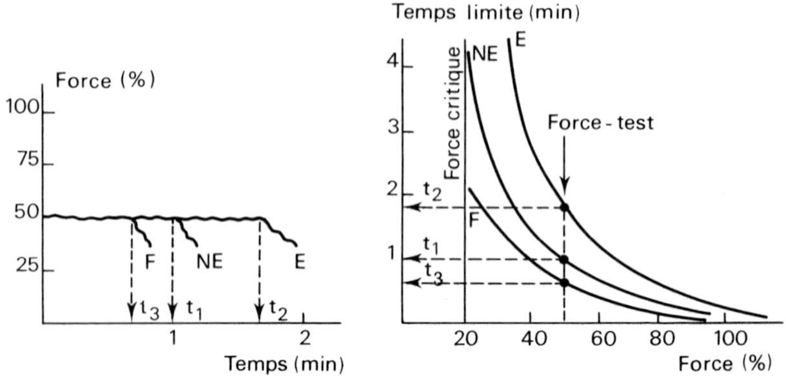

FIG. 94. — *Étude de la capacité de travail statique.*
A gauche : schéma d'un test consistant à maintenir une force relative de 50 % pour trois sujets : non entraîné (NE), entraîné (E) et fatigué (F).
A droite : report des valeurs observées sur les courbes reliant le temps-limite et la force. Une même force exercée peut être maintenue pendant des durées maximales différentes suivant l'aptitude des sujets.

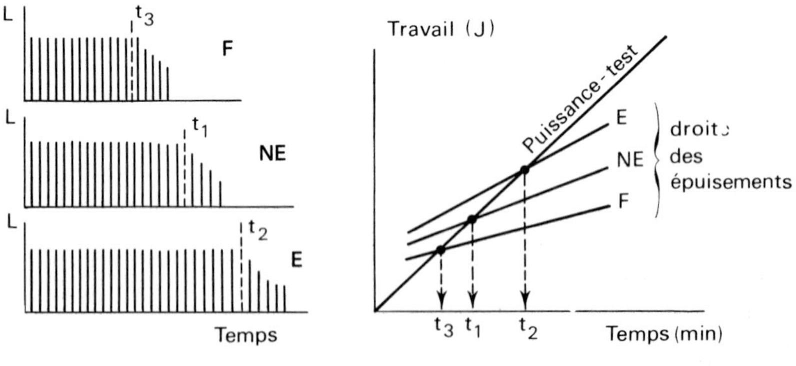

FIG. 95. — *Étude de la capacité de travail dynamique.*
A gauche : schéma d'un test consistant à soulever une charge donnée à une même puissance (fréquence et amplitude du mouvement) pour trois sujets d'aptitude différente : non entraîné (NE), entraîné (E), fatigué (F).
A droite : report des valeurs de temps-limite et de travail-limite sur les droites d'épuisement respectives.

☐ **Épreuve de travail dynamique.** — Le sujet doit effectuer des mouvements successifs avec charges ; la course et la fréquence des mouvements sont constantes ; si la puissance de l'exercice est suffisamment élevée, le travail s'arrête au bout d'un temps-limite ; le travail-limite (voir p. 116) peut être comptabilisé par le nombre de mouvements réalisés avant épuisement, si les deux autres paramètres (charge et fréquence) sont constants. Dans le cas où le sujet suit un entraînement, l'effet de celui-ci est d'accroître la puissance critique du muscle. Sans avoir besoin de déterminer celle-ci, une seule épreuve de travail dynamique, toujours la même, rend compte de cet accroissement (fig. 95).

☐ **Étude de la récupération après travail.** — Lorsque les tests ci-dessus sont considérés comme un moyen, non pas de suivre les effets d'un entraînement musculaire, mais de constater ceux d'une activité préalable, il s'agit de tests de fatigue, mettant en évidence une baisse temporaire de la capacité de travail. L'étude de la récupération après un premier travail avec épuisement peut se faire en imposant un second travail à une puissance identique après une période de repos fixe. L'épuisement est plus précoce dans le second cas. Le rapport entre les quantités de travail réalisées dans les deux cas constitue un indice de récupération musculaire après travail.

L'EXPLORATION DE LA PUISSANCE AÉROBIE

La référence à la puissance aérobie maximale ($\dot{V}_{O_2}$ max) est intéressante pour juger de l'aptitude d'un sujet à des exercices intenses et prolongés et le comparer soit à lui-même (surveillance médico-biologique de l'entraînement), soit à d'autres (niveau sportif). L'exploration de la puissance aérobie peut être menée en laboratoire (mesure ou estimation) ou sur le terrain.

☐ **Mesure directe en laboratoire.** — Le sujet est soumis, sur bicycle ergométrique ou sur tapis roulant, à des exercices de puissance (ou vitesse) progressivement croissante, au cours d'une même séance (épreuves dites en escalier) ou de séances successives (épreuves dites rectangulaires). La consommation d'oxygène est mesurée le plus souvent en circuit ouvert. La puissance est augmentée jusqu'au moment où cette augmentation n'entraîne plus celle de la consommation d'oxygène. Le plafonnement de la consommation d'oxygène peut être considéré comme effectivement atteint si les éléments suivants sont simultanément observés (Astrand) : fréquence cardiaque ayant atteint la valeur maximale (voir p. 43) théorique pour l'âge du sujet testé, lactatémie supérieure à 9 $mmol.l^{-1}$, quotient respiratoire supérieur à 1,1.

Le plafond atteint par la fréquence cardiaque correspond à la puissance aérobie maximale. La valeur obtenue est exprimée en litre d'oxygène consommé par minute ($l.min^{-1}$) et généralement rapportée au poids corporel ($ml.min^{-1}.kg^{-1}$). La consommation d'oxygène maximale peut aussi être mesurée dans les conditions de terrain, lors de la pratique d'une activité sportive (nage, canoë, ...).

L'inconvénient d'une telle épreuve est qu'elle est pénible pour le sujet, mais aussi qu'elle n'est pas sans risque. Cependant, chaque sportif régulièrement entraîné et chaque athlète de haut niveau devraient être testé au moins une fois par an, dans un centre spécialisé dans ce type d'épreuve. De façon plus courante, et pour des examens plus fréquents, on peut recourir à une estimation de la consommation maximale d'oxygène.

☐ **Mesure indirecte en laboratoire.** — La puissance aérobie maximale peut être estimée à partir des valeurs de la consommation d'oxygène et de la fréquence cardiaque mesurées lors *d 'épreuves sous-maximales.* Il existe, en effet des relations étroites entre ces deux grandeurs physiologiques d'une part, et entre les valeurs de celles-ci observées au cours d'exercices maximaux et sous-maximaux d'autre part (voir p. 44). Ces relations, établies sur des groupes de sujets jeunes et bien entraînés, ont donné lieu à la construction de nomogrammes dont les plus utilisés sont ceux d'Astrand et de Margaria.

Le sujet doit réaliser :

– soit un exercice sous-maximal sur *bicycle ergométrique* à une puissance d'environ 3,5 $W.kg^{-1}$, devant normalement amener la fréquence cardiaque aux environs de 150 min^{-1}. Certains protocoles permettent d'ajuster la puissance de l'exercice pour qu'il en soit ainsi.

– soit un *step-test,* pour lequel la hauteur de la marche a été fixée par Astrand à 40 cm pour les hommes et 33 cm pour les femmes, marche à gravir à la fréquence de 22,5 min^{-1}. La puissance de l'exercice dépend de ces deux derniers éléments, mais aussi du poids du sujet dont l'indication est portée sur le nomogramme d'Astrand (fig. 96). Celui-ci tient compte d'une part de la consommation d'oxygène, réellement mesurée au cours de l'exercice sous-maximal ou estimée en fonction d'un rendement musculaire moyen, et d'autre part de la fréquence cardiaque correspondante (mesurée à la 5e min de l'exercice). On obtient ainsi graphiquement une valeur probable de la consommation d'oxygène maximale.

Un point important est de savoir de combien la valeur estimée s'écarte de la valeur réelle : 5 à 25 % en plus ou en moins suivant les auteurs. Les écarts sont réduits si l'on effectue une correction en fonction de l'âge. Astrand a proposé les coefficients suivants à appliquer à la valeur estimée d'après son nomogramme :

15 ans	1,10	40 ans	0,86	55 ans	0,71
25 ans	1,00	45 ans	0,78	60 ans	0,68
35 ans	0,87	50 ans	0,75	65 ans	0,65

L'erreur d'estimation est encore réduite si l'on calcule la $\dot{V}_{O_2}$ max en se référant non pas à une relation établie pour un groupe (*a fortiori* si le groupe étudié diffère de celui qui a permis de construire le nomogramme) mais à une relation individuelle. Dans ce cas on établit pour des épreuves sous-maximales à différentes puissance la droite reliant la fréquence cardiaque la consomma-

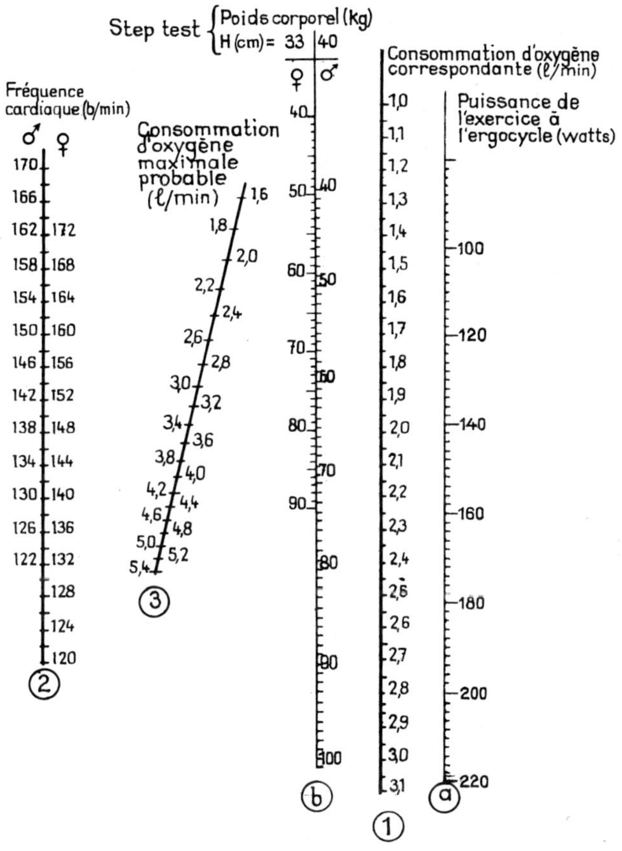

FIG. 96. — *Nomogramme pour l'estimation de la consommation d'oxygène maximale.* Le nomogramme d'Astrand et Ryhming (1954) comporte cinq échelles. Il permet d'obtenir la valeur probable de la consommation d'oxygène maximale à partir d'une mesure de fréquence cardiaque réalisée au cours d'un travail musculaire sous-maximal. Ce dernier peut consister soit en une épreuve sur bicycle ergométrique, soit en un step-test effectué à la fréquence de 22,5 montées par minute; la hauteur de marche (H) est de 33 cm pour les femmes et de 40 cm pour les hommes. L'hypothèse d'un rendement constant et identique pour les deux types d'exercice est faite. L'erreur sur la valeur estimée de la consommation d'oxygène maximale ne dépasse pas 6 % pour les 2/3 des sujets sur lesquels les mesures ont été faites.

Utilisation du nomogramme.

1. Tirer un trait horizontal soit par la valeur de la puissance mécanique imposée à l'ergocycle et portée sur l'échelle a, soit par le poids du sujet porté sur l'échelle b, à gauche pour les femmes, à droite pour les hommes. Lire, sur l'échelle n° 1, la valeur de la consommation d'oxygène correspondant à l'exercice effectué.
2. Tirer une droite passant par la valeur déterminée ci-dessus sur l'échelle n° 1 et par la valeur de la fréquence cardiaque relevée au cours du travail musculaire et portée sur l'échelle n° 2, à gauche pour les hommes, à droite pour les femmes. Cette droite coupe l'échelle n° 3 où se lit la valeur probable de la consommation d'oxygène maximale.

tion d'oxygène (fig. 98). L'intersection de cette droite avec la valeur de la fréquence maximale admise pour l'âge du sujet suivant Asmussen (Fc_{max} = 220 – âge) donne une valeur estimée individuelle de $\dot{V}_{O_2}$ max. L'estimation ainsi pratiquée de $\dot{V}_{O_2}$ max peut aboutir à une surestimation ou à une sous-estimation, ce qui invite à beaucoup de prudence lors de la comparaison de résultats obtenus suivant des voies différentes (fig. 97). On voit l'avantage d'un examen annuel permettant un calibrage individuel à partir d'une valeur réellement mesurée de la fréquence cardiaque maximale. Il évite les erreurs dues à une variation de pente de la relation $\dot{V}_{O_2}$/puissance avec l'âge, les groupes musculaires utilisés ou l'aptitude et l'entraînement spécifique liés au sport pratiqué.

Une estimation de $\dot{V}_{O_2}$ max à partir d'une autre grandeur physiologique, telle que la fréquence cardiaque, est nécessairement entachée d'erreur. Shepard a montré que les grandeurs estimées gardent une valeur comparative chez un sujet donné, dès lors que l'on abandonne l'idée de connaître une « valeur vrai » de la dépense énergétique. On peut donc se demander s'il ne serait pas plus logique de raisonner directement sur les niveaux de fréquence cardiaque atteints, plutôt que sur des valeurs dérivées de celles-ci.

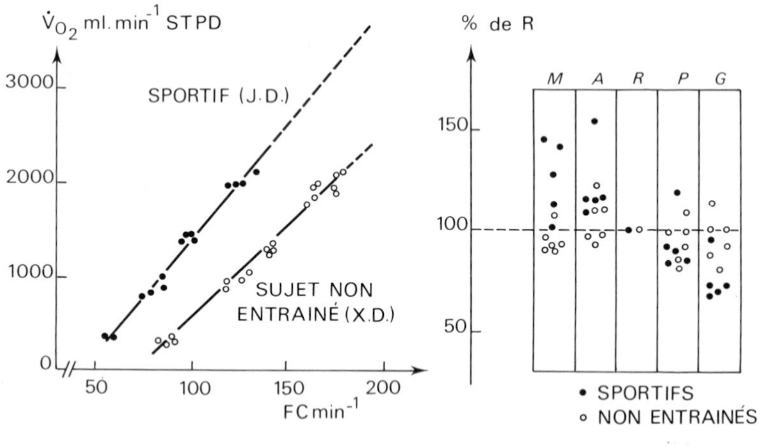

FIG. 97. — *Fréquence cardiaque et consommation d'oxygène.*
A gauche : exemple de calibrage individuel. La dispersion des valeurs est faible; le calibrage individuel peut donc être réalisé à partir de 3 points correspondant à des épreuves sous-maximales à diverses puissances.
A droite : erreurs d'estimation de la consommation d'oxygène maximale, calculée d'après les normogrammes de Margaria (M), d'Astrand (A) ou d'après le calibrage réalisé sur un groupe mixte (P) de 11 sujets (entraînés, non entraînés) et sur chacun des deux sous-groupes (G). Les écarts par rapport à la valeur mesurée (R) sont exprimés en pourcentage. Ces écarts sont en général plus importants pour les sportifs que pour les non-sportifs (d'après Teillac et coll., *Le Travail humain*, 1975, *38*, 325-332).

On doit rapprocher de cette mesure, la détermination de la capacité de travail (CT_{170}) ou puissance de travail (W_{170}). Le sujet doit effectuer un exercice de puissance croissante, l'amenant progressivement à une fréquence cardiaque de 170 min^{-1}. Chez le sujet jeune, dont la fréquence maximale est de l'ordre de 200 min^{-1}, W_{170} correspond aux 2/3 environ de $\dot{V}_{O_2}$ max.

☐ Les tests de terrain

a) Le test de Cooper

Il s'agit d'un test de performance ne faisant appel à aucune détermination biologique ; il constitue dans son principe un travail dynamique général avec épuisement. On demande au sujet de parcourir en marchant ou en courant la plus grande distance possible en 12 minutes. Jugé sur la quantité de travail fourni, ce test de terrain a connu une certaine vogue ; applicable simultanément à un grand nombre d'individus, il est destiné à réaliser rapidement un classement de ceux-ci sur le plan des aptitudes physiques.

La valeur probable de $\dot{V}_{O_2}$ max est donnée à partir de la distance (D) parcourue en mètres (Cooper, 1968) :

$$\dot{V}_{O_2} \text{ max } (ml.\ kg^{-1}.min^{-1}) = 0{,}022\ D\ (m) - 10{,}39$$

Barrault (1976) a montré, s'agissant d'athlètes bien entraînés en endurance et connaissant leur vitesse optimale de course, qu'une meilleure estimation pouvait être obtenue par l'équation suivante :

$$\dot{V}_{O_2} \text{ max } (ml.kg^{-1}.min^{-1}) = 0{,}011\ D\ (m) + 21{,}90$$

Imposée à des sujets naïfs, cette épreuve n'est pas sans danger. C'est pourquoi Cooper lui-même a proposé de la remplacer par une course sur 2 400 m, l'aptitude étant jugée sur le temps de la performance, comme pour toute course d'ailleurs.

b) Les tests à vitesse croissante

Léger et Boucher (1980) ont proposé des tests mieux acceptés et donnant une meilleure estimation de $\dot{V}_{O_2}$ max. On impose au sujet de courir à une vitesse croissante par paliers successifs, jusqu'au moment où la vitesse atteinte ne peut plus être maintenue. Pratiquée sur piste, la vitesse de course est donnée par un signal sonore délivré en différents points que le coureur doit atteindre en un temps précis. La vitesse V du dernier palier est liée à $\dot{V}_{O_2}$ max par l'équation suivante :

$$\dot{V}_{O_2} \text{ max } (ml.kg^{-1}.min^{-1}) = 14{,}49 + 2{,}143\ V\ (km.h^{-1}) + 0{,}0334\ v^2$$

ou encore plus simplement (Léger et Mercier, 1983) :

$$\dot{V}_{O_2} = 3{,}5\ V$$

Plus récemment, Léger a décrit sous le nom de course-navette un test de conception analogue, la course étant pratiquée par allers et retours entre deux bornes distantes de 20 m. L'estimation de $\dot{V}_{O_2}$ max, un peu moins bonne que pour la course sur piste, est donnée par l'équation :

$$\dot{V}_{O_2} \text{ max} = 5{,}86\ V - 19{,}46$$

Autres aspects de l'évaluation de la puissance aérobie maximale

a) Le « pouls d'oxygène ». — Il a été défini comme le quotient de la dépense énergétique par la fréquence cardiaque. Un quotient élevé indique qu'une même dépense énergétique peut être couverte avec une faible augmentation de la fréquence cardiaque, ce qui suppose une réserve cardiaque importante et une puissance maximale aérobie élevée.

b) La capacité aérobie maximale. — Sans qu'il s'agisse d'un test précisément codifié, la détermination de la *capacité aérobie maximale* complète utilement celle de $\dot{V}_{O_2}$ max. On demande au sujet de poursuivre le plus longtemps possible un exercice sous-maximal dont le niveau énergétique correspond à un pourcentage donné (90, 85, 80 %...) de la consommation maximale d'oxygène (voir p. 21).

c) Le « STT-test ». — Au cours du strep-test type Astrand (v. ci-dessus), la fréquence cardiaque (Fc) et la pression systolique (Ps) sont mesurées immédiatement à l'arrêt de l'exercice. Le « systolic tension time » est défini comme le produit de ces deux variables :

$$STT = Fc_{(min^{-1})} \cdot PS_{(Torr)}$$

Le « STT » témoigne de la puissance du myocarde ; il est compris entre 15 000 et 25 000 ; les valeurs élevées dénotent une mauvaise adaptation cardiaque à l'exercice. En effet, un exercice calibré est réalisé avec une sollicitation cardiaque d'autant plus élevée que le niveau énergétique de cet exercice est plus proche de la puissance aérobie maximale du sujet testé.

Le test de l'Institut Wingate. — Ce test permet l'établissement d'une courbe charge-vitesse. On demande au sujet de pédaler sur bicycle ergométrique contre diverses forces de freinage (F) à une vitesse (V) aussi grande que possible, qui se trouve atteinte en moins de 10 secondes. L'épreuve, également réalisée à la manivelle pour les membres supérieurs, explore la capacité anaérobie alactique du muscle. L'étude de la relation entre F et V montre qu'il s'agit d'une droite et que ces deux grandeurs varient en sens inverse (fig. 98). Dans le cas de mouvements de flexion-extension avec charges, la relation est également inverse mais de type exponentiel ou hyperbolique (voir fig. 46, p. 92). La détermination de la pente de la droite V_0–kF peut tenir lieu de mesure indirecte de la *puissance anaérobie alactique* (P_{max}) du muscle, qui correspond au produit : 0,5 V_0.0,5 F_0, soit : 0,25 $V_0.F_0$ (F_0 désigne la force isométrique maximale, V_0 la vitesse maximale à vide).

La même épreuve poursuivie 30 ou 40 secondes explore la *puissance de crête* du muscle, sous-tendue par les métabolismes anaérobies lactique et alactique à la fois. On comptabilise le travail réalisé pendant ce laps de temps (Pérès et Vandewalle).

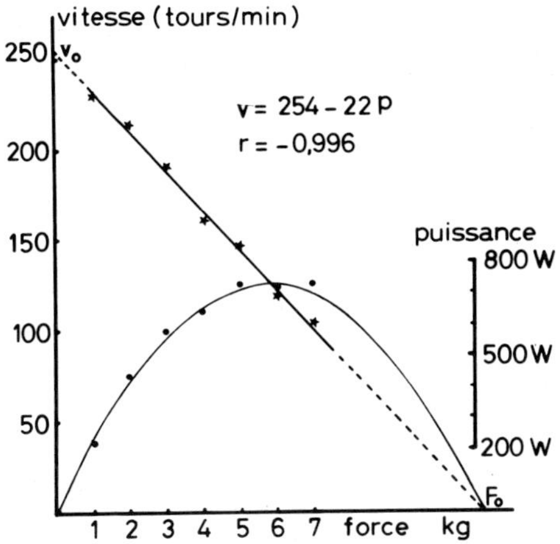

FIG. 98. — *Courbe charge-vitesse sur bicycle.* Au cours d'un exercice maximal d'une durée de 10 à 15 secondes, la vitesse maximale de pédalage est mesurée en fonction de diverses forces de freinage. La puissance anaérobie maximale est calculée à partir des valeurs extrapolées V_0 et F_0 ($P_{max} = 0{,}25\ V_0 . F_0$) (d'après Vandewalle et coll., *Motricité humaine, 1,* 1983, n° 2, 22-25).

☐ **Test de l'escalier de Margaria.** — On demande au sujet de gravir, deux par deux ou trois par trois, avec élan, un escalier d'une quinzaine de marches.

La vitesse de passage est mesurée entre la 6e et la 12e marche ; elle tient lieu de mesure de la puissance anaérobie alactique, comme le test précédent. La vitesse verticale maximale (V_{max}), tenant compte de la hauteur des marches, est donnée par le quotient de la différence de niveau des 6ᵉ et 12ᵉ marches par le temps de passage le plus rapide. Pour une dénivellation de 1 mètre, les valeurs normales chez l'adulte jeune vont de 0,30 s (excellent) à plus de 0,75 s (insuffisant) (Pérès et Poumarat).

La puissance maximale anaérobie alactique en watts des muscles des membres inférieurs s'établit ainsi, tenant compte du poids du sujet (*P*) :

$$P_{max\,(W)} = 0{,}01 \cdot V_{max\,(m \cdot s^{-1})} \cdot P_{(kg)}$$

☐ **Test de détente verticale de Sargent.** — On demande au sujet debout de fléchir sur les jambes et de se redresser pour venir toucher avec le sommet du crâne un repère que l'on élève progressivement. La performance maximale est donnée par la différence (h) entre le niveau du dernier repère atteint et la taille du sujet ; elle va de 30 cm (faible) à plus de 80 cm (excellent). La puissance anaérobie alactique des muscles sollicités correspond à :

$$P_{max\,(W)} = 0{,}002 \cdot P_{(kg)} \cdot \sqrt{h_{(cm)}}$$

Le test de détente verticale peut être répété en série; on étudie alors le nombre de sauts verticaux au bout desquels le sujet a réduit la valeur h d'une quantité ou d'un pourcentage donné. Il s'agit en fait alors d'un test de fatigue analogue à ceux réalisés au dynamomètre ou à l'ergomètre.

Il existe, par ailleurs, de nombreux tests de détente horizontale : saut unique (1,8 à 2,7 m), triple saut (6 à 8 m), quintuple saut (11 à 12,5 m).

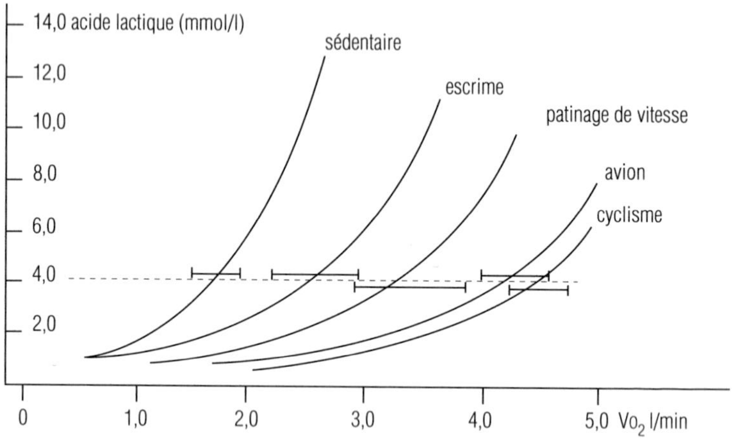

FIG. 99 — Évolution de la concentration sanguine de l'acide lactique en fonction de la puissance d'exercice évaluée en litres d'oxygène consommés, dans différentes activités sportives (d'après Roth, 1981).

☐ **Recherche du seuil anaérobie.** — Le dosage des lactates sanguins au cours d'épreuves de travail sur bicycle ou sur tapis roulant réalisées en mode triangulaire permet de saisir la valeur de la puissance à partir de laquelle la lactatémie dépasse le seuil de 2 mmol.l^{-1}. Plus le sujet est entraîné, plus ce seuil correspond à des puissances élevées (voir fig. 99). De telles épreuves sont facilement acceptées, car l'exercice reste sous-maximal.

Bibliographie

ATLAN, G., BELIVEAU, L. et Bouissou, P. – La fatigue musculaire, Masson, Paris, 1991, 1 vol., 254 p.

ASTRAND, P.O. et RODAHL, K. – *Manuel de Physiologie de l'exercice musculaire* (traduction française), Masson, Paris, 1977, 2e éd., 1 vol., 606 p.

DEJOURS, P. – *Physiologie de la respiration,* Flammarion, Paris, 1982, 3e éd., 1 vol., 315 p.

DI PRAMPERO, P.R. Energetics of muscular exercise – *Rev. Physiol. Biochem. Pharmacoal.,* 1981, *89*, 143-222.

FLANDROIS, R. – Données récentes sur le contrôle ventilatoire à l'exercice musculaire chez l'homme – *Arch. internat. Physiol. Bioch. 96,* A 243-A 257.

FLANDROIS, R. et LACOUR, J.-R. – Les adaptations respiratoire et circulatoire de l'exercice musculaire *in « Précis de Physiologie »,* Hermann, vol. IV, Masson, Paris, 1976, 2e éd., 1 vol., 501-536.

FLORU, R. et CNOCKAERT, J.-C. – Introduction à la psychophysiologie du travail, Presses Universitaires de Nancy, 1991.

FRUCTUS, X. et SCIARLI, R. – *La plongée – Santé-sécurité,* éd. Maritimes et d'Outre-mer, 1980, Paris, 1 vol., 343.

GALBO, H. – *Hormonal and metabolic adaptation to exercice,* Thieme-Straton, éd. Stuttgart-New York, 1 vol., 1983.

KARPOVICH, P. V. et SINNING, W. E. – *Physiologie de l'activité musculaire,* traduction française, J. Vigot frères, Paris, 1975, 1 vol., 520 p.

LACOUR J.-R. et coll. – *Biologie de l'exercice musculaire*, Masson, Paris, 1992, 1 vol., 236 p.

LAMPHIER, E.H. and CAMPORESI, E.M. – Respiration and exercice in *« The physiology and medicine of diving »,* Bennett and Elliott, Best Pub. Co, San Pedro Cal., 1982, 3e éd., 99-156.

MONOD, H. – How muscles are used in the body, in *« The structure and function of muscle »,* ed. by Bourne, Acad. Press, New York and London, 1972, Tome I, 2e éd., 23-74.

MONOD, H., AMORETTI, R. et RODINEAU, J. – *La médecine du sport pour le praticien*, SIMEP, Paris, 1994, 1 vol., 413 p.

PERONNET, *Le marathon*, Vigot, Paris, 2e édition, 1991, 440 pages.

PASSMORE R. and DURNIN J.W.G.A. – *Energy, work and leisure,* Heineman ed., London, 1967, 1 vol., 166 p.

SCHERRER J. – *La fatigue,* PUF, Que sais-je n° 733, Paris, 1 vol. 124 p.

SCHERRER J. et MONOD, H. – Le travail musculaire local et la fatigue chez l'homme, 1960, *J. Physiol., Parls,* 52, 419-501.

SCHERRER, J. et MONOD, H. – Physiologie de la musculature striée squelettique chez l'homme, in *Physiologie,* Kayser, Flammarion éd., Paris, t. II, 3e éd., 1673-1714.

SCHERRER, J. et coll. – *Précis de physiologie du travail (notions d'ergonomie),* Masson éd., Paris, 1981, 2e éd., 1 vol., 585 p.

SHEPHARD, R.J. – *Textbook of exercise physiology and biochemistry,* Prager ed. New York, 1982, 1 vol.

Colloque de Saint-Étienne – *Facteurs limitant l'endurance humaine. Les techniques d'amélioration de la performance,* UER de Médecine, Saint-Étienne, 1977, I vol., 125 p.

Colloque de Saint-Étienne – *Place de l'alimentation dans la préparation biologique à la compétition,* UER de Médecine de Saint-Étienne, 1979, 1 vol. 174 p.

MARCONNET P.M. et KOMI P.V. éd. – *Muscular function in exercise and training*, Karger, 1987, 1 vol., 271 p.

Nutrition et sport. – Acte du colloque édité par H. Monod, Masson, Paris, 1990, 1 vol., 254 p.

PRINCIPALES REVUES DE BIOLOGIE ET MÉDECINE DU SPORT

En langue française :

Actualités Sport et Médecine : 8*bis*, av. des Vagues, 17211 Royan.

Cinésiologie : 60, bld de la Tour-Maubourg, 75007 Paris.

Sciences et motricité : 11, av. du Tremblay, 75012 Paris.

Sciences et sport : Éditions Elsevier, 29, rue Buffon, 75005 Paris.

Sport et vie : B.P. 90 2/1800 Quetigny.

Traumatologie du sport : Éditions Masson, 120, bld St-Germain, 75280 Paris.

Revue E.P.S : 11, av. du Tremblay, 75012 Paris.

En langue anglaise :

British Journal of Sports Medicine (Butterworth-Heinemann), ISSN 0306-367. Turpin Distribution Services Ltd, Blackhorse Road, Letchworth, Herts SG6 1HN, UK.

Clinical biomechanics (GB) OAG B - Research Unit, 30 Queen Street, Huddersfield HDI, 25 P, UK.

International Journal of Sports Medecine, Thieme-Verlag (G), ISSN 0172 - 4622 381 Park Avenue South, New York.

International Journal of Sport Biomechanics, P.O. Box 5076 Champaing. IL 61820.

Journal of Sports Sciences. Spon (GB) : E & F.N. Spon, 2-6 Boundary Row, London SE1 8HN, UK.

Medicine and Science in Sports and exercice, William and Wilkins (USA) : 428 East Preston Street Baltimore MD 21202 (USA).

Physical Fitness/Sports Medicine : 40 Fifth Street, NW, Washington, DC 20001 (USA).

Sport Medicine : Adis International Ltd, 41 Centorian Drive, Private Bag. Mairangi Bay. Auckland 10, New Zealand.

Sport Sciences : University of Toronto Press, Journals Department, 5201 Dufferin Street, Downsview, Ontario (M3H 5T8) Canada.

Scand. J. Med. Science in Sports : Munksgaard Internat. Pub., 35, Nørre Søgade, P.O. Box 2148 DIC 1016, Copenhagen K.

Index alphabétique

D

E

F

G

H

I-J

T

U-V

W-Z

Auteurs cités

G

H

I

J

K

L

M

N-O

P

ABRÉGÉS DE MÉDECINE

Accidents du travail et maladies professionnelles *Harlay*
Acupuncture *Borsarello,*
Alimentation du sujet âgé *Cuculi de Cléry, Kourdouly*
Alcoologie *Archambault, Chabaud*
Allergologie pratique *Perrin*
Anatomie cranio-faciale *Laison, Gaudy*
Anatomie dentaire *Lautrou*
Anatomie générale *Chevrel, Guérau* et al.
Anatomie pathologique générale *Jaubert*
Anatomo-pathologie dentaire *Kaqueler, Décombas*
Andrologie *de Tourris, Le Guillou* et al.
Anémies : notions fondamentales *Longpré, Schapcott*
Anesthésie en odonto-stomatologie *Machtens*
Anesthésie générale *Gauthier-Lafaye*
Anesthésie locorégionale, *d'Athis*
Angéiologie *Devulder*
Anglais médical *Mandelbrojt-Sweeney*
Anglais odonto-stomatologique *Jeandot, Wicker*
Anti-infectieux : règles pratiques d'utilisation *Neuman*
Antibiothérapie *Duval, Soussy*
Antibiothérapie en pratique clinique, *Bergogne-Bérézin, Dellamonica*
Associations et interactions des anti-infectieux *Neuman*
Attachements et prothèses composites *Martini*

Bactériologie bucco-dentaire *Mouton, Robert*
Bases physiques et évolution de l'imagerie radiologique *Giron, Joffre*
Biochimie et nutrition des activités physiques et sportives *Pilardeau*
Biochimie génétique et biologie moléculaire *Étienne*
Biochimie médicale *Boulanger, Polonovski* et al. *T. 1 et 2*
Biochimie odonto-stomatologique *Pellerin, Pellat*
Biologie animale et humaine - PCEM 1 *Lucotte*
Biologie cellulaire *Maillet*
Biologie du développement *Le Moigne*
Biomatériaux dentaires *Burdairon*
Biophysique *Bertrand, Ducassou, Healy* et al. *T. 1 et 2*
Biophysique des radiations et imagerie médicale *Dutreix, Desgrez* et al.
Biophysique du neurone *Burgeat, Kayser*
Biophysique *Galle, Paulin T. 1*
Biophysique odontologique *Bouchier, Pellerin* et al.
Brûlures *Echinard, Latarjet*

Cancérologie *Amiel, Rouëssé*
Cardiologie *Rullière*
Cardiologie clinique *Rutishauser*
Chimie générale *Germain, Mari*
Chimie organique *Loppinet*
Chimiothérapie psychiatrique *Ginestet, Péron-Magnan*
Chirurgie ambulatoire *Mansat, Banco*
Chirurgie digestive *Boissel*
Chirurgie esthétique plastique *Jost*
Cholestérol et athérosclérose *Luc, Lecerf* et al.
Composites *Roth*
Conduites d'urgence *Arcadio, Moulay* et al.
Criminologie clinique *Barte, Ostaptzeff*

Dentisterie conservatrice *Nitlich, Zeilig Vol. 1 et 2*
Déontologie médicale *Villey*
Dermato-allergologie de contact *Ducombs, Chabeau*
Dermatologie clinique et vénéréologie *Touraine, Revuz*
Dermatologie pédiatrique *Larrègue, Maleville*
Dermatologie professionnelle *Lachapelle*
Développement et maladies de l'enfant *Grenier, Gold*
Développement normal du nourrisson et ses variations *Flehmig*
Développement psychomoteur de l'enfant *Illingworth,*
Diabète et maladies métaboliques *Perlemuter, Collin de l'Hortet*
Diagnostic des douleurs abdominales aiguës *De Dombal*
Diagnostic différentiel en médecine interne *Ferlinz*
Diagnostic en parasitologie *Gentilini, Danis* et al.
Diagnostic prénatal et médecine fœtale *Henrion, Dumez* et al.
Dictionnaire des termes odonto-stomatologiques *Verchère, Budin* et al.
Dictionnaire médical *Manuila, Manuila* et al.
Diététique de l'enfant *André*
Diététique et nutrition *Apfelbaum, Forrat* et al.
Dommage corporel et expertise médicale *Creusot*

Échographie *Bonnin, Legmann*
Économie de la santé *Beresniak, Duru*
Économie du médicament *Tisseyre-Berry, Soucaret*
Éducation à domicile de l'enfant infirme moteur cérébral *Finnie*
Électromyographie clinique *de Bisschop, Dumoulin*
Embryologie clinique *Encha-Razavi, Escudier*
Embryologie médicale *Langman*
Endocrinologie *Hazard, Perlemuter*
Enfant normal *Illingworth*
Épilepsies *Thomas, Genton*
Épreuves fonctionnelles respiratoires *Brambilla*
Ergothérapie *Pierquin, André* et al.
Essais cliniques et thérapeutiques *Le Floch, Perlemuter*
Examen du traumatisé *Piganiol, Besnier*

Fœtus et nouveau-né de faible poids *Gold*
Formulaires administratifs, Certificats médicaux *Roure-Mariotti*

Gastro-entérologie *Fouet*
Génétique *Rossignol*
Génétique médicale *Emery*
Gériatrie clinique *Collin de l'Hortet*
Gestion du cabinet dentaire *Flandrin*
Gestion du cabinet médical *Robin*
Graphologie *Brésard*
Gynécologie *Giraud, Bremond* et al.
Gynécologie et obstétrique (illustré) *de Tourris, Henrion* et al.
Gynécologie pédiatrique *Sersiron*

Hématologie *Bernard, Lévy* et al.
Hépatologie *Buffet, Pelletier*
Histoire de la médecine *Rullière*
Histologie *Poirier, Ribadeau-Dumas* et al.
Histologie dentaire *Triller*
Homéopathie *Sarembaud*
Homme (l'), la société et la médecine *Lazorthes*
Hypertension artérielle : physiopathologie et pharmacologie *Delbarre, Delbarre*
Hypnose clinique *Hoareau*

Imagerie de l'appareil digestif *Régent, Schmutz, Genin*
Imagerie de la pathologie mammaire *Travade, Isnard, Gimbergues*
Imagerie du foie, des voies biliaires et du pancréas *Régent*
Imagerie du tube digestif et du péritoine *Régent, Schmutz, Genin*
Imagerie nucléaire fonctionnelle *Moretti, Rigo* et al.
Imagerie par résonance magnétique *Doyon, Cabanis* et al.
Immunogénétique fondamentale *Fudenberg, Pink* et al.
Immunologie dentaire *Faure, Béné* et al.
Immunologie générale *Letonturier*
Immunopathologie clinique *Perrin, Laurent*
Implantologie *Bert, Picard* et al.
Information (L') en médecine *Hoerni, Bénézech*
Informatique médicale *Degoulet, Fieschi*
Intoxications aiguës *Roujas, Sorkine*
Introduction à l'IRM *Guinet, Grellet*

Législation psychiatrique *Goumilloux*
Lésions cancéreuses et précancéreuses de la muqueuse buccale *Bertoin, Baudet-Pommel, Zattara, Gourmet*

Main (La) *Tubiana, Thomine*
Maîtrise de la contamination au cabinet dentaire *Samaranayake, Scheutz* et al.
Maladies des reins et des voies urinaires (illustré) *Patte*
Maladies infectieuses *Cronberg, Beytout*
Maladies inflammatoires *Hachulla, Flipo*
Maladies musculaires *Serratrice, Gastaut* et al.
Maladies parasitaires *Rousset*
Maladies sexuellement transmissibles *Siboulet, Coulaud*
Maladies transmises par voies sexuelles *Dolivo, Henry-Suchet* et al.
Maladies tropicales *Bourée*
Manipulations vertébrales *Le Corre, Rageot*
Mathématiques *Geller*
Médecine chinoise *Wang, Duhamel*
Médecine d'assurance *Barat*
Médecine de catastrophe *Noto, Huguenard* et al.
Médecine du sport *Brunet-Guedj, Moyen, Génety* et al.
Médecine du travail *Dyevre, Léger, Proteau*
Médecine esthétique *Parienti*
Médecine interne *Devulder, Hatron* et al.
Médecine légale clinique *Roche, Do* et al.
Médecine nucléaire *Desgrez, Moretti, Robert, Vinot*
Médecine physique *Chantraine*
Médecine préventive et d'hygiène *Blancher*
Médecine psychosomatique *Haynal, Pasini*
Ménopause (La) *Taurelle, Tamborini*
Mésothérapie *Parienti*
Méthode statistique *Frontier*

Néonatologie *Laugier, Gold*
Néphrologie *Legrain, Suc*
Neuro-anatomie *Meininger*
Neuro-ophtalmologie *Larmande, Larmande*
Neuro-psychiatrie infantile *Debray-Ritzen, Messerschmitt* et al.
Neurologie *Cambier, Masson, Dehen*
Neurophysiologie générale *Limoge, Limoge-Lendais*
Neurotransmetteurs *Meunier, Shvaloff*
Nutrition et alimentation *Jacotot, Le Parco*

Obésité *Creff, Herschberg*
Odontologie gériatrique *Bates, Adams* et al.
Oncologie *Rouessé, Turpin*
Ophtalmologie *Saraux*
Orthopédie de l'adulte *Patel, Honnart*
Orthopédie dento-faciale *Benauwt, Klingler*
Orthopédie pédiatrique *Bensahel*
Oto-rhino-laryngologie *Portmann, Portmann*

Parasitologie clinique *Jacquemin, Jacquemin*
Parodontologie *Klewansky*
Pathologie infectieuse *Margairaz*
Pathologie médicale *Bouvenot, Devulder, Guillevin, Queneau, Schaeffer*
Pathologie médicale et odontologie *Cornebise*
Pathologie somatique du toxicomane *Pesce, Cassuto* et al.
Pédiatrie *Laplane, Etienne* et al.
Pédiatrie sociale *Creusot*

Pédodontie *Fortier, Demars-Fremault*
Petite chirurgie *Détrie*
Pharmacologie médicale *Lechat, Calvo* et al.
Pharmacologie odontologique *Pham Huy Dien, Rouveix*
Phlébologie *Ramelet, Monti*
Physiologie cardio-ventilatoire, anesthésie-réanimation *Louville*
Physiologie de la manducation *Azerad*
Physiologie du sport *Monod, Flandrois*
Physique *Ernst, Gabriel* et al.
Physique nucléaire *Blanc*
Phytothérapie *Hallard*
Pneumologie *Chrétien, Marsac*
Podologie *Goldcher*
Polytraumatisé : conduite précoce *Murat*
Pratique de l'expertise psychiatrique *Roure, Renard*
Pratique diététique courante *Thoulon-Page*
Proctologie *Sarles, Copé*
Prothèse adjointe partielle *Batarec, Buch*
Psychiatrie à l'usage de l'équipe de soins *Barte, Roure*
Psychiatrie de l'adulte *Lemperière, Féline*
Psychologie *Delay, Pichot*
Psychologie médicale *Jeammet, Raynaud* et al.
Psychologie pathologique *Bergeret*
Psychomotricité (La) *Calza, Contant*
Psychopathologie de l'adolescent *Marcelli, Braconnier*
Psychopathologie de l'enfant *Marcelli*
Psychopathologie du nourrisson et du jeune enfant *Mazet, Stoléru*
Psychopathologie du sujet âgé *Ferrey, Le Gouès*
Psychopharmacologie *Delbarre, Delbarre*

Radiodiagnostic *Monnier, Tubiana*
Radiologie de l'appareil locomoteur *Runge*
Radiologie de l'appareil urinaire *Lange*
Radiologie du thorax *Frija*
Radiologie interventionnelle *Soyer, Derhy* et al.
Radiopédiatrie *Devred*
Réanimation en pathologie cardio-vasculaire *Jan, Pochmalicki*
Réanimation et médecine d'urgence *François, Carli* et al.
Réanimation médicale *Goulon* et al.
Rééducation fonctionnelle et de réadaptation *Hamonet, Heuleu*
Rééducation gériatrique *Thevenon, Pollez*
Relaxation thérapeutique *Meyer*
Résonance magnétique nucléaire *Bernard, Certaines* et al.
Risques et maladies liés aux médicaments *Heusghem, Lagier, Lechat*
Rhumatologie *Simon, Blotman* et al.

Santé publique *Lévy, Cazaban, Duffour, Jourdan*
Secrétariat médical *Harlay, Harlay*
Sécurité sociale *Daligand, Jaques* et al.
Sémiologie médicale *Bariéty, Bonniot* et al.
Sénologie *Pons*
Sexologie *Zwang*
Sexologie clinique *Trimmer*
Sida et infection à VIH *Cassuto, Pesce* et al.
Soins d'urgence *Cavellat, Chassevent* et al.
Statistique *Geller*
Statistique au PCEM *Huber-Carol*
Stérilité conjugale *Cohen, Palmer*
Stomatologie et pathologie maxillo-faciale *Lézy, Princ*
Surveillance et thérapeutique obstétricales *Giraud, Tournaire*
Syndrome des sensations de brûlure buccale *Van der Waal*

Tabacologie *Perriot*
Techniques d'empreintes en prothèse adjointe *Goumy, Daulce-Goumy*
Techniques en réanimation *Lemaire*
Thérapeutique cardiovasculaire *Bory, Djiane*
Thérapeutique médicale en odontologie *Astley-Hope, Hellier*
Thérapeutique neuropsychiatrique *Aimard, Vighetto* et al.
Thérapeutique stomatologique et maxillo-faciale *Grellet, Laudenbach*
Thérapeutiques en orthopédie pédiatrique *Bensahel*
Thérapeutiques médicamenteuses en gériatrie *Manciaux*
Thérapie comportementale et cognitive *Ladouceur, Fontaine* et al.
Tomodensitométrie *Doyon, Laval-Jeantet* et al.
Toxicologie d'urgence *Hachet*
Toxicomanie, pharmacodépendance *Nahas, Trouvé*
Transfusion sanguine *Sylvestre, Benbunan* et al.
Transplantation d'organes *Wolf, Cinqualbre*
Traumatologie *Patel*
Traumatologie du sport *Danowski, Chanussot*
Trisomie 21 : Aides et conseils *Cuilleret*

Urgences chirurgicales, *Chiche, Moullé-Bertreaux*
Urgences du sujet âgé *Pras, Bertrand*
Urgences en médecine du travail *Hachet*
Urgences médicales *Larcan, Laprévote-Heully*
Urgences psychiatriques *Grivois*
Urgences toxicologiques *Lefèvre*
Urologie *Alken, Sökeland*
Urologie *Debré, Teyssier* et al.

Virologie humaine *Fleury*

MASSON Éditeur
120, Boulevard Saint-Germain
75280 Paris Cedex 06
Dépôt légal : mars 1996

SNEL S.A.
Rue Saint-Vincent 12 - 4020 Liège
février 1996